Fashion for Moderns

현대인의 패션

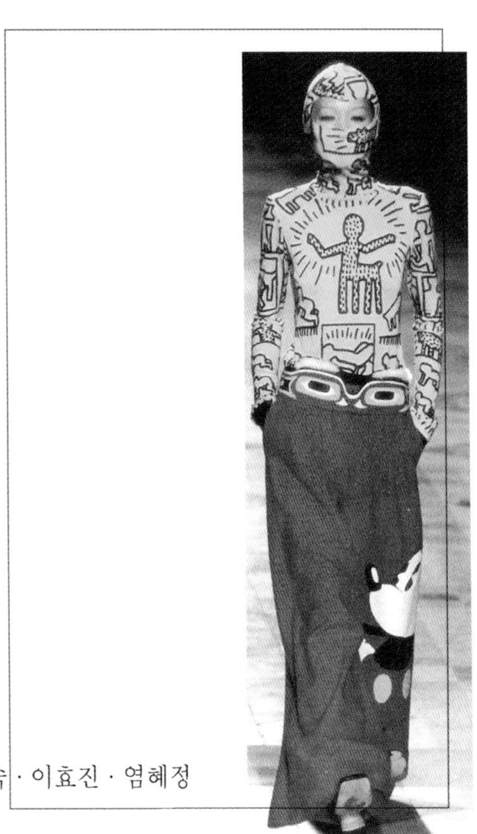

이전숙 · 김용숙 · 이효진 · 염혜정

(株) 教文社

머리말

Fashion for Moderns…

우리에게 친숙한 동화로 「신데렐라」가 있다. 그 이야기 속에서 신데렐라는 왕궁에서 열리는 파티에 평소 입던 허름한 옷으로 가지 못해 슬퍼하지만, 수호요정의 도움으로 호화로운 드레스와 구두로 치장하고 파티에 가 왕자님과 결혼한다. 누구나 아는 내용이지만 사실 이 속에는 '허름한 옷'과 '호화로운 드레스'라는 의복에 대한 상반된 가치체계가 담겨져 있다. 이와 같이 의복의 상반된 이중구조기능은 이 이야기의 원천인 17세기말 프랑스에 있어 의복의 주요기능 중 하나였다. 그러나 현대에 와서는 그것만으로는 설명이 곤란하다. 복잡해진 사회의 양상만큼 의복의 기능 및 역할 역시 아주 복잡하고 다양해진 것이다.

특히 최근 몇 십 년 간의 사회적 변화는 일찍이 과거에서 그 예를 찾아볼 수 없는 것으로 그와 함께 우리의 의생활도 큰 변화를 거듭해 왔다. 우선 패션 산업이 고부가가치 산업이 되면서 패션은 국가 경제와 밀접한 관계를 갖는 동시에 우리의 생활문화를 가늠하는 척도가 되었다. 이제 합리적이고 창의적인 의생활을 영위해 나가는 것은 이 시대를 살아가는 현대인에게 있어 필수 소양의 하나라 할 것이다.

그를 위해서는 패션 상품의 구매에서 착용 · 관리에 이르기까지 의생활 전반에 관한 기본지식을 익혀 올바른 소비자로서의 역할을 수행할 수 있어야 한다. 또한 인체에 대한 많은 관심과 함께 다양한 의복 소재들을 이해하여 보다 쾌적하고 기능적인 의생활을 영위할 수 있어야 한다. 요즘은 이미지 메이킹의 시대라 할 정도로 개인의 패션 이미지가 사회생활에 미치는 영향은 매우 크다. 보다 창의적이고 세련된 옷차림을 하기 위해서는 평소 예술, 문화, 디자인 전반에 대한 관심과 함께 그 속에 나타나는 다양한 패션 현상을 잘 이해하고 시대가 요구하는 미적 감각을 몸에 익히는 것이 필요하다.

이와 같은 상황 속에서 현대인이라면 갖추어야 할 패션에 대한 기본적인 지식을 제공하고자 「현대인의 패션」을 집필하게 되었다. 따라서 이 책은 패션의 소재, 인체 등과 같은 과학적인 측면, 예술, 디자인 등의 미적인 측면, 그리고 패션 상품과 소매상 등의 산업적인 측면 등을 살펴봄으로써 패션을 다양한 측면에서 바라보고 개략적으로 이해하는 데 도움을 주고자 하였다. 그리고 다양한 사진 자료와 실례를 첨가함으로써 내용에 대한 이해를 높이고 보다 실질적인 정보를 제공할 수 있도록 하였다.

끝으로 이 책이 나오기까지 자료 수집과 정리에 도움을 준 김미진, 김정아, 정현남 대학원생들과 김은정 조교, 많은 도식화와 스타일화를 그리느라 애쓴 강시온, 구영아 의류학 전공 4학년 학생에게 감사의 말을 전한다. 그리고 출판을 위해 격려해 주시고 실질적인 도움을 주신 (주)교문사 여러분께도 감사드린다.

2003년 8월
저자 일동

Contents

차 례

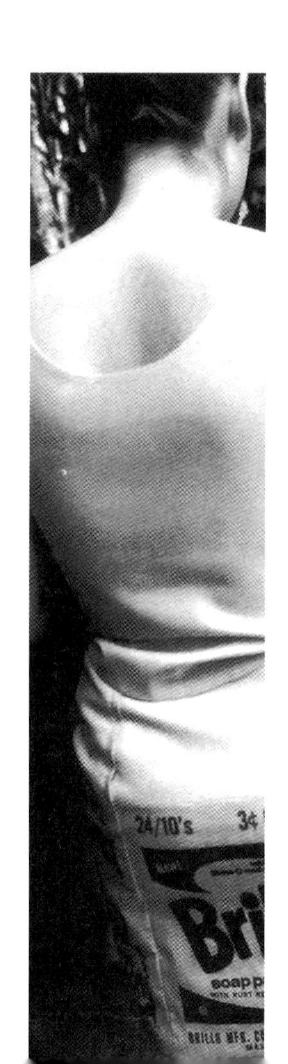
24/10's

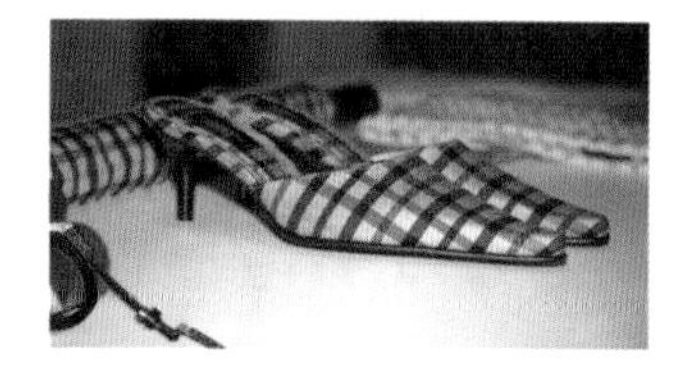

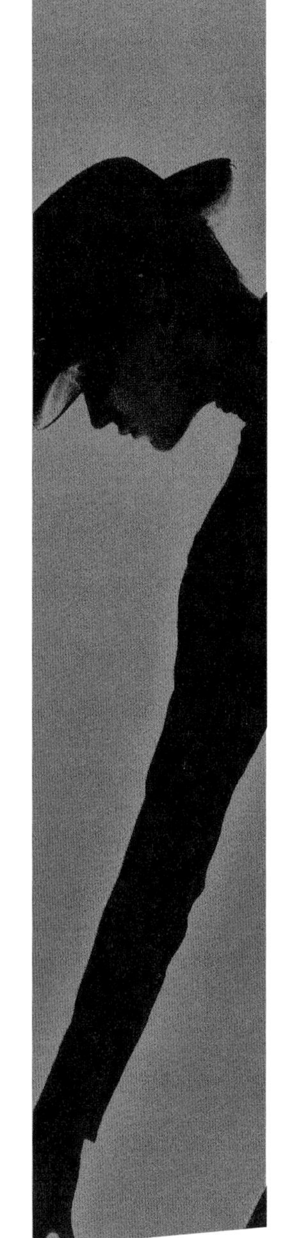

제12장 패션의 직업세계 245

제1장 패션의 본질

1. 패션의 개념
2. 패션의 전파
3. 패션의 변화요인

제1장 패션의 본질

1. 패션의 개념

패션 경향은 모든 상품에서 볼 수 있고 우리의 생활환경은 패션의 흐름에 따라 민감하게 변화하고 있다. 새로운 변화에 대하여 반응하고 기꺼이 받아들이는 계층에게 패션은 아주 중요하다. 그러므로 21세기를 살아가는 현대인들은 패션의 개념과 변화에 대하여 체계적인 지식을 갖추고 변화하는 사회에 대응하는 태도가 필요하다.

1) 패션의 의미

패션(fashion)은 라틴어의 만드는 것, 행위, 활동 등을 의미하는 'facto' 에서 유래하였다. 이와 같이 만드는 것 또는 행위에서 시작된 패션은 의복, 가구, 자동차, 실내 디자인, 음식 등 우리 생활주변의 모든 물건뿐 아니라 사고방식, 취미, 기호 등에서 사회적으로 동조되는 현상으로 광범위하게 볼 수 있다.

패션은 '특정 시기에 많은 사람들에 의하여 받아들여지는 지배적인 스타일 또는 스타일이 받아들여지는 사회적 전파과정으로, 단기적 변화와 장기적 변화를 모두 포함한다' 고 정의할 수 있다. 즉 패션을 특정 스타일의 상품인 대상(object)으로 보는 관점과 집합행동으로 나타나는 전파의 과정(process)으로 보는 관점이 있다.

또 패션에서는 수십 년 또는 수백 년에 걸쳐서 변화하는 의복형태의 근본적이며 장기적인 변화와 매년 또는 계절마다 변화하는 단기적 변화를 볼 수 있다. 새로운 스타일을 수용하는 데 걸리는 기간에 따라 패션을 클래식, 패션, 패드로 구분할 수 있다.

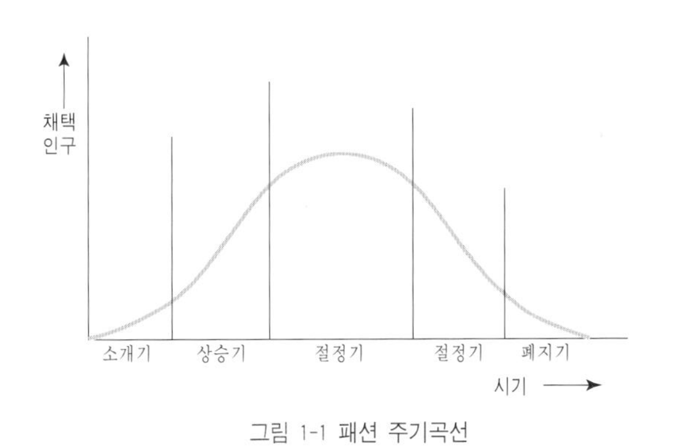

그림 1-1 패션 주기곡선

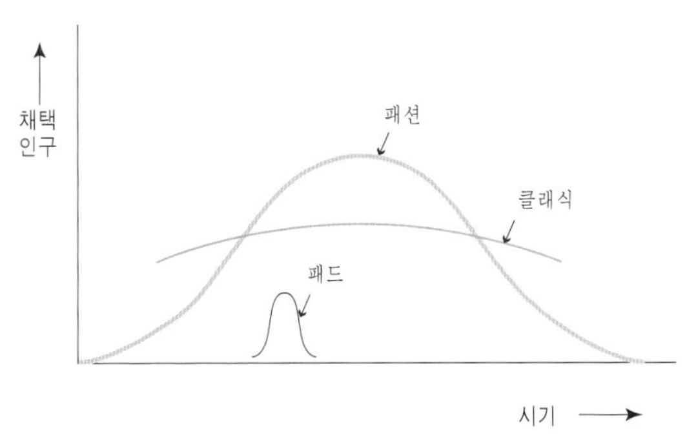

그림 1-2 클래식, 패션, 패드의 확산곡선

클래식(classic)이란 유행기간이 상당히 길어서 오랜 기간 동안 착용할 수 있는 스타일이다. 보통 전통적이고 전형화된 스타일로 베이식(basic)이라고도 부른다. 클래식 스타일 의복의 색상은 흰색, 검정색, 베이지색, 갈색, 감색 등과 같이 계절이나 유행과 관계없이 꾸준히 사용되고 카디건, 스웨터, 테일러드 재킷, 블레이저 재킷, 트렌치 코트 등을 포함한다.

패드(fad)란 유행 기간이 짧고 사회 안의 하위문화집단 안에서만 빨리 확산된다. 패드는 소개된 후 채택하는 사람 수가 급격히 증가하여 유행 포화상태에 이르고 곧바로 하강한다. 패드는 의복의 디테일이나 장식품류와 같이 작은 것에서 부분적으로 나타나며, 형태가 특이하고 가격이 저렴한 것이 특징이다. 패드는 특이하고 새로운 것을 좋아하는 젊은층에서 일시적으로 빈번하게 볼 수 있는 현상으로 초미니 스커트, 발찌, 헤어 브리지 등이 있다.

그림 1-3 젊은이들이 한때 즐겨 입었던 스타일(패드)

패션은 소개기, 상승기, 절정기, 하강기, 폐지기 등 5단계의 패션 주기를 가지며, 수용기간은 클래식보다 짧고 패드보다는 길다. 패션의 변화는 하나의 지배적인 스타일에서 다른 스타일로 연속적으로 이루어진다. 즉 많은 사람들이 착용하는 스타일과 극소수의 사람들이 시도하는 새로운 스타일이 공존하며, 이를 매스 패션(mass fashion)과 하이 패션(high fashion)이라 한다. 구체적으로 매스 패션이란 대중 패션이라고도 하며, 현재 대다수의 사람들이 착용하는 스타일로 패션 주기의 상승기 이후에 많은 사람들이 채택하는 보편적 스타일이다. 하이 패션이란 패션 주기의 소개기에 등장하여 극소수의 유행선도자들이 채택하는 첨단 스타일이다. 일반적으로 유명 디자이너가 디자인하고, 숙련된 기

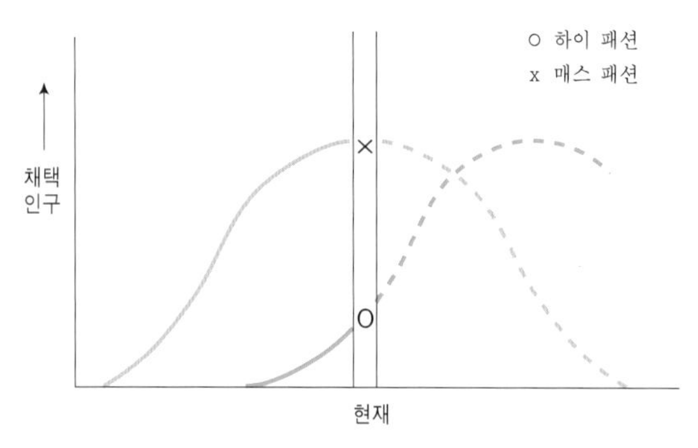

그림 1-4 하이 패션과 매스 패션(어느 한 시점에서 하이 패션과 매스 패션은 공존한다.)

술자가 고급 원단과 부자재를 사용하여 만들었으므로 가격이 아주 비싸다. 극단적 스타일이 많고, 창의적이고 개성적인 디자인을 특징으로 한다. 그러나 모든 고가 의류가 하이 패션의 범주에 들어가지는 않는다.

2) 패션의 특성

패션의 특성은 강물이 흐르듯 끊임없이 변화한다는 것이다. 변화한다는 것은 무엇인가 새로운 것이 기존의 것을 밀어내고 대중의 선택을 받으며, 또 다른 새로운 것에 의하여 밀려나는 과정의 연속이다. 이와 같은 패션의 연속성을 바탕으로 패션의 특성을 살펴보면 다음과 같다.

그림 1-5 초미니 스커트(패션은 극단에 이를 때까지 점진적으로 변화한다.)

첫째, 패션의 변화가 급격히 이루어지는 경우가 가끔 있지만 대부분의 경우 스타일의 변화는 점진적이다. 변화하는 방향이 일단 결정되면 그 방향으로 서서히 점진적으로 변화한다. 예를 들면, 1990년대 들어 스커트 길이가 짧아지기 시작하면서 서서히 미니 스커트가 등장하였고, 그 길이는 점차 더 짧아졌다. 패션의 변화 속도가 점진적인 이유는 경제적 측면과 심리적 측면에서 설명될 수 있다. 경제적 측면에서 보면 패션의 변화 속도가 급격할 경우 소비자는 현재 갖고 있는 의복을 모두 입을 수 없게 되어 새 의복을 구입해야 하나, 이는 불가능해서 확산되기 어렵다. 심리적 측면에서 보면 인간은 끊임없이 새로운 것을 추구하나, 다른 한편으로는 기존의 것에서 얻는 안정감도 중요하므로 의복을 선택할 때 '현재 입는 것과 유사하면서 약간 다른 것' 을 찾는 경향이 크다.

둘째, 패션 스타일은 극단에 도달할 때까지 계속되고 더 이상 진전할 수 없을 때 끝난다. 예를 들면, 미니 스커트가 유행일 경우 초미니 스커트가 등장할 때 그 스타일은 끝나게 된다.

셋째, 한 방향으로 점진적으로 변화하는 패션 스타일은 그 반대 방향으로 후진하지 않는다. 예를 들면, 미니 스커트가 유행하여 초미니 스커트로 변화된 후에 곧바로 스커트의 길이가 길어지는 방향으로 후진하지 않는다.

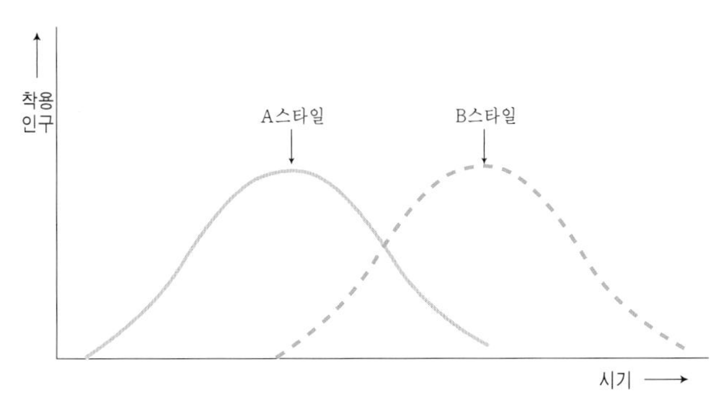

그림 1-6 패션 주기의 연속성

그 이유는 패션 변화의 방향이 후진하여 2~3년 전에 유행했던 스타일이 다시 등장하게 되면 이것은 대중에게 새롭게 지각되지 못하기 때문이다. 또 한 사회 안에 존재하는 패션 선도자 집단과 후기 수용자 집단이 거의 비슷한 의복을 동시에 입게 되어 패션 선도자 집단의 차별화 욕구를 충족시킬 수 없게 되기 때문이다.

넷째, 패션이 변화되어 극단에 이르게 되면 새로운 경향으로 전환하는 과도기에 클래식 스타일이 등장하는 경우가 많다. 이는 인체의 한 부분을 강조하던 스타일에서 다른 부분을 강조하는 스타일로 바뀌는 준비기간으로 인체의 자연스러운 곡선을 따르는 클래식 스타일이 선호되기 때문이다.

다섯째, 패션 스타일은 주기적으로 반복된다. 20세기 패션의 역사를 살펴보면 여성적 스타일과 직선적 스타일이 10년을 주기로 교대로 등장했음을 볼 수 있다. 즉 1910, 1930, 1950, 1970, 1990년대에는 여성적이고 우아한 스타일이 유행하였고, 1920, 1940, 1960, 1980년대에는 직선적이고 젊음을 강조하는 스타일이 유행하였다.

여섯째, 패션 스타일은 연속적으로 변화한다. 유행 스타일이 절정을 이룬 패션의 전환기에 여러 디자이너들이 스타일을 제시하고 이들 중 한 가지 스타일이 소수의 패션 선도자들에 의하여 채택되어 유행하게 된다.

2. 패션의 전파

새로운 스타일이나 형태가 소개되면 어떤 소비자는 이를 곧바로 수용하나 또

어떤 소비자는 다른 사람들이 수용한 것을 보고 난 후에 수용한다. 시간이 경과됨에 따라 패션이 전파되어 새로운 스타일을 수용하는 소비자 수가 증가되고, 패션 상품의 가치도 변화된다. 패션 상품의 채택시기에 따라 소비자 집단은 구분되며, 이와 같이 패션이 전파되는 현상을 설명하는 이론에는 하향전파이론, 수평전파이론, 상향전파이론, 집합선택이론 등이 있다.

1) 패션 선도력

소비자가 패션 상품을 채택하는 시기를 결정하는 패션 선도력에 따라 패션 선도자, 패션 추종자, 패션 지체자로 크게 구분할 수 있다.

패션 선도자(fashion leader)는 소비자가 새로운 스타일의 패션 상품을 채택하는 과정에서 긍정적 인식과 태도를 형성하도록 영향을 주어 패션 전파를 촉진시키는 소비자 집단이다. 패션 선도자 중 패션 혁신자(fashion innovator)는 남보다 혁신적 스타일을 먼저 채택함으로써 다른 소비자들에게 혁신적 스타일을 시각적으로 인식시키거나 대화를 통하여 긍정적 태도를 갖도록 영향력을 갖는다. 특히 혁신적 스타일에 대한 긍정적 정보를 대화를 통하여 다른 소비자에게 영향력을 행사하는 사람을 패션 의견 선도자(fashion opinion leader)라 한다. 또 자신이 혁신적 스타일을 착용하면서 의견 선도자인 사람을 혁신적 전달자(innovative communicator)라 한다.

패션 선도자의 특성은 다음과 같다. 첫째, 나이가 젊고, 경제 수준과 교육 수준이 높은 미혼 여성 중에서 많이 볼 수 있다. 둘째, 사교, 오락, 문화 등 사회활동을 활발히 하며 대인 접촉이 많은 소비자가 많다. 셋째, 패션 상품에 관심이 많고 소속 집단에서 존경을 받으며, 타인에게 영향력이 높다. 넷째 패션 선도자들의 자기 이미지는 세련되고 현대적이며, 독특하고 확신이 높은 편이다. 패션 선

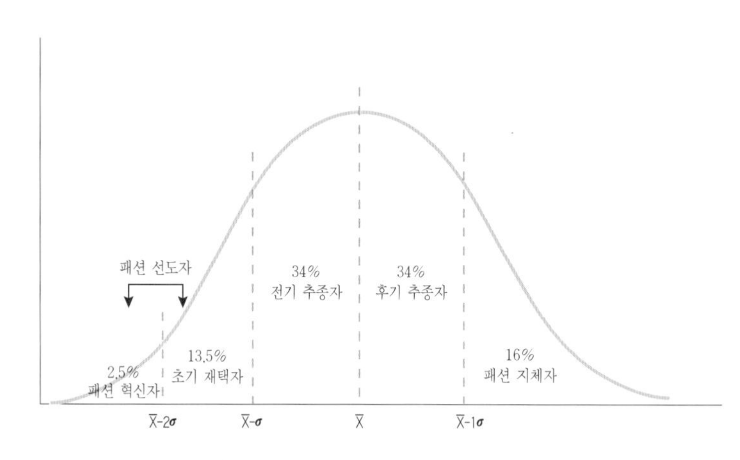

그림 1-7 패션 선도력에 따른 소비자 집단구분

도자는 전체 소비자의 약 16% 정도를 차지한다.

이에 반하여 패션 추종자(fashion follower)는 패션 선도자들이 새로운 스타일을 채택한 것을 확인한 후에 선택하는 패션 선도자 모방 또는 수용 집단으로 전체 소비자의 약 68%를 차지한다. 나머지 16%의 소비자 집단에는 패션 주기의 쇠퇴기에 들어선 상품을 구입하는 패션 지체자(fashion laggard)나 비채택자(fashion nonadopter)가 포함된다. 비채택자는 패션 상품에 관심이 없거나 구입할 경제력이 없다.

2) 패션전파이론

패션전파이론은 한 사회 안에서 누가 먼저 패션 상품을 수용하고 누가 모방하며, 어떤 과정을 거쳐 패션 상품이 확산되는가를 설명한다. 사회의 특성과 경제 계층구조에 따라 패션이 전파되는 양상이 다르다.

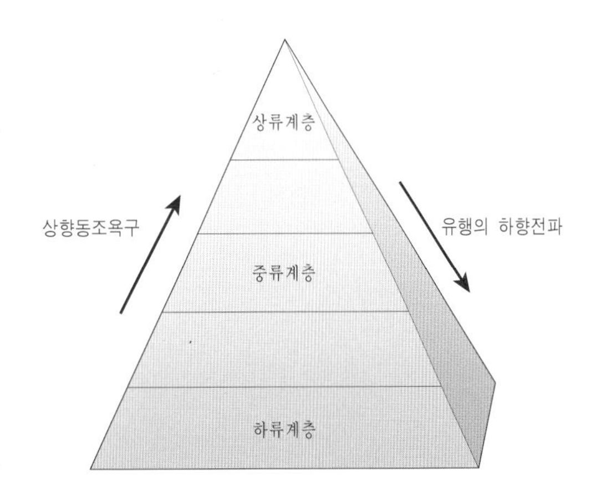

그림 1-8 하향전파현상

(1) 하향전파이론

하향전파이론은 패션의 전파방향이 사회경제적 상류계층에서 시작되어 낮은 계층으로 전파된다고 주장하는 전통적 이론으로 1960년대까지의 패션 현상을 잘 설명해 주는 고전적 이론이다. 이 이론은 경제학자 베블렌(Veblen)의 과시적 소비(conspicuous consumption)에 근거를 두었다. 인간은 이중성을 갖는데 이것은 패션 상품에 대하여 차별과 모방으로 나타난다고 본다. 즉 상류계층에서 선택한 새로운 스타일은 자신을 낮은 계층과 구분해 주는 한편, 낮은계층에서는 새로운 스타일을 모방함으로써 상류계층과 동일시하려는 욕구를 충족시킨다. 그러나 상류 계층에서는 다른 계층과의 차별화를 위하여 이미 모방된 스타일을 버리고 다시 새로운 스타일을 채택하는 행동으로 이어진다.

(2) 수평전파이론

수평전파이론에서는 패션 상품이 자신과 비슷한 사회경제계층의 집단 안에서 수평적으로 이동하여 확산된다고 본다. 그러므로 수입, 나이, 교육, 라이프 스타일 등이 비슷한 집단에는 그 집단 특유의 패션 시장이 각각 존재한다고 인정한

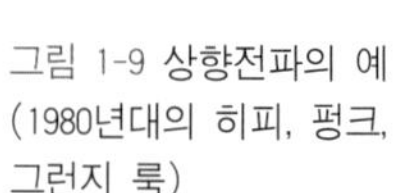

그림 1-9 상향전파의 예 (1980년대의 히피, 펑크, 그런지 룩)

다. 이 경우 패션 선도자는 특정 계층에 국한되어 있지 않고 자신이 소속해 있는 집단의 동료 중 혁신성이 강하고 영향력이 큰 사람이라고 본다.

(3) 상향전파이론

상향전파이론에서는 하위문화집단[1]의 구성원이 채택한 패션 상품이 이들보다 높은 사회경제계층으로 확산되어 나간다고 보며, 하향전파이론과 반대 입장을 취한다. 1980년대 히피나 펑크 문화의 영향은 패션의 상향전파의 대표적인 예이다. 또 전통적으로 여성복에 사용되었던 선, 색상, 무늬 등이 남성복에도 사용되는 현상이나, 블루진과 같은 청소년 의복이 기성세대의 의복에 영향을 끼쳐 젊은 스타일이 유행하는 현상에서도 볼 수 있다.

하위문화의 혁신적 스타일이 사회 전반에 확산되려면 계층 사이의 다리 역할을 하는 연결자(gap bridger)가 존재해야 한다. 이 연결자는 사회경제적 상류계층에 속하고 있으며, 하위문화집단의 혁신적 스타일을 먼저 채택하여 상류계층에 소개하여 사회적 영향력을 발휘하는 역할을 한다.

(4) 집합선택이론

집합선택이론에서는 한 집단에 소속된 구성원들은 취향이 동질화되어 서로 비슷한 것을 선택함으로써 패션이 전파된다고 본다. 이 이론은 1980년대 이후 패

1) 하위문화집단은 사회의 한 부분으로 존재하면서 사회의 전반적인 행동양식이나 가치체계와 구별되는 독자적 행동양식과 가치관을 갖고 행동하는 집단으로 흑인, 청소년, 노동자, 외국인 등이 있다.

션의 특성인 다양화 · 개성화 경향을 반영하며, 여러 집단의 독특한 스타일이 공존하는 현상을 잘 설명해 준다. 사회가 고도로 산업화됨에 따라 패션 주기는 더욱 짧아지고 다양한 패션 스타일이 등장하고 있는 현 세태를 나타내는 이론이다.

3. 패션의 변화요인

패션은 현재까지 사회 환경의 영향을 받아 변화해 왔으며, 앞으로도 지속적으로 변화해 나갈 것이다. 지난 반만년 패션의 변화에 영향을 준 문화적 요인, 사회적 요인, 경제적 요인, 정치적 요인 그리고 기술적 요인의 영향을 분석하여 앞으로의 패션 변화방향을 예측할 수 있어야 한다.

1) 문화적 요인

문화는 지식, 신앙, 도덕, 관습 등을 포함하는 생활양식의 총체로 그 사회 안에서 살고 있는 구성원들이 여러 세대에 걸쳐 학습하면서 계속 축적해 온 결과이다.

(1) 생활양식

각 민족의 전통 민속의상은 대표적인 문화의 산물로 생활양식의 영향을 크게 받는다. 민속의상의 형태는 크게 권의(drapery), 통형의(tunic), 관두의(pancho), 전합의(caftan) 등으로 구분된다. 권의는 한 장의 네모난 천을 재단이나 봉제하지 않고 허리, 어깨, 또는 머리를 감싸는 형태이다. 날씨가 따뜻한 아열대 지역에서 발달하였으며, 신체 노출이 많다. 통형의는 트임이 없이 머리에서부터 아래로 내려 입는 형태이며, 날씨가 추운 중세 유럽과 몽골지역에서 발달한 옷으로 신체 노출이 적다. 관두의는 한 장의 네모난 천의 중앙에 머리가 통과할 수 있도록 구멍을 뚫고, 그 구멍으로 머리를 넣고 어깨에 걸쳐 입는 형태이다. 날씨가 더운 중남미 지역을 중심으로 발달하였으며, 신체 노출이 많다. 전합의는 양 팔을 꿰어 넣은 후 앞에서 끈으로 여며 입는다. 이 의상은 입고 벗기에 편하고 활동적이며, 날씨가 춥고 견을 의류재료로 사용하는 한국, 중국, 일본

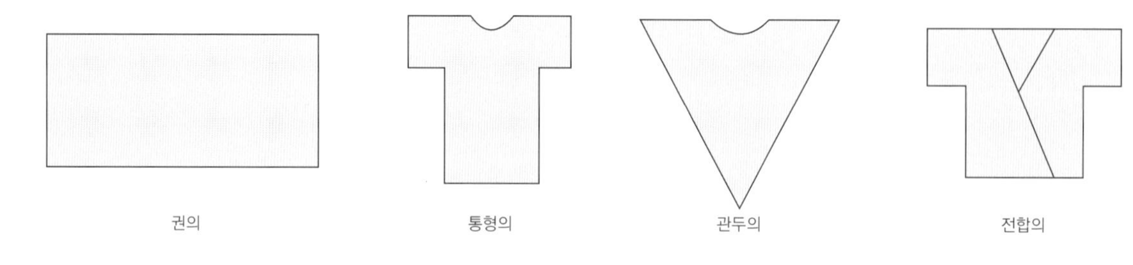

그림 1-10 민속의상의 형태에 따른 구분

등 아시아 지역의 민속의상에서 볼 수 있다. 우리의 한복은 오랜 세월에 걸쳐 4계절 변화가 뚜렷한 자연환경과 생활양식에 맞게 변화되어 왔다. 또 한복은 주택, 미술, 종교, 음악, 가치관 등과 유기적인 관계를 갖고 있으며, 다른 문화권과 다른 형태를 갖고 있다.

이와 같이 날씨, 풍토, 천연자원, 기술 등은 각 문화권에서 발달한 복식의 형태를 결정하며, 이 민속의상들은 사회가 산업화됨에 따라 변화되는 생활양식에 맞춰 더 이상 입혀지지 않거나 예복화하였다. 한복도 1960년대부터 실시되었던 경제개발계획에 의하여 우리 사회가 산업화하는 과정에서 예복으로 정착하였고 서양복이 일상복으로 착용되게 되었다.

그림 1-11 동남아 여러 나라의 민속의상

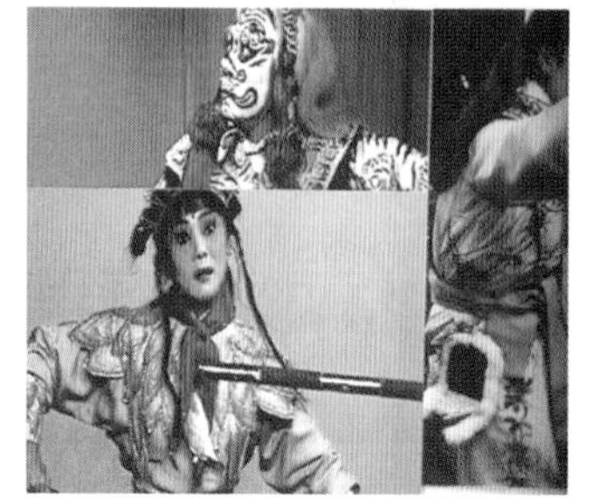

(2) 미의식

한 사회나 문화권 안에서 살고 있는 사람들은 독특한 미의식을 형성하게 되며, 이것은 복식의 형태에 영향을 끼친다.

한복의 선, 형, 색채, 재질 등은 한국인의 미의식을 기초로 형성되었다. 한국, 중국, 일본의 민속의상은 공통적으로 직사각형의 마름질을 위주로 발달된 전합의이나, 한복은 완만한 곡선을, 중국의 민속의상은 색채를, 일본의 민속의상은 무늬를 중요시한다. 한복의 완만한 곡선은 초가 지붕이나 도자기에서도 공통적으로 볼 수 있다.

(3) 종교적 이념

종교는 문화의 가장 근본을 이루기 때문에 고대부터 현대에 이르기까지 종교적 이념은 사람들의 사고방식이나 생활양식을 통하여 복식에 표현되어 왔다.

종교적 이념이 강하게 복식에 표현된 예로 모슬렘 국가의 복식과 청교도들의 복식을 들 수 있다. 모슬렘 국가의 여인은 신체가 남에게 드러나보이지 않도록 온 몸을 의복으로 감싸고 눈의 위치에 망을 붙여 밖을 내다볼 수 있게 하였다. 날씨가 덥기 때문에 이러한 형태의 복식이 부적당하지만 종교적 이념이 신체적 안락감보다 더 강하게 복식의 형태에 영향을 끼쳤으며, 산업화에도 불구하고 이들의 복식은 그대로 남아 있다. 청교도들은 현세에서의 물질적 행복보다는 내세

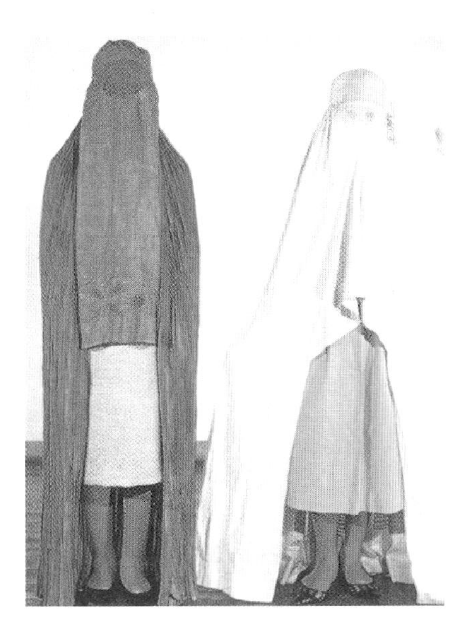

그림 1-12 모슬렘 국가 여인의 복식

그림 1-13 원불교 정녀의 복식

에서의 정신적 행복을 추구하여 검소한 생활을 영위하였으며, 이들은 신체를 드러내지 않으며 어둡고 간소한 형태의 복식을 착용하였다. 원불교 정녀들도 검소한 생활을 상징하는 검정 치마와 흰 저고리를 착용하고 있다.

2) 사회적 요인

복식의 형태에 영향을 끼치는 사회적 요인으로 사회형태, 사회계층, 인구구성, 교육 그리고 사회적 가치관과 관심 등을 들 수 있다.

(1) 사회형태

지역이나 시대에 따라 사람들이 착용하는 복식의 형태가 다르다. 특히 사회형태는 복식에 영향을 크게 끼치는 요인이다.

19세기 산업혁명 이후 인구는 도시에 집중하게 되었고, 생산기술의 혁신에 따라 노동의 전문화와 생산의 집중화가 이루어졌다. 사람들의 접촉은 증가되었으나 서로 모르는 사람들 사이에서 많이 이루어졌고, 매스 미디어를 통한 간접 접촉이 늘어 익명성과 소외감을 증가시켰다.

산업화 사회의 복식의 특징은 다음과 같다. 첫째, 직조기술의 발달과 재봉틀의 발명에 따라 복식의 대량생산이 이루어져 대다수를 위한 패션 시대가 열려

그림 1-14 남성을 위한 비즈니스 정장과 전문직 여성을 위한 정장

패션의 민주화를 이루게 되었다. 둘째, 직업이 세분화 및 전문화되어 감에 따라 다양한 직업복이 등장하게 되었다. 남성을 위한 비즈니스 정장이 표준화한 형태로 자리잡게 되었고, 전문직 여성을 위한 정장도 등장하게 되었다. 셋째, 복식의 상징적 전달력이 증대하게 되었다. 인구의 도시 집중화에 따라 서로 모르는 사람들 사이의 접촉이 많아져서 복식을 보고 상대방을 판단해야 할 기회가 증가하게 된다. 그러므로 복식의 상징적 전달력이 커진 반면 복식을 통한 계층 위장도 가능하게 되었다. 넷째, 패션 주기가 더욱 짧아진다. 사회가 산업화됨에 따라 중산층의 비율이 커지고 이들의 구매력이 증가되어 대량생산된 패션 상품을 대량 소비하게 되어 패션의 변화 속도를 가속화시켰다.

(2) 사회계층

한 사회 안에 사회계층이 존재할 때 사람들은 계층상승욕구와 계층과시욕구를 가지며, 이러한 욕구는 패션을 형성하고 변화시키는 원동력이 된다. 특히 사회계층 사이의 접촉이 많고 이동 가능성이 있을 때 패션에 미치는 영향력은 커진다.

과거 봉건사회는 사회계층 사이의 이동이 불가능한 신분계급사회였으며, 계층에 따라 생활양식이 다르고 착용하는 복식도 달랐다. 가끔 복식을 통한 계층 구분이 어려워질 때에는 지배계층에서 복식금제령(sumptuary law)[2]을 제정하여 계층에 따라 착용할 수 있는 복식을 규제하였다.

2) 복식금제령은 개인의 소비행태나 외모를 규제하는 법으로 봉건시대 동서양에서 모두 볼 수 있다. 특히 정치적 지배력이 없는 피지배계층이 경제력을 얻어 지배계층을 모방할 때 제정 공포되었다.

그림 1-15 1980년대의 여피

그림 1-16 풍요로운 생활을 즐기는 노년층

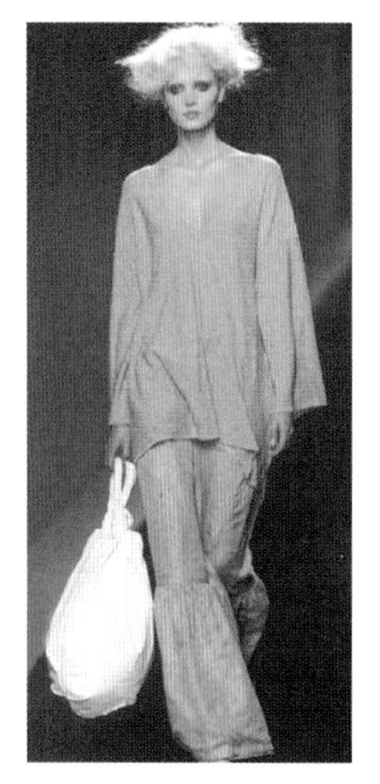

그림 1-17 레저 웨어

그림 1-18 유니섹스 모드

그러나 현대사회는 사회계층 사이의 접촉과 이동이 자유롭게 이루어진다. 특히 교육이 보편화되고 대중 매체가 보급되며, 도시에 인구가 집중하게 됨에 따라 사회계층 사이의 직접 및 간접 접촉이 빈번해진다. 또 자유민주주의 이념을 바탕으로 사람들은 평등의식, 성취욕구, 행복추구, 사회계층 상승욕구 등을 나타낸다. 현대인들은 자신이 속한 사회계층을 과시하는 복식을 착용하거나, 상승하고자 하는 사회계층을 상징할 수 있는 복식을 모방한다. 이러한 현상은 과시적 소비(conspicuous consumption)[3]로 강화된다.

3) 유한계층에서는 자신이나 배우자의 경제적 부를 나타내기 위하여 복식에 과시적으로 소비하는 행동이다. 이들은 자신은 노동을 할 필요가 없는 계층임을 나타내기 위하여 꼭 끼는 코르셋으로 허리를 졸라매거나, 남성은 바지에 구김살이 없게 주름을 세워 입었다.

4) 뉴욕 근교에 거주하며 25~45세의 전문직 종사자를 말한다.

(3) 인구구성

사회구성원의 성과 나이를 기준으로 한 인구구성은 복식의 형태와 변화에 영향을 미친다. 전체 인구 중 구성 비율이 제일 높은 집단이 사회 전체에 큰 영향력을 갖는다. 제2차 세계대전 이후 출생한 베이비 붐 세대들은 1960년대에 청소년이 되어 청소년 문화를 꽃 피우는 데 주역을 담당하였다. 이때 등장한 발랄한 미니 스커트는 젊은층을 위한 패션의 대표적인 예이다. 이들은 1970년대 후반에는 사회에서 커리어 우먼(career women)으로 성장해 매니시 룩을 과시하였고, 1980년대 미국의 여피(Yuppie)[4] 가 있다.

또 사회구성원의 구매력을 기준으로 패션 상품에 대한 수요를 재구성하고 구매력을 재평가해 볼 필요가 있다. 우리나라는 2000년대 들어서면서 노년층의 인구구성비가 7%를 넘어 고령화 시대에 접어들었고, 건강하고 활동적이며 경제력이 있는 노년층이 많아져 이들 노년층을 위한 실버 산업이 확대되고 있다.

(4) 교 육

전반적으로 교육 수준이 향상하고 여성의 교육이 증대되는 추세이다.

교육 기회가 보편화됨에 따라 패션의 변화 속도는 가속화하고 있다. 교육 수준이 높아짐에 따라 사람들은 사회의 변화에 대하여 긍정적 태도를 갖고 패션의 변화를 빠르게 수용하는 태도를 보인다. 또 교육 수준이 높아짐에 따라 임금 수준도 동반 상승하게 되어 사람들의 경제적 여유가 많아지게 되었다. 이는 여유 있는 생활로 이어져 여가생활을 즐기게 되며 패션의 다양화를 가져 왔다.

또 여성에 대한 고등교육의 기회가 급격히 증가하여 전통적 성역할에 대한 변화가 이루어졌고, 이는 패션 변화에 중요한 역할을 하였다. 여성의 사회 진출에 따라 관리하기 편한 수지 가공된 의복이나 일회용 의복이 등장하였고, 세탁 전문업체가 많이 들어섰다. 또 여성의 직장복이 등장하게 되었으며 유니섹스 모드가 확산되었다.

(5) 사회적 가치관과 관심

사회구성원들의 도덕 관념, 가치관 그리고 관심의 대상이 되는 사건 등은 패션에 영향을 끼친다.

그림 1-19 야생동물보호를 위해 입혀졌던 인조 모피 코트

그림 1-20 민속풍의 유행

그림 1-21 붉은 악마

그림 1-22 태극기를 이용한 응원복

1990년대의 환경보호운동은 야생동물을 보호하기 위하여 모피 코트 반대운동으로 확산되었고, 천연섬유 직물, 천연염료 염색, 자연을 모티프로 하는 에콜로지풍(ecology)이나 민속풍(ethnic)을 유행시켰다. 또 걸프전쟁의 영향으로 미국의 성조기를 주제로 한 패션이 등장하여 미국 국민의 애국심을 자극하였다.

사회구성원의 관심의 대상이 되는 사회적 사건이나 인물도 패션에 영향을 끼친다. 우리나라에서는 '86 아시안 게임과 '88 올림픽을 치르면서 건강과 운동에 관심이 고조되었으며, 운동을 즐기는 인구층이 급증하였고 스포츠 웨어가 일상복화하여 스포츠 웨어 산업이 확대되는 계기가 되었다. 이 열기는 2002년 한일 월드컵 축구경기 때 붉은 악마를 상징하는 'Be the reds'를 적어 넣은 빨간색 티셔츠와 태극기를 주제로 한 응원복으로 이어졌다.

3) 경제적 요인

사회의 경제적 상황은 사회구성원들의 패션에 영향을 끼친다. 일반적으로 한 사회가 경제적으로 발전하여 개인의 소득이 증가하게 되면 패션의 변화가 빨라져 패션 주기는 짧아진다. 경제적으로 발전된 사회에서는 교육 수준이 높아지고 높은 교육 수준은 패션의 변화를 빨리 수용하게 한다. 또 산업이 발달되어 상품의 생산량과 개인 소득이 증가하기 때문에 개인의 구매력이나 변화에 대한 욕구도 증가한다. 개인의 소득 중 가처분소득(discretionary income)[5] 이 많은 사람들은 패션 상품을 구매하는 데 지출을 많이 하며, 이들은 사회심리적 만족을 위하여 패션 상품을 구매하기 때문에 패션은 이들의 취향에 맞는 형태로 변화한다.

5) 가처분소득은 실질 소득에서 생활필수품을 구입한 후에 남는 소득으로 원하는 용도에 임의로 지출할 수 있는 소득의 양을 말한다.

그림 1-23 경제적 불황기(왼쪽)의 복식과 호황기(오른쪽)의 복식

한 사회가 경제적으로 호황 또는 불황인가를 나타내는 경제적 안정도는 그 사회에서 유행하는 복식의 변화 속도나 형태에 영향을 끼친다.

(1) 경제적 불황

경제적으로 불안정한 사회에서 복식은 다음과 같은 특징을 갖는다. 첫째, 패션 변화의 속도가 느려진다. 경제적 불황으로 인하여 각 가정의 가처분소득이 줄어들고 구매력은 감소한다. 또 패션 변화에 대한 낮은 욕구나 관심은 새로운 패션 스타일의 채택을 늦추기 때문에 패션의 변화 속도는 늦어진다. 둘째, 스커트 길이가 긴 스타일이 유행한다. 지난 20세기 패션의 변화를 살펴보면 증권시장의 종합주가지수와 스커트 길이가 같이 변화하는 경향을 볼 수 있었다. 즉 경제공황기였던 1930년대, 제2차 세계대전 직후인 1950년대, 제1차 석유파동이 시작되었던 1970년대, 걸프전의 영향으로 석유파동이 있었던 1990년대에 각각 스커트 길이가 길어졌다. 이러한 현상에 대하여 산업의 활성화를 위하여 옷감의 소비가 많은 스타일을 유행시킨다는 산업활성화이론(pragmatic theory)과 사회 전반의 침체된 분위기에 맞는 스타일이 채택되기 때문이라는 심리적 침체이론(hypothetical theory)을 적용할 수 있다. 셋째, 경제적 불황기에는 과거에 대한 향수를 강하게 느끼기 때문에 복고풍이 유행하게 된다. 복고풍은 앞에서 지적한 바와 같이 길이가 길고 풍성하기 때문에 사회의 경제적 분위기와 잘 맞는다고 볼 수 있다. 넷째, 경제적 불황이라는 상황에 맞는 새로운 스타일로 멋을

그림 1-24 프랑스 혁명기의 군복

그림 1-25 1970년대의 오리엔탈 룩

낸다. 즉 믹스 앤 매치(mix & match) 스타일인 남성의 콤비 스타일은 새로운 의복을 구입하기 어려운 시기에 정장 바지와 스포츠 재킷을 맞춰 입었던 데서 비롯되었다.

(2) 경제적 호황

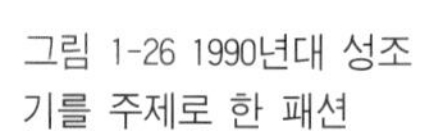

그림 1-26 1990년대 성조기를 주제로 한 패션

경제적 호황기에는 첫째, 가처분소득이 증가되어 패션 상품에 대한 욕구와 구매력이 증가되고 패션의 변화 속도가 빨라진다. 둘째, 스커트 길이가 짧아져 역동적이고 쾌락을 추구하는 사회 분위기를 반영하며 밝은 색상이 등장한다.

4) 정치적 요인

한 사회의 정치적 이념이나 사건 그리고 법령 등은 패션에 반영된다.

(1) 정치적 이념

한 사회의 정치적 이념은 두 가지 방향에서 복식에 표현된다. 첫째, 복식이 정치적 목적으로 이용되어 정치적 이념을 표현하는 수단이 되는 경우가 있다. 우리나라에서 1980년대 분출되었던 민주화 욕구는 당시 노태우 대통령 후보의 넥타이를 매지 않은 노타이 정장 차림에서 찾아 볼 수 있다. 둘째, 정치적 이념의 변화가 복식을 변화시키는 경우가 있다. 예를 들면, 프랑스 혁명기 군복이었던

그림 1-27 제2차 세계대전 중에 등장한 유틸리티 드레스

그림 1-28 아프로 헤어스타일

길고 헐렁한 바지가 혁명이 성공적으로 끝난 후 자유와 평등을 갈구하는 시민들 사이에서 널리 입혀졌다.

(2) 정치적 사건

세계인의 관심을 집중시키는 국제관계나 정치적 사건은 복식에 영향을 끼친다. 새로운 국제 관계가 형성되거나 정치적 사건이 발생하면 그 지역의 민속의상이 자연스럽게 유행의 주제로 등장하게 된다. 예를 들면, 1970년대 월남전의 종식, 미국과 중국의 국교 정상화, 일본이 경제부국으로의 부상 등으로 동남아시아가 세계 정치의 관심을 끌게 되면서 기모노 소매, 매듭여밈, 만다린 칼라, 평면적 구성의 비구조적 형태 등을 주제로 한 오리엔탈 룩이 유행하였다. 1990년대 들어 미국이 걸프전에 참여하면서 미국민들의 애국심을 나타내기 위하여 성조기를 주제로 한 패션이 등장하였다.

(3) 법 령

정치적 이유에서 발동된 여러 가지 법령은 복식에 직접 또는 간접적으로 영향을 끼친다.

직접적인 영향을 끼쳤던 법령으로는 봉건시대의 복식금제령, 제2차 세계대전 중 제정되었던 미국의 L-85와 영국의 CC41이 있다. L-85는 전쟁 중 물자가

부족하기 때문에 옷감의 소비량을 줄이기 위하여 스타일을 규제하였다. 즉 스커트의 폭과 길이, 단의 넓이, 블라우스의 포켓과 커프스 등을 규제하여 옷감을 소비를 줄이고자 하였다. CC41은 의복의 형태보다는 소비량을 제한하였다. 또 화재로 인하여 발생하는 인명 피해를 줄이기 위하여 어린이용 의류재료에 방염가공을 의무화하고 스타일을 규제하는 방염가공법이 있다.

또 사회 · 경제 · 기술적 문제를 해결하기 위하여 제정된 법령이 간접적으로 복식에 영향을 끼치기도 한다. 흑인의 법적 지위를 향상시키기 위하여 투쟁하던 흑인민권운동은 그 목표를 달성하면서 흑인문화의 근간이 되는 아프리칸 스타일을 유행하게 하였다.

5) 기술적 요인

과학기술의 발전에 따라 섬유산업과 가공기술이 발달되었으며, 이는 복식의 형태와 의생활에 많은 변화를 가져다 준다.

(1) 섬유산업의 발달

섬유생산기술, 직조기술, 가공기술의 발달은 패션에 영향을 끼친다.

그림 1-29 나일론 스타킹의 보급에 따른 미니 스커트의 유행

그림 1-30 주름치마

섬유생산기술이 발달되어 천연섬유나 인조섬유의 단점은 보완하고 장점은 강화한 천연섬유의 장점을 갖는 인조섬유 옷감과 인조섬유의 장점을 갖는 천연섬유 옷감이 생산되고 있다. 또 직조기술이 발달하여 다양한 조직, 인조 모피나 피혁, 부직포, 편성물, 투습발수조직의 원단이 생산된다. 섬유가공기술도 발달되어 옷감의 성능과 외관을 개선하여 관리하기 편하다.

인조섬유는 대량생산을 통한 대량소비를 가져와 한 개인이 소유할 수 있는 의복의 양을 증대시키고 패션의 변화 속도를 가속화하는 데 기여하였다. 새로운 의류재료나 가공기술이 개발되면 그 섬유나 가공의 특성을 이용한 디자인이 유행하게 된다. 예를 들면, 나일론이 개발된 후 나일론 스타킹이 널리 보급되었으며, 스커트 길이가 짧아지는 데 영향을 주었다. 또 합성섬유의 열가소성을 이용한 주름치마, 인조 모피나 피혁을 이용한 디자인의 유행을 들 수 있다.

(2) 대량생산기술의 발달

인조섬유의 생산에 따라 의류재료가 풍성해졌고, 직조기술의 발달, 재봉틀의 발명 등에 힘입어 의복의 대량생산이 가능하게 되었다.

대량생산기술의 발달에 의하여 기성복을 대량생산하게 되었는데, 기성복의 특징은 다음과 같다. 첫째, 기성복의 생산 공정을 간소화하여 생산성을 높이기

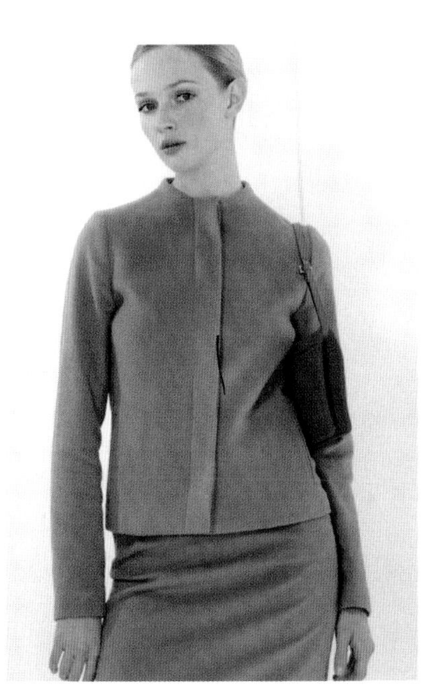

그림 1-31 획일화되고 단순화된 기성복

위해 디자인이 단순해졌다. 둘째, 소품종 대량생산일 때 생산성이 높아지므로 기성복 디자인은 획일적으로 변화하였다. 셋째, 대량생산에 따른 대량소비에 의해 기성복의 유행주기는 짧아졌다. 이상과 같은 기성복의 한계점을 보완하기 위하여 다양한 조직과 색상의 옷감 또는 액세서리를 착용하기도 한다.

(3) 대중매체의 발달

대중매체의 발달과 보급은 패션의 광역화와 전파 속도를 가속화한다. TV, 영화, 컴퓨터 등 시청각 대중매체는 새로운 패션을 소비자에게 인식시키고, 흥미를 유발하여 지역간 유행의 차이를 적게 한다. 케이블 TV의 보급에 따라 각 가정에서도 세계적 패션쇼를 즐길 수 있게 되었으나 대중매체가 보급되지 못한 일부 지역은 세계 패션 변화에서 소외된다.

제2장 패션과 환경

1. 쾌적한 의복
2. 피복과 안전

제2장 패션과 환경

1. 쾌적한 의복

인류가 세상에 태어난 후 오랜 세월을 거치는 동안 사람들은 지혜를 발휘하여 편리하게 살아갈 수 있는 여러 가지 도구들을 고안해 사용하였다. 도구들은 사람이 사용하기 편리하도록 개선되고 거기에 미적인 요소까지 가미되어 실용적으로 만들어지고 있다. 옷도 인간이 살아가는 데에 필요한 도구로써 사람과 항상 같이 다닐 뿐만 아니라 외부의 기후와는 다른 의복 내의 기후를 형성해 주기 때문에 '움직이는 환경'이라고 말하기도 한다. 따라서 의복을 설계할 때는 인체와 환경에 대한 이해가 필요하다.

1) 체온과 체온조절

인간은 다른 포유류나 새들과 같이 기온에 따라 체온이 변하지 않고 항상 일정하게 유지되는 항온동물로 체내에서의 열생산과 외부로의 열방출이 균형을 이루는 체온조절작용을 하고 있다.

(1) 체 온

인체는 끊임없이 내부에서 열을 생산하고 밖으로 열을 방출하는데 열생산량과 방출량이 같을 때 평형을 이루었다 하고 이때에는 체온이 일정하게 유지된다.

건강한 사람의 체온은 측정 부위에 따라서 차이가 있으며 특히 피부온은 환경온도에 크게 영향을 받는다. 그러나 심부온도는 외부 환경의 온도에 관계없이 항상 일정한데, 건강할 때의 심부온도는 37℃ 내외이지만 측정 시간, 식품 섭취, 노동의 정도, 연령 등에 따라서 약간씩 차이가 있다. 신체의 체온조절 기능에 이상

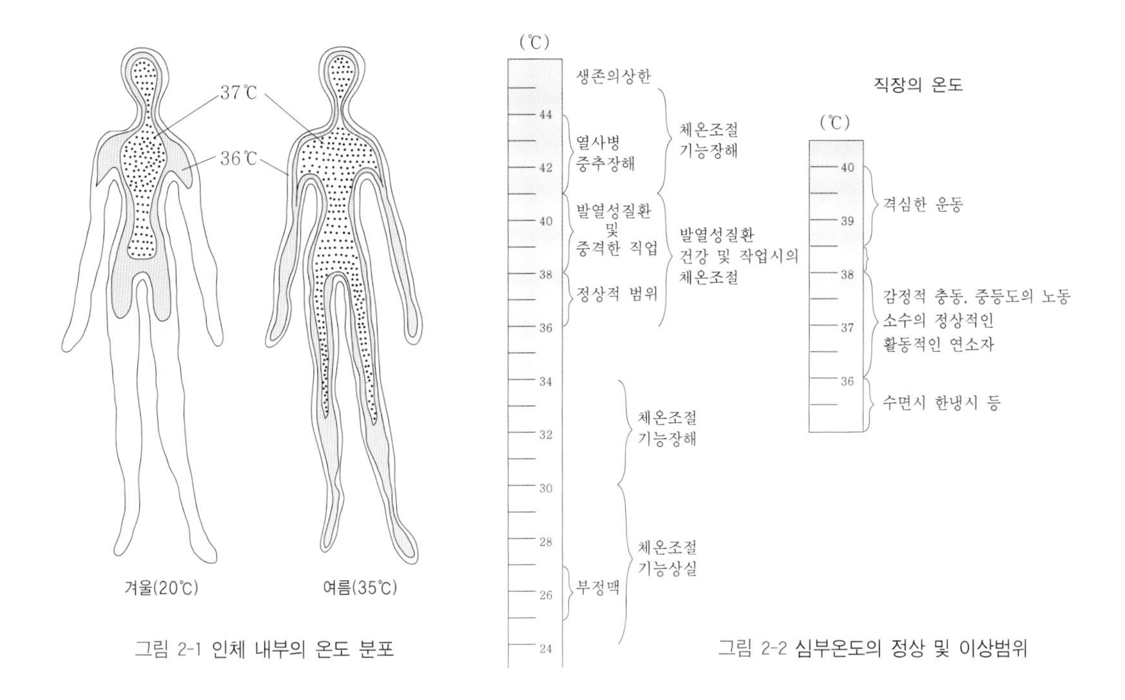

그림 2-1 인체 내부의 온도 분포

그림 2-2 심부온도의 정상 및 이상범위

이 생겨 체온이 42℃ 이상이 되거나 31℃ 이하가 되면 생명의 위협을 받게 된다.

피부온은 심부온도에 비하여 변동이 심하다. 신체의 열평형이 이루어져 있는 상태에서는 피부온이 심부온도보다 항상 1℃ 이상 낮으며 춥지도 덥지도 않고 쾌적한 상태에서는 평균 피부온이 약 33℃ 내외로 알려져 있다. 이 온도는 추위나 더위에 순화된 정도에 따라서 달라질 수 있다. 옷을 벗고 서늘한 곳에 앉아 있는 사람의 평균 피부온도는 20℃까지 내려가며, 기온에 따라 얼굴, 발가락, 손가락, 귀 등은 거의 빙점에까지 이르러 손상을 입을 수 있다. 고온환경에서는 이와 반대로 피부온이 심부온도보다 더 높아지기도 한다.

열생산은 섭취한 음식물의 영양소가 소화 · 흡수되어 산화되면서 신체활동이나 장기의 움직임 등에 필요한 에너지나 체온조절을 위한 열로 공급되어 나타나며 발생된 열에 의해 혈액의 온도가 올라가 전신을 돌면서 체온을 상승시킨다. 또 따뜻한 난로나 더운 목욕물과 같은 고온의 주변환경으로부터 열이 인체로 전달되어 들어올 수 있다.

열방출은 피부나 호흡기를 통하여 전도, 대류, 복사, 증발에 의해 일어나는데, 열은 온도가 높은 곳에서 낮은 곳으로 흐르므로 외기의 온도가 낮아 체열의 방출이 심하게 일어나면 체온이 내려간다.

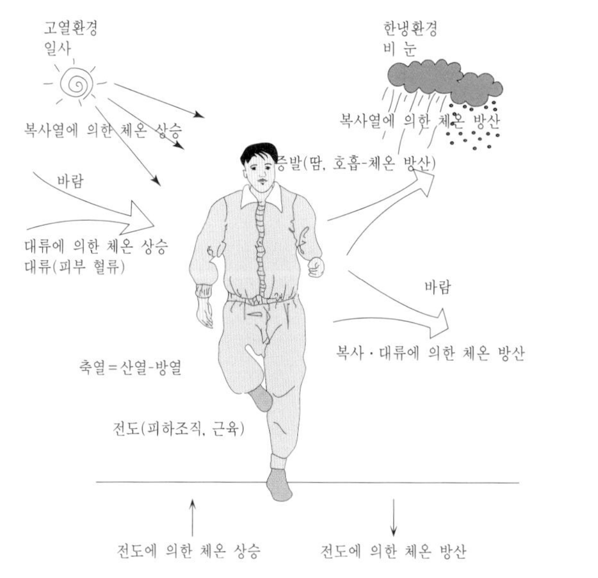

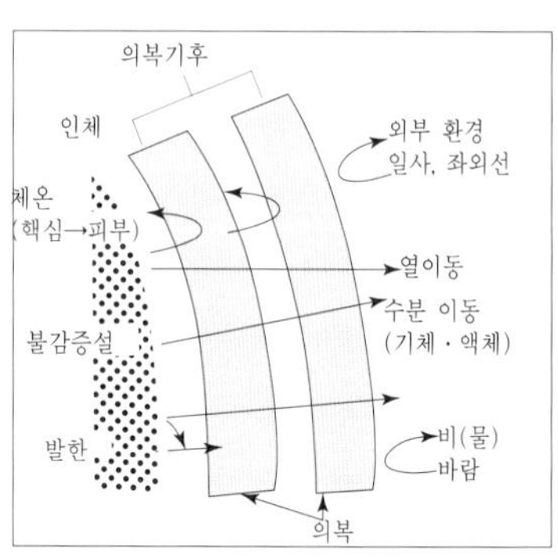

그림 2-3 인체와 환경과의 열교환 모형도

(2) 체온조절

환경온도가 28~30℃인 곳에 사람이 옷을 입지 않고 앉아 있으면 열생산과 열방출이 평형을 이루어 체온이 일정하게 유지된다. 이때의 열방출은 주로 전도, 대류, 복사에 의해 일어나며 피부온도가 31~34℃를 나타내어 춥지도 않고 덥지도 않으므로 쾌적감을 느낄 수 있다.

환경온도가 30℃ 이상으로 올라가면 급격하게 땀이 나며 이때는 전도, 대류 복사에 의한 것보다는 주로 증발에 의한 체온 방출이 일어난다. 환경온도가 피부온도와 비슷하게 되기 때문에 전도에 의한 체열 방산이 어려우므로 체열 방산을 하기 위해서 피부온도를 높여줄 필요가 있게 된다. 이때 피부표면 가까이 분포되어 있는 혈관이 팽창하면서 혈류량이 증가하여 피부온도가 상승함으로써 외기와의 기온차가 조금이라도 더 벌어지므로 열이 밖으로 나갈 수 있게 된다. 그러나 심부혈관은 수축하여 심부의 열이 피부쪽으로 빨리 이동하지 못하는 문제가 있다.

환경온도가 28℃ 이하인 곳에서 나체로 앉아 있으면 체열이 아주 빨리 방출되기 때문에 추위를 느낀다.

이때에는 체열 생산을 빨리해야 하므로 호르몬 분비를 많이 하여 열생산을 촉진시킨다. 또 몸을 떨게 하여 열생산을 증진시키기도 한다. 한편으로는 열방출을 적게 하기 위해서 닭살이 돋고 모공을 자극하여 체모를 일으켜 세워 피부를 감싸고 있는 공기층을 두껍게 함으로써 피부를 통한 체열 방산을 적게 한다. 체열 방출을 적게 하기 위해서는 피부온도와 환경온도와의 차이가 적어야 한다. 피부온도를 낮추기 위해서 체표면 가까이 분포하고 있는 혈관이 수축하고 혈류량이 감소함으로써 피부표면의 온도가 내려가 체열 방산이 더디게 된다.

이렇듯 따뜻한 실내에 있던 사람이 갑자기 추운 곳에 갈 때에는 피부표면 혈류량이 적어지면서 심부의 혈류량이 증가하고 반대로 추운 곳에서 더운 곳으로 들어가면 피부표면의 혈류량이 늘어나고 내장혈관은 수축하므로 순환기 장해가 있는 사람은 혈관의 부담이 생길 수 있으므로 주의하여야 한다.

혈관조절만으로는 체온조절이 어려워질 때에는 몸을 움직여 열 생산을 많게 해주어야 체온이 내려가는 것을 막을 수 있다. 몸을 움직이면 옷을 입지 않고 기온 10~32℃ 범위에서도 체온을 유지할 수 있다.

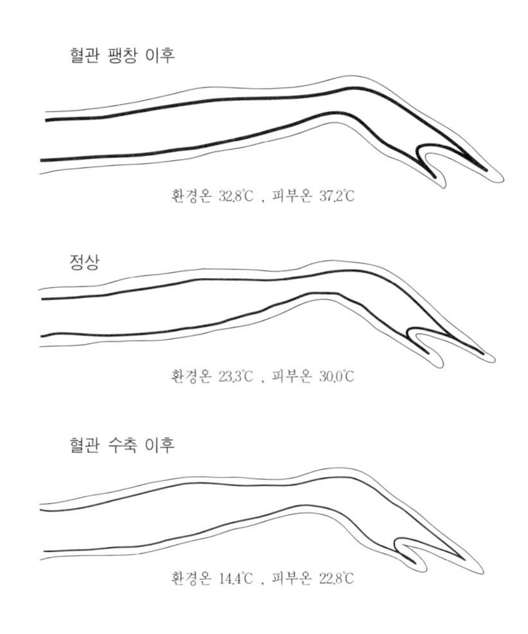

그림 2-4 혈관의 수축과 팽창에 의한 혈류량 변화

표 2-1 신체활동에 따른 체열 생산율

활동 상태	열 생산율 $kcal/m^2/hr$
앉아서 쉴 때	55
서서 쉴 때	60
보행할 때	
3.2 km/hr	105
4.8 km/hr	140
6.4 km/hr	190
7.2 km/hr	240
8.0 km/hr	350
천천히 뛸 때	320
20% 비탈을 3.2 km/hr 로 보행할 때	410
1분 동안의 최대 활동	460~600

2) 인체 · 의복 · 환경 시스템

사람이 살고 있는 환경기후는 지역에 따라 차이가 있고 같은 지역에서도 계절에 따라 많은 변화가 있다. 체온조절이 가능한 온도 범위를 벗어나면 나체로 적응하기 힘들기 때문에 추울 때는 옷을 입어 체온이 내려가는 것을 막아주기도 하고 복사열이 심한 사막에서는 옷이 직사광선이나 지면에서 올라오는 복사열을 막아주어 체온이 올라가는 것을 막아준다.

옷을 입으면 피부와 옷 사이에 작은 공간이 생기고 이 공간은 바깥 기후와는 다른 온도, 습도 그리고 기류를 형성하게 되는데 이것을 의복기후라 한다. 사람이 쾌적하다고 느끼는 의복기후 조건은 매우 좁은 범위에 있는데 온도 32±1℃, 상대습도 50±10%, 기류 25±15cm/sec로 알려져 있으며 이 범위를 벗어나면 불쾌하게 느껴진다.

인체의 피부표면에는 얇은 공기막이 형성되어 있어서 열이 밖으로 나가는 것을 막아주고 있는데, 같은 기온이라도 바람이 세게 불면 이 공기막이 매우 얇아져서 보온효과가 떨어지기 때문에 체감 온도가 더 낮게 느껴지는 것이다.

의복을 중심으로 해서 양쪽의 조건 즉, 환경기후 조건과 인체의 움직임(운동)의 정도가 의복기후를 크게 변화시킨다. 예를 들어 겨울철에는 기온이 낮으므로 열이 밖으로 쉽게 빠져나가고 여름에는 외부기온이 높아 체열이 빨리 밖으로 나가지 못한다. 한편, 추운 겨울에 두터운 외투를 입고서도 움직이지 않고 가만히 서 있으면 추워지나 빠른 걸음으로 오래 걸으면 더워진다. 달리기나 심한 일을 하면 인체로부터의 열생산이 많아져서 의복 내의 온도와 습도가 올라가므로 더워지는 것이다.

따라서 쾌적한 의복기후를 유지하기 위해서는 환경기후와 작업 정도를 고려하여 알맞은 보온성을 갖는 옷을 선택하여 입어야 한다.

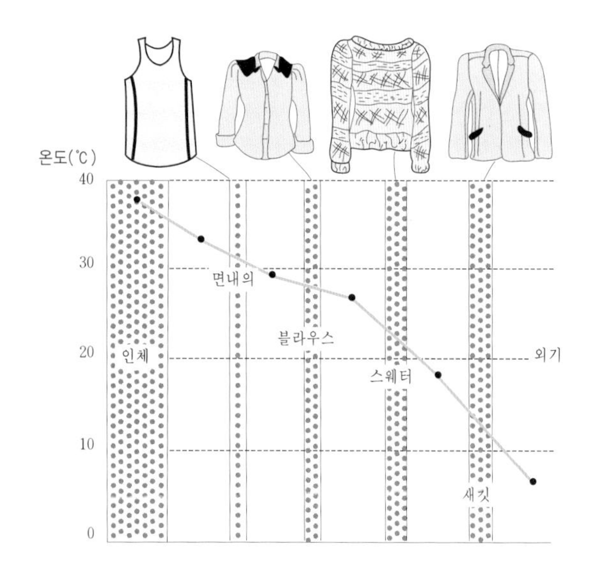

그림 2-5 의복기후

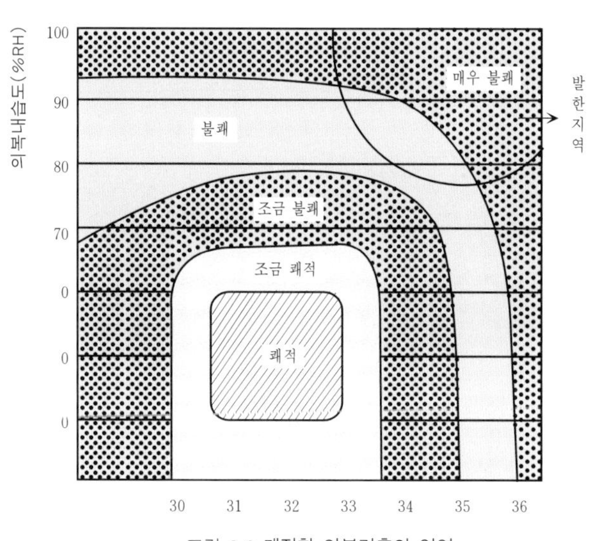

그림 2-6 쾌적한 의복기후의 영역

3) 의복의 보온성

(1) 보온성을 나타내는 단위

의복의 보온성은 단열력으로 나타내며 'Clo' 단위를 사용한다. 기온이 21℃, 습도는 50%, 기류가 10cm/sec인 환경기후에서 인체가 안락의자에 편안히 앉아 쉬고 있을 때 이 사람의 평균 피부온도를 33℃로 유지시켜 줄 수 있는 의복의 단열력을 1Clo라 하며 이보다 높은 숫자는 보온력이 큰 것을 의미한다.

의복은 옷을 만드는 소재, 의복의 형태, 착용방법에 따라 보온성이 달라질 수 있으며 몸을 피복한 면적이 많을수록 보온력은 커진다.

한여름의 옷차림인 팬티, 반바지, 티셔츠, 얇은 양말, 샌들을 착용했을 때 보온력은 약 0.3Clo이며 겨울철 상, 하 내의 위에 셔츠와 조끼를 포함한 양복 상하 그리고 코트, 재킷, 양말, 구두를 착용했을 때의 보온력은 1.5Clo 정도이다.

(2) 소재의 종류와 보온성

옷감의 보온성에 중요한 역할을 하는 것은 옷감에 함유되어 있는 공기의 양이다. 옷감은 섬유와 공기의 혼합물이어서 성글게 짜여진 편성물에서 섬유는 10%에 지나지 않고 90% 이상을 공기가 차지하며 치밀하게 짜여진 방풍용 직물도 섬유의 비율이 50%를 넘지 않는다.

공기는 가장 우수한 열 절연체이기 때문에 옷감에 공기가 많이 함유하도록 짜면 보온성이 좋아진다. 두꺼운 옷감이 얇은 옷감에 비해 보온성이 좋은 것은 두꺼운 옷감은 얇은 옷감에 비해 공기를 많이 함유하기 때문이다. 속이 비어 있는 중공섬유 또는 곱슬거리는 섬유를 모아 만든 텍스처사로 짠 옷감은 그렇지 않은 섬유로 짠 옷감에 비해 공기를 많이 함유하므로 보온성이 우수하다.

겨울에 즐겨 입는 파카의 안에는 다운이 들어 있는데 다운은 눌렸다가도 다시 부풀어오르는 회복성이 우수하여 많은 공기를 유지할 수 있다.

또 포를 구성하는 방법에 따라 직물보다는 편성물이 공기를 많이 함유하며 파일직물이나 이중직물 등은 두께가 두꺼워서 많은 공기를 함유할 수 있다.

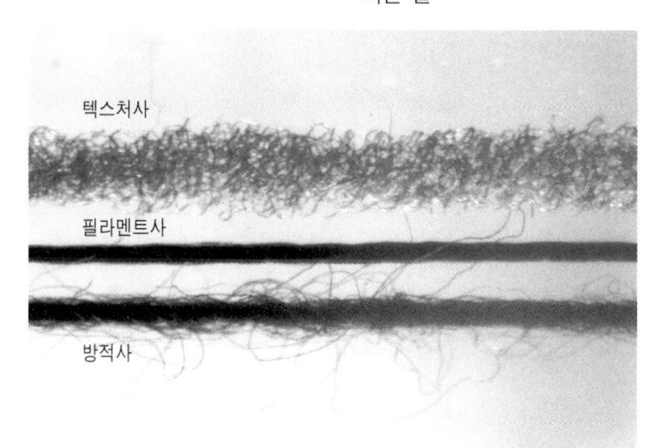

그림 2-7 옷감의 원료가 되는 실

A: 피복 면적이 적은 민소매 A 라인 원피스의 의복 내 기류

B: 피복 면적이 큰 벨트를 착용한 원피스의 의복 내 기류

그림 2-8 모피제품

그림 2-9 원피스 디자인에 따른 보온효과

치밀하게 짠 직물은 바람을 막아주는 기능이 우수하여 외부 찬 공기의 유입을 막기 때문에 보온성을 유지할 수 있다. 포를 짠 후에 표면을 긁어서 털을 일으켜 세우는 기모가공으로 보온성을 향상시키기도 한다. 최근에는 태양의 가시광선과 근적외선을 흡수하여 열선인 원적외선으로 바꾸어 의복 내에 머물게 하는 소재가 개발되었는데 가볍고 얇으면서 보온성이 있으므로 옷 맵시도 좋을 뿐 아니라 기동성이 좋고 공기 저항도 적어 스포츠 웨어로 인기를 끌고 있다.

모피는 보온성이 가장 우수한 최고급 소재이다.

(3) 옷의 형태와 보온성

한 가지 소재로도 보온성이 다른 옷을 만들 수 있으므로 계절을 고려하여 디자인하는 것이 필요하다.

디자인에 따라 보온성이 달라지는 가장 큰 요인은 피복면적이다. 일반적으로 한여름에 입는 일상복은 피복 면적이 신체의 53% 내외이며 한겨울에는 얼굴을 제외한 전신을 의복으로 감싸고 있어 97% 정도가 피복된다.

개구부의 형태도 보온성에 영향을 미치는데, 특히 보온성에 많은 영향을 미치는 부분은 목둘레의 형태이다. 목둘레를 많이 개방하면 굴뚝효과에 의해 의복 내의 더운 공기가 위로 쉽게 빠져 나가므로 여름옷은 목둘레를 많이 파주는 것이 시원하다. 또, 손목과 발목을 여미는 것이 보온성을 우수하게 하는 방법이며 원피스의 경우도 허리둘레에 벨트로 묶어 주는 것이 그렇지 않은 것보다 보온성이 좋다. 재킷의 여밈방법에 따라 더블 버튼(double botton)이 싱글 버튼(single button)보다 보온성이 우수하므로 주로 겨울옷에 사용된다.

피복 면적은 소매 길이, 스커트나 바지 길이, 목둘레선의 파임 등에 따라 달라질 수 있다. 민소매와 반소매, 긴소매 등과 같이 소매 길이를 다르게 할 수 있고 목둘레도 칼라가 달린 것과 없는 것으로도 디자인할 수 있다. 또 칼라가 없는 경우라도 넓게 파인 보트 네크라인(boat neckline)이 있는가 하면 목둘레선에 꼭 맞게도 할 수 있다. 깃이 있는 디자인은 앞이 많이 파인 경우와 드레스 셔츠나 스탠딩 칼라와 같이 목둘레를 여며 주는 형태로도 만들 수 있으며 타이 칼라는 목도리를 두른 것과 같이 입을 수도 있어 보온성에 많은 영향을 미친다.

(4) 의복의 착용방법과 보온성

■ 방한복

의복의 보온성을 위해서는 두꺼운 옷 한 벌보다 얇은 옷 여러 겹을 입는 것이 좋다는 것은 잘 알려진 사실이다. 옷과 옷의 사이에 공기층이 보온성에 기여하기 때문이다. 이때 몸에 밀착되는 옷보다 공기층을 형성할 수 있도록 여유분이 있는 것이 더 좋다.

편성물은 직물보다 공기를 많이 함유하므로 실내에서는 직물에 비해 편성물의 보온성이 더 우수하다. 그러나 바람이 많이 부는 날에는 기류의 이동에 의한 열 손실이 많이 일어나므로 보온성은 크게 떨어진다. 이때에는 바깥쪽에 얇은 방풍 재킷을 입으면 보온성을 유지시킬 수가 있다. 또 비가 올 때에는 방수성이

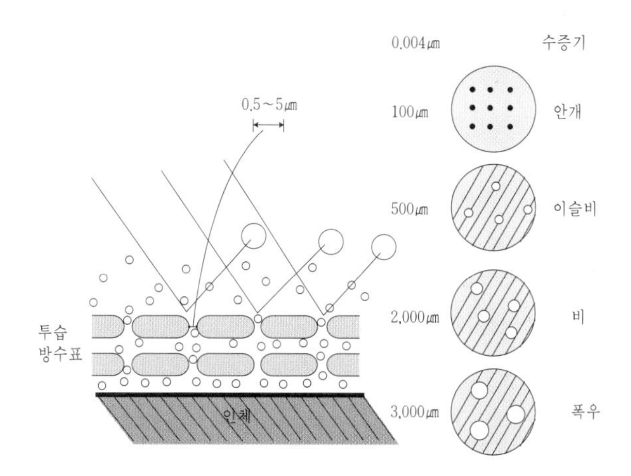

그림 2-10 투습방수의 원리

있는 옷을 표면에 입어야 습기로 인한 체열 손실을 막을 수 있다.

방수가공은 직물에 얇은 필름을 코팅하는 방법이 이용되는데 이 방법은 소재의 통기성까지도 차단하므로 몸에서 나온 땀이나 수증기가 밖으로 방출되지 않아 결국 옷이 젖어들게 되어 춥게 느낄 수 있다. 이러한 폐단을 고려하여 발수가공을 행하기도 한다.

발수가공이란 물을 튕기는 성질을 갖게 한 것으로 비가 올 때에 빗방울이 직물에 스며들지 않고 굴러 떨어져서 빨리 젖어들지 않으나 실과 실 사이사이의 공간이 있어 점차 시간이 지남에 따라 수압이 증가하면서 물이 옷감 내부로 스며들게 된다.

최근에는 외부의 빗방울과 같은 큰 물방울은 통과시키지 않고 인체에서 발생한 미세한 크기의 수분은 밖으로 배출시킬 수 있는 '투습방수가공포'가 개발되어 스포츠의류소재로 널리 이용되고 있다.

■ 방서복

기온이 30℃ 이상이 되면 실내에서는 에어컨을 사용하여 쾌적하게 조절할 수가 있으나 실외에서는 더위를 막을 수 없다. 더운 날의 의류소재는 흡습성이 커야 하며 얇고 성글어야 시원하나 비치지 않도록 두꺼운 옷감이 실용적일 수도 있다. 햇볕이 강렬한 지역에서는 복사열을 막으려면 흰색, 또는 연한 색의 소재를 사용하며 통기성을 좋게 하기 위해 몸에 꼭 끼는 것보다는 헐렁한 옷을 입는 것이 효과적이다.

또한, 평소에 입는 옷보다 노출이 많으면 시원할 수는 있지만 강한 햇볕이 있을 경우에는 직사광선을 막아 복사열을 차단하기 위해 옷을 적당히 입는 것이 더 효과적이다. 사막지방에서는 직사광선과 매우 높은 외부의 열을 막기 위해 머리에서부터 온 몸을 감싸는 헐렁한 옷을 입는다.

우리의 선조들은 베 적삼 안에 가느다란 등나무로 엮은 등걸이와 토시를 착용하기도 하였다.

그림 2-11 사막지방에서 입는 의복

2. 피복과 안전

생활환경과 작업환경이 다양해짐에 따라 인간은 위험한 환경에 노출되는 일이 잦아졌다. 이러한 위해한 환경으로부터 인체의 안전과 건강을 지키기 위하여 여러 가지 의복과 장비를 필요로 한다.

인간에게 노출되어 상해(傷害)를 줄 수 있는 요소에는 혹한과 혹서와 같은 기후조건 외에도 유독가스를 비롯한 화학 약품, 병원균과 같은 생물학적 요인, 화재, 산업재해 등이 있는데 이러한 위험한 환경은 한 가지나 두 가지 이상이 복합적으로 작용하는 경우가 많다.

보호복은 그 사용 목적에 적합하도록 소재가 충분히 방호 성능을 가져야 하며 반복해서 사용해도 성능이 저하되지 않아야 하고 활동할 때 움직임에 불편이 없도록 디자인되어야 한다.

1) 소방복

소방복에는 화재진압 작업자들을 열과 화염, 가스로부터 보호하는 방화복과 화재진압을 위해 뿌린 물에 몸이 젖지 않도록 하는 방수복이 있다. 방화복은 일반 화재 시에 착용하는 방화복과 복사열이 강한 화재 시에 착용하는 내열복이 있다.

그림 2-12 우주복
그림 2-13 소방복

화재가 났을 때 인체가 받는 손상에는 열이나 화염에 의한 피부의 손상과 물체가 타면서 내뿜는 유독 가스에 의한 호흡장애가 있다.

따라서 소방복은 소방수들을 열과 화염, 수증기, 유독 가스 등으로부터 보호하는 기능을 가져야 한다. 이를 위해서 복사열을 흡수하지 않으면서 내연성을 가져야 하며 소재가 불에 타더라도 유독 가스를 발생하지 않고 동시에 내열성도 가져야 한다. 또 화재진압을 위해 뿌린 물이 침투되지 않도록 방수성도 갖추어야 하며 뜨거운 수증기로부터도 보호될 수 있어야 한다.

방화복에 사용되는 소재는 3중으로 되어 있는데, 겉감은 복사열 반사성능을 높여주기 위하여 네오프렌(합성 고무의 일종)의 표면에 알루미늄을 진공 압착시킨 소재를 사용한다. 네오프렌 대신 방염가공 면이나 노멕스를 사용하기도 한다. 겉감에는 야광반사 테이프가 부착되어 있어 눈에 잘 띄도록 하여 위급한 상황에서 작업자들이 구출받을 수 있도록 하고 있다.

2) 방탄복

칼이나 활이 무기였던 시대는 갑옷이나 투구로 생명을 지킬 수 있었으나 총포의 화력이 발달함에 따라 그에 대항할 수 있는 방호복이 필요하게 되었다. 남북전쟁 때에는 강철판을 삽입한 방탄조끼가 사용되었고, 제1차 세계대전 때에는 특수 강판으로 개발한 것을 사용하였지만 방탄효과를 내기 위해서는 강판 중량이 10kg 정도나 되어 공격용으로는 사용할 수가 없었다.

섬유로 만든 최초의 방탄조끼는 나일론 66 고강도 실로 짠 바스켓 직물을 10

그림 2-14 고대의 방탄복

매 정도 겹쳐서 만든 것으로, 6 · 25 전쟁 때에 미군이 이 방탄조끼 덕에 많은 생명을 보호받을 수 있었다. 이 후 듀폰사에서 개발한 파라계 아라미드섬유인 케블라가 방탄조끼에 사용되고 있는데, 케블라섬유는 강철보다 뛰어난 강도와 강성을 지녔을 뿐 아니라 힘의 전파속도와 내열성이 커서 탄환의 충격에도 잘 견딜 수 있다. 베트남 전쟁에서 대량으로 사용되었으며 착용성과 미관이 우수하여 근래에는 경관용이나 일반 호신용으로도 많이 사용되고 있다. 케블라 방탄조끼는 두 장의 폴리에스테르섬유 사이에 평직이나 바스켓 조직으로 짠 8～10장의 케블라 직물을 포개서 만든 것이다.

3) 헬 멧

헬멧은 머리에 가해지는 충격을 막아주는 것으로 공사장에서 떨어지는 물건이나 포탄의 파편 등을 튀어나가게 하는 역할을 한다. 종래에는 강철제품을 사용하였지만 지금은 케블라 섬유로 바스켓 직물을 만들어 20～30매 겹쳐서 플라스틱에 함침시켜 성형하여 만드는데 중량은 1～1.5kg 정도로 가볍다.

오토바이용이나 그 외의 안전 헬멧도 유리섬유나 초고분자량 폴리에틸렌, 방향족 폴리에스테르사와 같은 새로운 고성능 섬유가 개발되어 점차로 실용화되고 있다.

그림 2-15 헬멧

4) 생화학적 보호복

생화학적 보호복이란 화학적 · 생물학적 보호복을 말하는 것으로 유독물질은 농약, 방사선, 바이러스, 유독 가스, 화학 약품 등 고체, 액체, 기체 등 다양한 형태이다. 유해물질에 따라 투과성, 불투과성, 반투과성 소재가 사용되는데 이들 소재에 유해성분이 접촉되면 내부까지 투과되기 전에 세탁하여 제거하여야 보호성능을 유지할 수가 있다.

불투과성 소재는 PVC나 합성 부틸고무의 필름이 사용되는데, 다른 포에 접착시켜 사용되기도 한다. 반투과성 소재는 공기는 통과시키면서 유해물질은 투과시키지 않는 미세한 기공을 갖는 소재이며 섬유에 활성 탄소를 함유시켜 독가스를 정제하기도 한다. 투과성 소재는 발수가공된 것으로 접촉된 유해물질의 침투 시간을 지연시키는 것이다.

5) 전자파 차단복

방사선은 α선, β선, γ선, X선이 있는데, α선이나 β선은 얇은 금속판이나 몇 장의 종이 혹은 의복에 의해서 정지시킬 수가 있다. 그러나 γ선과 X선은 파장이 매우 짧고 강력하여 대부분의 소재를 쉽게 통과할 수 있다. X선 차단복은 납 분말을 방사원액에 혼합시켜 섬유나 필름으로 뽑아내어 만드는데 X선에 노출되는 신체의 일부분만을 가려도 효과가 있다.

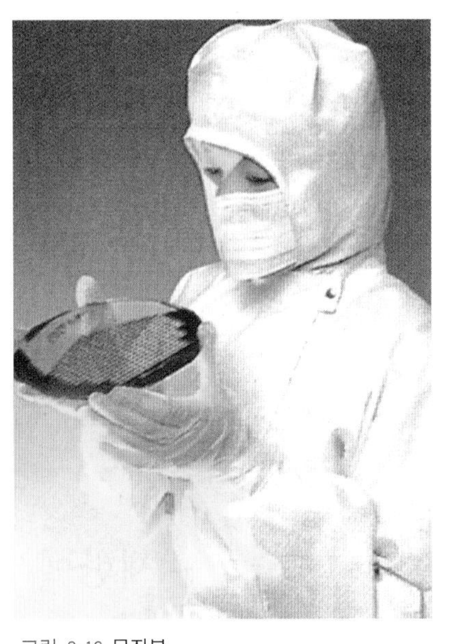
그림 2-16 무진복

6) 무진복

무진복은 환경으로부터 인체를 보호하는 옷이 아니라 인체로부터의 먼지가 환경을 오염시키지 않도록 만들어진 옷이다.

반도체 제조는 초정밀작업으로 작업의 효율성을 높이고 불량률을 최소화하기 위해 실내 공기 청정도는 대단히 중요하다. 이를 위해 작업자들은 신체로부터 어떤 입자도 떨어지지 않도록 전신을 감싸는 무진복을 착용하여야 한다. 일반적으로 무진복에 많이 사용되는 소재는 폴리에스테르 섬유에 탄소섬유를 경사와 위사 방향에 격자형으로 삽입하여 정전기를 방지한 것이 많이 사용되고 있는데 최근 타이벡(Tyvek) 소재의 무진복도 우수한 성능의 방진효과를 나타내는 것으로 사용이 증가하고 있다.

7) 구명복

바다나 호수 또는 강에서 물놀이할 때, 또 비행기나 배를 탔을 때 비상시에 사용할 수 있도록 구명복을 반드시 갖추어야 한다. 구명복은 수면 위로 머리 부분이 올라오도록 조끼형태로 만들어진다.

보통 물놀이할 때나 배에서는 질긴 천을 두 겹으로 하여 조끼를 만들고 내부에 부력재를 채워 넣는 고체식을 사용하며, 비행기에서는 주로 팽창식을 사용하는데, 팽창식은 금속소재로 된 길이 10~15cm, 지름 3~5cm 정도의 캡슐 속에 질소 가스가 충전된 상태로 구명복과 연결되어 있어 유사시에 연결된 끈을 당기면 가스통이 터지면서 튜브 형태로 된 구명복 내부를 채워 물체를 띄우도록 되어 있다.

보통 성인은 물 속에서 부력으로 인해 체중이 4.5~5.5kg에 지나지 않으며 이보다 조금 더 큰 부력만 있으면 인체를 뜨게 할 수 있다. 시중에 판매되고 있는 구명복의 레이블에 36hr/75kg이라는 표시는 인간의 경우 자기 몸무게의 10%에 해당하는 부력만 있으면 가라앉지 않는다는 이론에 따라 제작된 것으로 체중 75kg의 사람을 36시간 띄운다는 뜻이다. 구명복은 야간에 조난을 당했을 경우를 대비해서 약한 불빛에서도 쉽게 위치를 알아낼 수 있도록 어깨 부위에 반사판이 붙어 있다.

제3장 인체와 의복

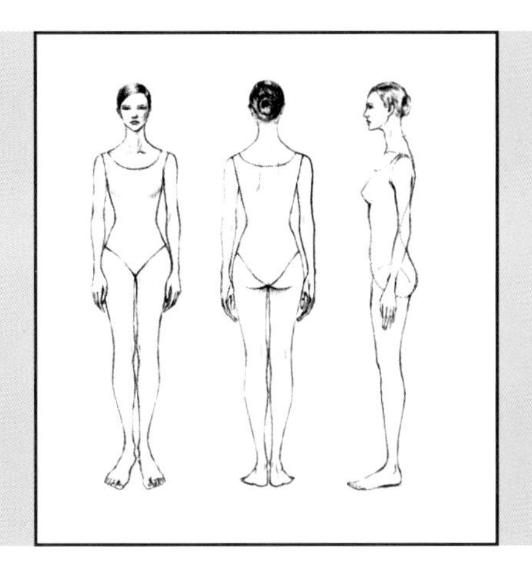

제3장 인체와 의복

1. 인체계측

옷을 설계할 때 가장 먼저 옷을 입을 사람에 대한 체형 관찰이 이루어져야 한다. 유행에 따라 헐렁한 옷이나 몸에 꼭 끼는 옷이 선호되기도 하지만 이 경우도 인체에 대한 정확한 관찰과 계측을 한 다음 이 관찰과 계측 치수를 바탕으로 설계를 하여야 그 사람에게 어울리는 형태의 옷을 만들 수 있다.

치수는 인체의 길이와 둘레, 너비, 두께와 폭 등이 있는데 가장 쉽게 인체를 이해하는 척도가 된다.

특히, 대량생산에 의해 만들어지는 기성복이 여러 사람에게 잘 맞도록 하기 위해서는 대상 연령층에 대한 광범위한 계측을 하고 이를 토대로 설계하는 것이 좋다.

인체계측은 주로 계측기구를 사용하여 직접 계측을 하는 방법이 사용되며 이외에도 사진을 이용하는 방법이나 석고를 제작하여 관찰하는 방법도 이용된다.

그림 3-1 마틴식 인체계측기

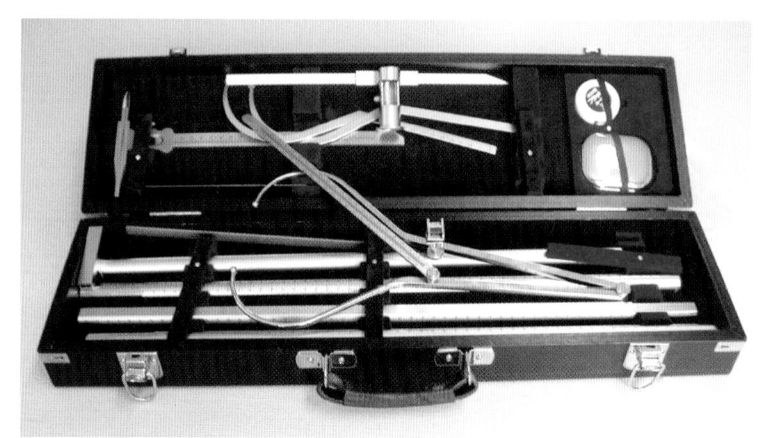

계측기구는 마틴(Martin)식 인체계측기를 사용하는데, 신장계, 간상계, 활동계, 촉각계, 줄자로 구성되어 있으며, 이를 사용하여 높이, 둘레, 폭, 너비, 두께 등을 계측한다.

1) 인체계측 준비

피계측자는 최소한의 속옷을 갖추어 입고 양 발의 뒤꿈치를 붙이고 발 앞쪽은 30° 정도 벌리고 똑바로 선다. 팔은 자연스럽게 늘어뜨리고 머리는 바로 세워 정면을 바라본다. 계측항목에 따라 앉은 자세가 필요할 때가 있는데, 이때는 허리를 똑바로 펴고 무릎을 붙이고 발바닥이 바닥에 닿도록 앉는다. 이때 대퇴와 하퇴가 90° 가 되도록 한다.

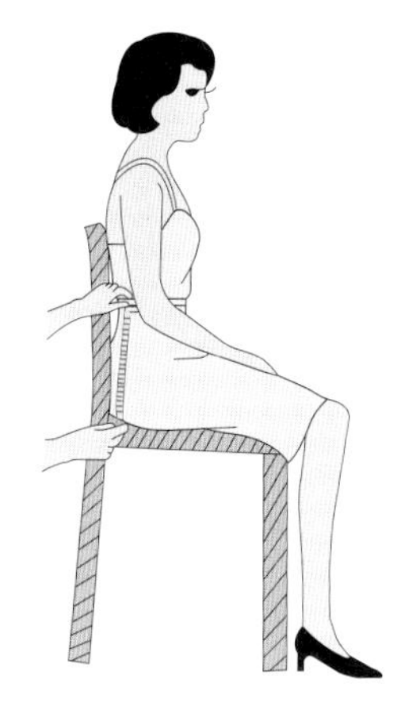

그림 3-2 계측 자세(앉은 자세)

2) 계측항목

옷을 만들기 위한 계측항목은 높이항목과 둘레항목, 길이항목 그리고 너비와 두께항목이 있다.

높이항목은 바닥에서 신체의 부위까지 직선 거리를 재는 것으로 신장계를 사용하면 편리하다. 길이항목은 인체의 부위의 한 지점에서 다음 정해진 지점까지 체표면을 따라 측정하며 줄자를 이용한다. 둘레항목은 체표면을 따라 줄자를 이용하여 신체의 부위의 둘레를 측정한다. 너비는 정해진 지점과 지점간의 직선 거리이며 두께는 정해진 지점의 앞, 뒤 방향의 직선 거리로 간상계를 이용하여 계측한다.

옷을 만들 때는 만들고자 하는 옷의 종류에 따라 필요한 항목만을 계측하여 사용한다.

표 3-1 의복설계에 필요한 신체 치수

옷의 종류	필요 치수 부위
블라우스	가슴둘레, 등길이, 어깨넓이, 소매길이
스커트	허리둘레, 엉덩이둘레, 엉덩이길이
바지	허리둘레, 엉덩이둘레, 엉덩이길이, 밑위길이

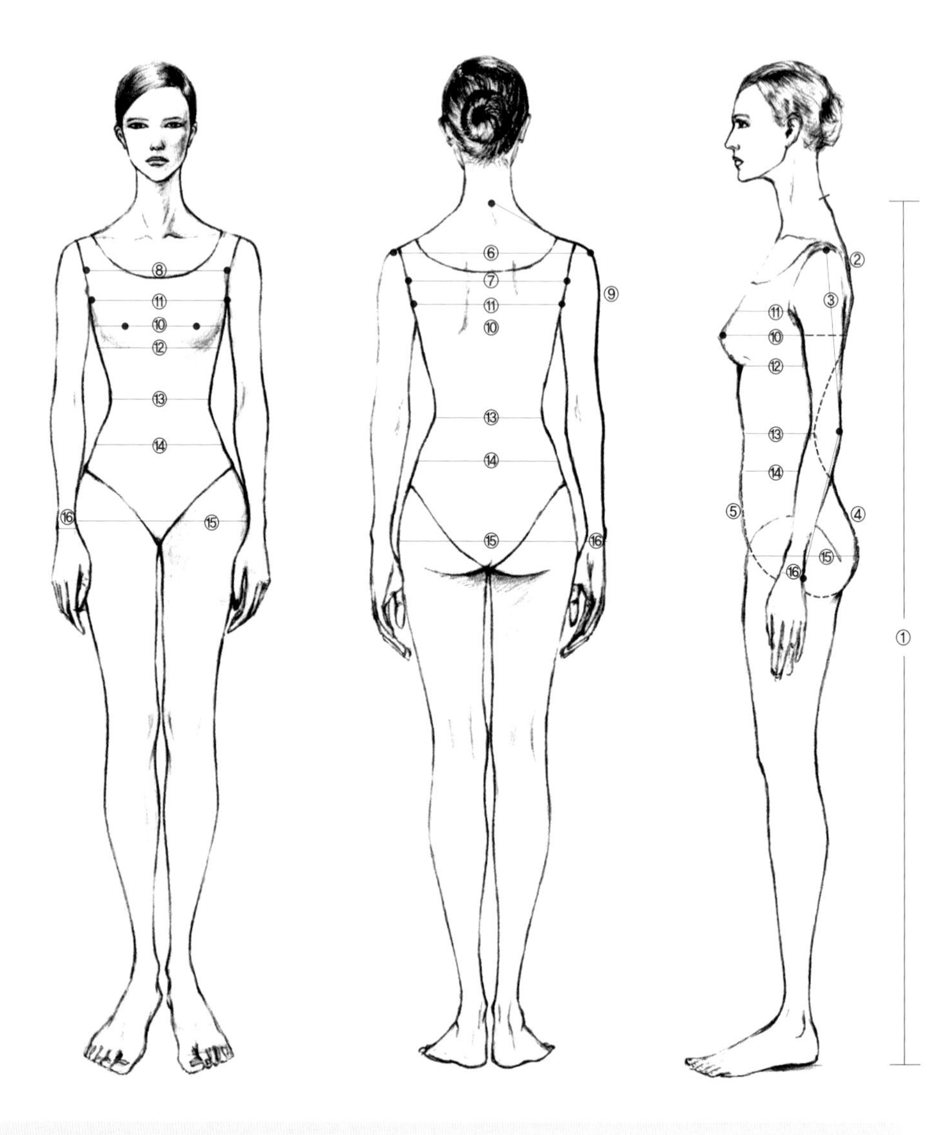

1. 총길이 : 목뒷점에서 정중선 상의 허리둘레에 이어서 바닥까지의 길이
2. 등길이 : 목뒷점에서 정중선을 따라 허리둘레선까지의 길이
3. 소매길이 : 어깨 끝점에서 팔꿈치점을 지나 손목까지의 길이
4. 엉덩이길이 : 허리둘레선에서 엉덩이의 가장 돌출된 부위를 지나 엉덩이 고랑까지의 체표면에 잇댄 길이
5. 밑위길이 : 허리둘레선의 앞중심에서 밑을 지나 뒤중심까지의 길이
6. 어깨넓이 : 뒤쪽에서 어깨끝점 사이의 체표면에 잇댄 길이
7. 등넓이(뒷품) : 왼쪽과 오른쪽의 뒤겨드랑이점과 어깨끝점의 중간점 사이의 체표면에 잇댄 길이
8. 가슴넓이(앞품) : 왼쪽과 오른쪽의 앞겨드랑이점과 어깨끝점 중간점 사이의 체표면에 잇댄 길이
9. 화장 : 목뒷점에서 어깨끝점을 지나 손목둘레선까지의 길이
10. 가슴둘레 : 유두를 지나는 수평둘레
11. 윗가슴둘레 : 좌우 겨드랑이점을 지나는 가슴둘레
12. 밑가슴둘레 : 유방 밑선을 지나는 가슴둘레
13. 허리둘레 : 허리둘레선의 수평둘레
14. 배둘레 : 배둘레선의 수평둘레
15. 엉덩이둘레 : 엉덩이둘레선의 수평둘레
16. 손목둘레 : 손목점을 지나는 둘레

그림 3-3 의복설계에 자주 사용되는 계측항목

2. 체 형

체형은 신체의 외형을 말하는데, 골격이 기본 형태를 만들고 그 위에 근육과 피하지방이 둘러싸고 있어 나타나는 입체적인 형태를 의미한다.

체형은 유전적인 요인과 체질적인 소인, 영양과 질병 등 환경적인 요인에 따라 성장 · 발육되어 나타나는데, 체형은 인체 치수와 함께 개인의 인체구조를 결정하는 기본 인자이다.

체형은 여러 가지 요인에 의해 달라지는데 요인별로 체형의 변이를 살펴보면 다음과 같다.

1) 성인 체형의 남녀 차이

성인은 성별에 따라 각각 독특한 체형을 하고 있다.

남자는 목이 굵고 어깨가 넓으며 엉덩이가 작고 허리 위치가 낮다. 또 무릎 관절이 높고 팔 길이가 길다. 반면 여자는 유방이 발달하고 엉덩이와 대퇴부가 굵으며 허리둘레와 목둘레는 가늘고 다리가 길다. 전체적으로 보면 남자는 골격과 근육이 발달되어 딱 벌어진 튼튼한 형태이며 여자는 가슴과 엉덩이가 크고 허리가 잘록하며 피하지방이 쌓여 전체적으로 둥글게 느껴지는 체형을 하고 있다.

신체 치수로 비교하면 남자의 키가 여자보다 9.5cm 정도 더 크며 각각의 키를 기준(100%)으로 하여 인체 비례를 보면 남자는 어깨높이, 무릎관절높이, 팔길이가 여자보다 크고, 여자는 허리높이, 다리길이가 남자보다 크다. 또 너비항목에서 남자는 어깨 너비가 크고 여자는 엉덩이 너비가 크다.

가슴둘레를 기준으로 남자는 목둘레, 허리둘레가 여자보다 크고 여자는 엉덩이둘레 머리둘레, 윗팔둘레, 대퇴둘레가 남자보다 크다.

2) 연령에 따른 체형의 변이

어린이의 체형은 성인과 다르며 성장 속도가 빠르기 때문에 체형이 자주 달라진다.

어린이는 출생 시에는 머리 크기가 신체의 1/4, 즉 4두신의 형태를 하고 있

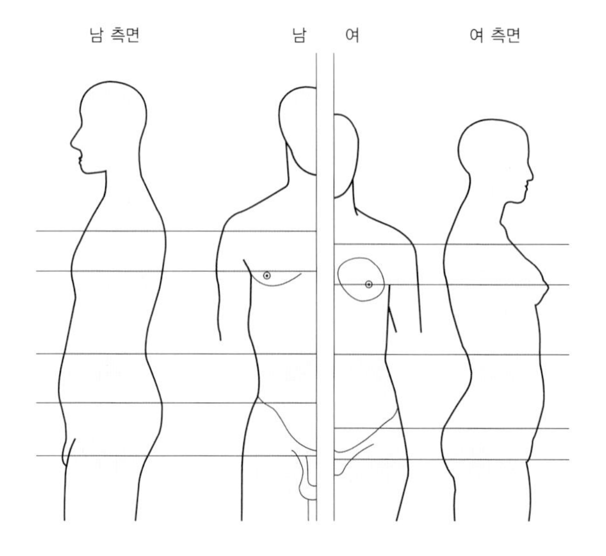

그림 3-4 남자와 여자의 체형비교

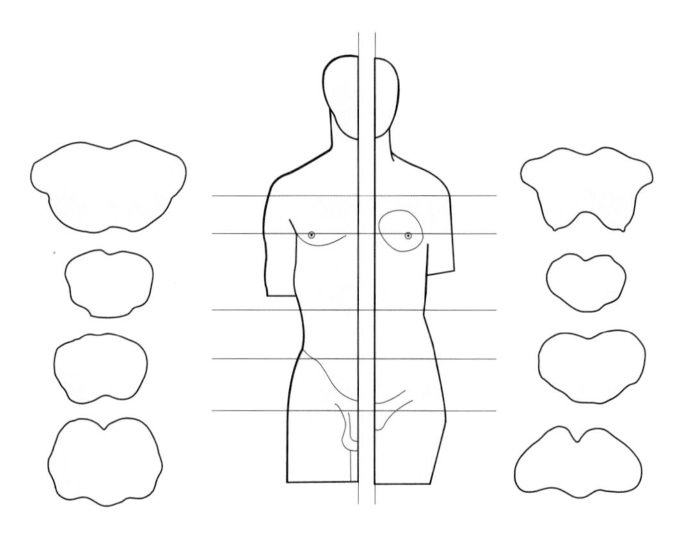

그림 3-5 남자와 여자의 체형 횡단면의 비교

으나 점점 성장해 감에 따라 8두신까지 신체에 대한 머리의 크기가 점점 작아진다.

어린이 체형의 특징을 보면 남자 어린이와 여자 어린이의 차이가 없이 머리가 크고 목이 짧으며 팔과 다리가 짧다. 또 배가 볼록하여 가슴둘레, 허리둘레, 엉덩이둘레의 차이가 적다. 따라서 어린이 옷은 나이가 어릴수록 깃이 납작한 것이 좋고 허리를 잘록하게 하지 않아야 한다.

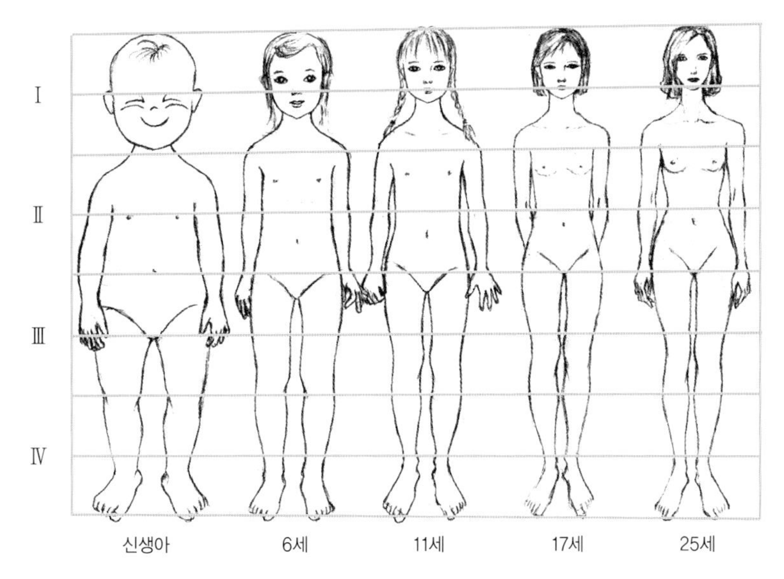

그림 3-6 연령에 따른 신체비율

8~12세 사이에는 남자 어린이는 가슴과 어깨가 발달하고 여자 어린이는 허리와 엉덩이의 차이가 커지며 허벅지가 발달하기 시작한다. 이 시기에는 여아가 남아보다 성장이 빨라 여아의 키가 남아의 키를 능가한다.

이후부터는 남아와 여아의 체형의 차이가 확실하게 나타나는데, 여아는 성인 여성과 같은 체형이 나타나기 시작하며 남아는 15세 전후에 급속하게 성장하여 성인 남성과 같은 체형이 나타나고 18세 전후로 성인과 같은 남, 여의 체형으로 완성된다.

한편, 노년기에 이르면 척추가 굽고 흉곽이 앞으로 좁아지며 관절을 사이에 두고 뼈와 뼈를 잇는 근육의 긴장이 커져서 관절이 굽어져 전체적으로 구부린 체형으로 변한다.

제4장 패션과 개성

1. 개인주의와 집단주의로 나타난 개성
2. 의복문화에서 나타난 개성

제4장 패션과 개성

1. 개인주의와 집단주의로 나타난 개성

옷차림은 옷 입는 사람의 개성과 사회적 지위를 보여준다. 무엇보다도 옷차림을 통해서 개성을 살릴 줄 알아야 하는데 그러기 위해서는 '이 옷이 내게 어울릴까' 를 먼저 생각해 보아야 한다. 즉 체격, 얼굴 모양, 피부 색깔, 헤어스타일은 물론 연령, 신분, 취미 등을 충분히 고려해서 옷을 입어야만 개성과 교양미가 나타나는 법이다. 따라서 동양인과 서양인의 의식과 의복을 통해서 나타나는 개성을 이해함으로써 좀더 발전적인 자신의 의복문화를 재정립할 수 있다.

개인주의와 집단주의로 구분되는 동서문화 간의 의사소통에서 나타나는 여러 양상이 의복행동에 그대로 반영되고 있다. 동서문화 간 뿐만 아니라 같은 문화권 내에서도 각각 다른 의복행동으로 자기표현을 하는 경우를 볼 수 있다. 특히 동서양 사람들의 의복행동을 통한 남녀의 개성은 신체 부위의 차이 정도를 훨씬 넘어서고 있다. 아직도 세계의 도처에서는 여성의 민속의상이 여전히 착용되고 있으며, 이 민속의상은 그들 문화의 가치인 겸손함을 표현하는 하나의 방식이기도 하다. 유교적 관념에 비교적 충실했던 동양 여러 나라에 있어서 남녀 사이도 종적인 관계의 남존여비사상을 벗어나지 않았다. 이와 마찬가지로 현대에 이르기까지 동양권에서 여성은 복종과 약한 이미지를 풍기는 의복을 착용하도록 강요되었으며, 남성 우위의 문화에서 여성복은 여성의 활동을 제한하고 순종과 연약함을 나타내는 이미지로 제작되었다. 이에 반해 서양복은 인체의 곡선미를 자연스럽게 드러내는 표현 등에서 비교적 개방적인 속성이 나타나며 많은 장식품이 사용되어 착용자의 미적 감각을 더욱 돋보이게 한다.

1) 개인주의와 개성

(1) 서양인의 의식

서양인은 자신의 개성을 중시하고, 이를 의복을 통하여 강하게 표출하고자 한다. 그들은 '어떻게 하면 착용자의 개성이나 선호하는 바를 그대로 보여줄까' 하는 데에 초점을 두고, 자신에게 어울리고 개성 있는 의복을 즐겨 착용한다.

의사표현에 있어서 서양인은 직접적으로 자신의 의사를 전달하며 자기 주장이 강한 편으로 개인의 감정이나 행위 등을 자연스럽고도 솔직하며 명확하게 표출하고자 한다. 이들에게는 비언어적 의사표현수단인 외모가 특히 중요시되어, 개인의 의복이나 장신구는 그 사람을 평가하는 중요한 단서가 되기도 한다.

서양인들은 신체 부위를 많이 노출하거나 신체의 실루엣이 뚜렷이 드러나는 밀착되는 옷을 많이 착용하는데, 이와 같은 의복행동은 자신을 직접적으로 드러내고자 하는 욕구의 발로로써 착용자의 자신감을 표현하는 것이기도 하다. 서양인의 노출경향은 여성복에 있어서 더욱 강하게 나타나고 있는데, 즉 의복행동을 통해서 성적 매력을 돋보이게 하려는 기대심리가 잘 드러나고 있다. 아울러 이들이 선호하는 다양한 색상이나 무늬 그리고 짙은 색상의 의복 또한 직접적인 표현을 중시하는 서양인의 의식구조를 잘 반영하는 것으로 볼 수 있다.

(2) 소속감

서양인들은 자기가 속한 집단과 다른 집단을 구분하는 경향이 동양인에 비해 적은 편이다. 그들은 일의 성취나 목적 달성과 같은 동기에 의해서 집단을 형성하기 때문에 필요에 따라서 자신이 속한 집단을 쉽게 탈퇴하기도 한다. 집단에 대한 소속감이나 유대감은 약하기 때문에 서구인들은 유니폼을 착용하는 빈도도 동양인보다는 비교적 적다고 볼 수 있다.

즉, 서양인들은 단순히 주위와 일체감을 갖기 위해 의복을 착용하는 것이 아니라, 자신의 개성을 표출하기 위한 한 방법으로 의복행동을 하고 있다고 보아도 과언이 아니다. 따라서 서양인은 동양인과는 달리 의복의 선택뿐만 아니라 의복행동에 있어서 비교적 자유로운 성향을 보이고 있다.

(3) 캐주얼화

서양인은 다른 사람의 기대보다는 착용자의 이미지에 맞고 착용하기에 편리한 의복을 선호하기 때문에 의복행동에 영향을 미치는 것은 자신이 원하고 편안함을 주는 것이다. 따라서 그들은 비교적 연령이나 지위에 관계없이 균등한 기회를 갖는 것을 추구한다. 즉 서양인들의 복장에 있어서 유니섹스 경향이 강하게 나타나며, 일상복은 연령에 상관없이 캐주얼화되었으며, 다양한 색상과 디자인을 선호하는 경향이 강하다.

2) 집단주의와 개성

(1) 동양인의 의식

동양인은 간접적인 표현을 중시하고 자신을 드러내기를 꺼릴 뿐만 아니라 함축적이며 완곡하게 의사를 표현하는 편이다. 동양의 집단문화에서는 주위 분위기와 상대의 입장을 고려해서 의사가 진행되며, 이에 따라 피전달자는 언어로 표출되지 않는 내면의 의미까지도 파악하도록 요구되고 있다. 체면관계가 일반화되어 있는 사회에서는 사람들이 집단 내의 화목과 개인간의 친선관계를 유지할 수 있는 방향으로 행동한다고 볼 수 있다.

일반적으로 동양인은 외적인 측면보다 내면적인 스타일을 중시하며 의복행동에 있어서도 수수한 색상이나 무늬를 선호한다. 그럼으로써 보는 이로 하여금 시각적인 부담을 덜어주고 착용자에 대해서도 관심을 가질 수 있게 한다. 특히 유교문화의 영향을 많이 받은 동양인들의 윤리적 준칙인 '남녀구분', '경로사상', '체면' 등에 대한 의식은 의복행동에 크게 영향을 미치고 있는 것이다.

예를 들면 동양의 전통의상은 신체 부위를 많이 노출시키는 것은 천박하거나 비도덕적인 것으로 인식되는 동양인의 윤리의식을 반영하는 것이라고 볼 수 있다. 더 나아가 이와 같은 전통의상은 동양문화의 가치인 겸손함과 정숙성을 표현하는 방식이라고 할 수 있다. 한복의 경우 신체 노출을 최소화시킴으로써 나타나는 은폐성과 일년 내내 동일한 형태의 의복을 착용하는 미분화성, 비활동성 등의 속성을 지닌다.

(2) 소속감

집단주의 성향이 높은 사람들은 주위와 똑같이 행동하기를 원하며, 그들은 진정한 감정표현보다는 집단의 기대에 따르는 역할을 한다. 이처럼 집단문화의 특성을 보이는 동양인은 주위 사람들과의 조화를 중시하며, 소속된 사회집단에서 가장 많이 착용되는 의복 스타일을 따르려고 한다. 동양인은 주로 한 사회집단에서 전통적으로 받아들여지고 있는 옷차림을 하는데, 그러한 의복행동은 사회적인 인정을 받기 위한 데서 기인한다고 볼 수 있다.

어떤 특정한 의복의 스타일을 따르는 경향이 강한 데에서 집단주의의 특색이 잘 드러나는데, 이것은 자신보다는 다른 사람의 시선을 먼저 의식하는 동양인의 의식구조가 반영된 것이다. 한편, 동조성이 높은 사람은 다른 사람들과 조화로운 관계를 유지해 나가는 데 관심이 높다.

(3) 유니폼화

집단문화에서 나타나는 또 다른 특색은 유니폼을 착용하는 경향이다. 이 같은 경향은 '집단문화의 구성원은 자신이 속해 있는 집단을 다른 집단과 엄격히 구분'하는 데에서 그 이유를 찾을 수 있다. 즉 그들은 집단의 일원이 되기가 쉽지 않았던 점에 기인하여 자신의 그룹을 중시하고 깊은 유대를 가지게 된다. 그리고 동류의식과 집단에 대한 긍지의 표시로써 유니폼 착용을 선호한다. 이는 동일시를 위한 모방으로써 일체감과 집단에 대한 소속감을 추구하는 동시에 다른 집단과 구별되는 특징을 나타내는 효과를 지닌다. 이처럼 유니폼은 자신과 집단의 동질성을 명확히 인식시키는 수단으로도 사용된다. 따라서 집단에 대한 소속감이나 유대가 강할수록 각 구성원들은 공식적 또는 비공식적인 유니폼을 착용하는 빈도가 높게 나타난다고 볼 수 있다.

2. 의복문화에서 나타난 개성

한 나라의 의복특성은 그 나라 국민의 특징과 문화적·역사적인 배경을 이해하는 지표가 된다. 서양 사람들은 만약 자기 옷과 비슷한 옷을 입은 사람이 눈에 띄기만 해도 다시 되돌아가서 다른 옷으로 갈아입거나 그렇지 않으면 피해버린

다고 한다. 이것은 그들의 성격이 유별나서가 아니라 그만큼 개성이 강한 탓이라고 말할 수 있다.

흔히 외국 거리에서 서양인들의 옷차림에서 볼 수 있는 특징은 첫째, 여성들의 옷차림이 화려하다기보다 검소하고 실용적이며, 둘째로 결코 남들과 같은 옷을 입고 다니지 않고, 셋째로 유행에 대해 가장 민감하면서도 맹목적으로 따르려 들지 않고, 넷째로 때와 장소를 가려서 적합한 옷차림을 하고, 다섯째로 남의 옷차림에 대해 별로 관심을 갖지 않는다는 점이다.

특히 다른 사람이 무슨 옷을 입고 다니든 간섭하지 않는 미덕과 교양은 우리가 본받아야 할 점이며 이것은 남의 개성을 존중해 줌으로써 보다 성숙된 의복문화를 형성하는 것이 중요하다.

더욱이 중요한 것은 옷차림은 자신의 업무를 효율적으로 달성할 수 있도록 해주는 전략적 수단이다. 따라서 직장인으로서의 이미지를 살리는 데 영향을 미치는 것은 자신의 의지보다 상사나 동료, 부하직원에 이르기까지 다양하다. 자신의 개성도 중요하지만 직장에서의 옷차림은 타인의 시선에 중심을 둔 옷차림이 되어야 한다.

1) 한국인

옷이 날개라는 말이 있듯이 한국인은 옷을 잘 입어야 제대로 대접을 받는다고 생각하며 남에게 잘 보이기 위해 외모에 신경을 쓴다. 특히 과거에 비해 많이 달

그림 4-1 한국 대학가의 젊은이들

그림 4-2 유행의 중심지인 명동거리

라진 점이 있다면, 남성들도 치장하고 가꾸는 것을 자연스럽게 생각하고 있다는 것이다. 귀고리는 물론 신체 여러 부위에 피어싱(piercing)을 하고 눈에 띄는 염색머리를 하거나 가벼운 화장을 한 남성들이 거리를 활보하고 있다. 즉 한국인들도 이러한 옷차림을 거부감 없이 받아들이고 있으며 아름다움이 여성들의 전유물만은 아닌 시대에 살고 있는 것이다.

또한 1990년대 기존 질서를 거부하며 소비와 유행에 상당히 민감한 X세대[1] 신드롬과 처녀 같은 젊은 기혼 여성들을 일컫는 미시족[2] 신드롬은 자신의 적극적인 사고와 자기표현능력을 외모를 통하여 그대로 표출하게 된 계기가 되었다. 뉴 밀레니엄의 21세기에는 컴퓨터-정보통신의 발달로 디지털화가 진전되면서 N세대[3]가 등장하였다. 그로 인해 한국인의 옷차림은 편안함과 개성을 동시에 표현할 수 있는 이지 캐주얼 또는 베이식 캐주얼 스타일을 모든 연령대에서 폭넓게 포용하고 있다. 전반적으로 우리나라 사람들이 편안함과 유니섹스 경향 그리고 단품 중심의 아이템 등을 추구하는 젊은 스타일에는 미국식 합리주의의 영향이 그대로 표출되었다고 할 수 있다.

1) 1960~1970년대 초반 출생한 그룹을 말한다.
2) 30대 연령층의 기혼 여성으로 사회활동에 적극적인 그룹을 말한다.
3) 이들 세대들은 컴퓨터나 휴대폰과 같은 네트워크를 강조하고 있으며 이 N세대 영역 중에는 M(mobile)세대와 I(internet)세대의 등장이 부각되고 있는 추세이다.

2) 프랑스인

프랑스 국민은 조국에 대한 남다른 긍지와 자부심을 가지고 있으며, 개성이 강하고 개인주의가 강하다. 특히 파리와 런던 여성들은 감각적이면서도 개성을 중시해 유행을 쫓아가는 경우가 별로 없다. 프랑스 상류층 여성들은 고급 패션

그림 4-3 프랑스 젊은이들에게 인기 있는 캐주얼 브랜드 ETAM 의상

그림 4-4 세련되고 도회적인 차림의 프랑스인

계의 협찬을 받아 그 옷을 입고 세련된 의식과 매너로 사회활동을 한다. 그들은 그런 옷을 입고 해외로 돌아다니는 것을 실질적으로 자국의 패션을 홍보하는 것이라고 생각하며 언제나 자신이 입고 있는 유명 브랜드 등의 이미지를 의식하는 훌륭한 매너를 보인다. 이러한 예에서 알 수 있듯이 프랑스 고위층 여성들은 패션을 자국의 중요한 문화산업이라고 인식하고 있다.

3) 이탈리아인

이탈리아 패션이 프랑스를 누르고 전세계적 선풍을 일으키며 성장할 수 있었던 것은 바로 이탈리아 국민과 같은 패션에 대해 유별나게 까다롭고 나름대로 세련된 취향을 가진 소비자가 있었기 때문이다. 이탈리아인에게 옷은 참으로 중요한 의미를 갖는다. 입어야 할 옷을 '제대로' 입는데, 경찰이면 경찰, 대학교수면 대학교수에 걸맞은 옷차림을 갖추는 것이 중요하다. 벨라 피구라(Bella figura ; 멋진 모습)는 이탈리아인들이 자주 입에 담는 말은 아니지만 잠시도 이에 관심을 쏟지 않는 순간이란 없을 정도다. 세계 패션계를 평천하한 이탈리아인들의 그러한 미의 조화는 쉽게 찾을 수 있다.

거리에 나서면 한눈에 이들의 패션 감각이 아주 뛰어나다는 것을 확인할 수 있다. 멋쟁이 노신사를 찾는 일도, 검소한 차림의 할머니에게서 범상치 않은 세련미를 느끼게 되는 것도 그리 어려운 일이 아니다. 더욱이 이탈리아인들은 과

그림 4-5 최근 이탈리아 남성들에게 인기를 얻고 있는 리조트 웨어

그림 4-6 에트로(Etro) 패밀리의 최근 모습

감하고 화려한 색상과 무늬를 잘 조화해서 입는 것으로 유명하다.

그림 4-7 힙합문화를 단적으로 보여주고 있는 미국 젊은이들의 옷차림

그림 4-8 실용성과 합리성을 동시에 보여주는 스포츠 캐주얼 차림의 젊은이들

4) 미국인

미국인은 개척정신과 개인주의 성향과 더불어 실용적이고 미래 지향적인 특성이 있으며, 개방적이고 직선적인 성격이 강하다. 따라서 격식을 갖추기보다는 구속되지 않고 자유롭게 행동하는 것을 좋아한다. 예를 들면 넥타이를 맨 정장 차림보다는 캐주얼한 티셔츠를 즐겨 입는다. 이들의 보수적인 옷차림은 남성의 경우 전형적으로 서구식 정장과 넥타이이며 여성의 경우는 수수한 무채색의 차분한 정장이나 드레스이다. 전통에 덜 얽매이는 여성 사업가는 좀더 유행을 따르고 보다 강렬한 색상과 보다 눈에 띄는 옷차림을 선호하기도 한다. 미국 직장에서는 '정장차림하지 않는(dress-down)' 날을 흔히 볼 수 있는데, 보통 금요일 날 직원들은 모두 편한 바지나 치마와 스웨터에 운동화 등 캐주얼한 옷차림을 한다. 그리고 서비스 산업이나 공장에서 일하는 대다수 근로자들은 회사에서 지급하는 유니폼을 입으며 직장에서 일하지 않을 때, 미국인들은 청바지와 티셔츠 등 캐주얼한 옷을 선호한다. 팀 로고나 다른 로고가 쓰인 야구모자는 점점 캐주얼한 옷차림에 덧붙이는 중요한 소품이 되고 있다. 캐주얼복은 스포츠팀이나 디자이너의 로고로 장식되는 경우가 많다.

미국 여성들도 평상시에는 캐주얼 스타일을 즐기지만 파티 장소나 연회 그리고 비즈니스 석상에서는 장소에 맞는 드레스 코트를 제대로 갖추어 입고 나온다. 패션쇼나 파티에서는 반드시 긴 드레스를 입고, 공식회의 석상에선 정장 수트를 입는 것이 공식이다. 미국 여성들의 옷 입기는 실용성 위주로 디자인 하는 랄프 로렌, DKNY의 도나 카란, 캘빈 클라인 등 미국 3대 디자이너들의 옷들이 모두 기본적인 스타일인 것도 실용성을 추구하는 미국인들의 특성을 반영한 것이다.

5) 일본인

일본은 1970년대 중반 이후 고도 소비사회를 맞이하면서 경제적 풍요로움 속에서 성별, 연령별, 취미별로 소비 패턴이 다양화하고 개성화되었다. 같은 연령대에서도 각자의 라이프 스타일에 따라 대중문화의 소비가 분화되었다. 특히 세

그림 4-9 최근 일본 소비자에게 우상으로 떠오른 '카리스마 덴쪼'의 대표 모델 '나카네레이코'

그림 4-10 대중적 스타이자 패션리더인 시부야 109의 카리스마 점원들

대 코드에서 개인 코드로 문화의 중심이 바뀌게 되면서 대중문화 상품의 소비는 자기 자신의 주된 표현수단으로써 밖으로 드러내기 쉬운 패션의 경우는 더욱 그러한 성격이 강하게 부각되고 있다. 즉 '모 브랜드의 옷을 입는다' 등은 자신의 개성을 넘어서 자신이 어떤 사람인지를 표현하는 광범위한 문화적 해석이 함축되고 있다.

현재 일본 거리를 살펴보면 특이한 옷차림의 사람들이나 남의 눈을 의식하지 않는 각별한 패션을 한 사람들이 눈에 띄게 되는데, 즉 러닝 셔츠에 털모자를 쓰거나, 온몸에 피어싱을 하고 무기 같은 요란한 반지를 주렁주렁 낀 젊은이들, 노란 머리에 지저분하게 수염을 기른 사람, 때로는 촌스럽게 보이는 이런 유별난 패션은 결코 일본인들의 '유행'은 아니다. 단지 그들은 하고 싶은 대로 하고 다닐 뿐 그들이 염두에 두는 특별한 유행이란 없으며 자신의 표현일 뿐이다.

그러나 이러한 기존의 틀을 벗어난 파격적이고 전위적인 아방가르드 의상으로 주목받았던 일본도 1990년대 중반 거품경제가 꺼지면서 실용적인 의상으로 돌아서고 있다. 일본인들이 가장 중요하게 여기는 것은 시간, 장소, 상황, 즉 T.P.O(Time, Place, Occasion)에 맞는 옷차림으로 사무실에서 유독 눈에 띄는 옷치림으로 눈살을 찌푸리게 하는 경우를 찾아보기 힌든 것도 일본인들의 특성 중 또 다른 한 면이다.

제5장 20세기 이후 패션의 역사

1. 20세기 패션의 역사
2. 21세기 패션

제5장 20세기 이후 패션의 역사

1. 20세기 패션의 역사

20세기의 패션에는 전 세계적인 사건이었던 제 1, 2차 세계대전의 영향이 가장 컸다고 할 수 있다. 또한 무수히 많이 생성되고 소멸되었던 예술양식의 영향 역시 두드러지게 반영되면서 형성되었다. 따라서 이러한 외적 조건에 의한 시기를 구분하여 패션을 살펴봄으로써 궁극적으로 시간의 흐름에 따라 특징적인 패션의 조형성을 고찰하였다.

패션의 역사를 이해하기 위해서는 무엇보다도 당시의 사회문화적인 배경을 알아야 하고 패션의 조형성에 크게 영향을 미치는 예술양식을 이해해야 한다.

1) 1900~1913년 : 이국풍의 물결

그림 5-1 초기 자가용 사륜마차, 1908

(1) 사회문화적 배경

20세기 초 10년간은 미래의 세계를 결정할 수도 있고 세계의 종말을 예견할 수도 있는 위대한 과학의 진보가 이루어졌다. 1905년 아인슈타인(Einstein)은 물리학 분야에서 위대한 발견을 포함한 4개의 논문을 발표했는데, 그것은 상대성 이론의 창출, 질량과 에너지 관계식의 성립, 브라운운동 이론의 창출, 광자(光子)이론의 기초였다.

자동차의 경우 1907년 포드 자동차(Rolls Royce Silver Ghost)가 처음으로 거리에 등장했으며 지하철이 급속도로 성장하였고 전화, 타자기, 무전기, 축음기, 전기주전자 등은 모두 에드워드 7세(Edwardian Ⅶ

그림 5-2 앙리 마티스의 The Dance, 1910-1911

그림 5-3 안드레 드랭의 The Turning Road,L'Estaque, 1906

(1841~1910) : 영국의 왕이자 인도의 황제) 시대에 보다 더 훌륭하게 개발되었다. 더욱이 이때 매우 중요한 사실은 말(馬)에서 자전거로의 이행이었으며, 이 시대는 여성들도 남성들과 마찬가지로 교외를 자전거로 달렸고 자전거를 즐기는 클럽이 생겼다.

(2) 예술양식

이 시기의 예술양식을 보면 먼저 야수주의(Fauvism)는 20세기 초 프랑스에서 일어난 혁신적인 회화운동으로 전통적인 화법에서 벗어나 새로운 표현기법을 시도하려는 공통의 관심사를 나누던 급진적인 화가들에 의해 형성된 미술운동이었다. 즉 '색채의 해방'이라는 명분 아래 힘찬 붓 터치와 색채의 자율성을 추구하였으며 과감하게 강렬한 원색을 사용하여 감성을 표현하였다. 야수주의 작가들은 회화적인 감동이나 열정을 보다 단순하고 생략적인 방법으로 자신들의 작품세계에 표출시켰다. 작품은 대담한 터치의 흔적을 그대로 남겨 두어서 색채와 표현력이 더욱 생생하게 강조되었다.

1910년경 선언된 표현주의(Expressionism)는 자연과학과 기술에 저항했던 예술양식으로 19세기 이래 지속되어 온 기계화와 삶의 획일화에 반대하고 인간의 본질과 영혼을 발견하고자 하였으며, 불안, 꿈 등을 성찰함으로써 초감각적인 것을 지향하였다. 즉 표현주의 작가들이 추구하였던 것은 출신이나 환경, 시간과 장소, 신분이나 직업 등을 배제시킨 인간 그 자체였다. 따라서 색채가 대상으로부터 벗어나 그 자체로서 표현의 가치를 지니게 되었으며 색채는 내면의 절규였다.

미래주의(Futurism)는 당시 신흥산업국으로서의 제2의 도약을 원하던 이탈리아에서 일어난 예술운동으로 미래주의 작가들은 전통을 부정하고 기계문명이

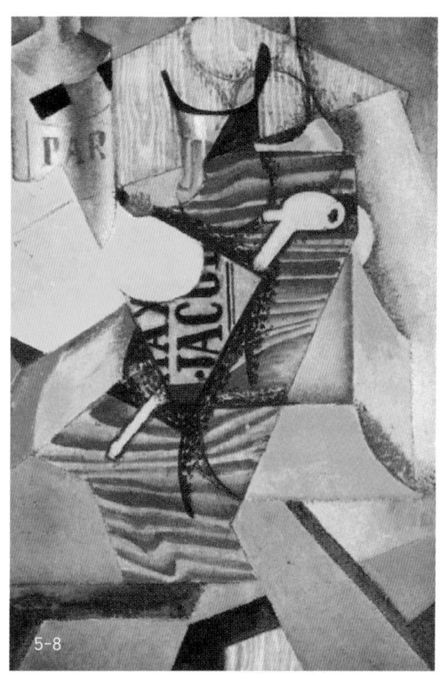

그림 5-4 에밀놀레의 Tropical Sun, 1914

그림 5-5 에른스트 키르히너의 Five Womwn in the Street, 1913-1915

그림 5-6 지아코모 발라의 Laughing Brush, 1918

그림 5-7 페르난드 레제의 The Game of Cards, 1917

그림 5-8 파블로 피카소의 The Card Player, 1913-1914

가져온 도시의 약동감과 속도감을 새로운 미로 표현하려고 하였다. 또한 그들은 기계미 예찬과 영웅주의는 공업화를 서두르고 있었던 후진국 이탈리아의 특수한 상황을 반영하였으며 전통과 형식적 틀을 파괴하는 아방가르드 예술운동으로 허무주의와는 그 성격이 달랐다. 무엇보다도 미래주의 작가들은 기계문명이 가져온 젊음, 운동, 힘, 속도를 찬양하고 밝은 미래의 유토피아를 꿈꾸었던 낙천주의자들이었다.

그림 5-9 조지 브라크의 Man with a Guitar, 1914

20세기 초 파리에서 일어났던 예술혁신운동인 입체주의(Cubism)는 르네상스 이후 서양 회화의 전통인 원근법과 명암법 그리고 다채로운 색채를 사용한 순간적인 현실 묘사를 지양하였다. 색채도 녹색과 황토색만으로 한정시켰으며, 자연의 여러 가지 형태를 기본적인 기하학적 형상으로 환원, 사물의 존재성을 이차원의 타블로로 구축적으로 재구성하고자 하였다. 즉 입체주의는 제1차 세계대전의 발발로 종말을 맞았으나, 그 성과는 그 후의 미술, 디자인, 건축, 패션 등에 많은 영향을 미쳤다.

(3) 패션의 조형성

■ 깁슨 걸 스타일

세기말에 이어 20세기 초 아르누보 예술양식의 영향은 여성복의 경우 1905년경에 선보인 S자형 실루엣이라고 할 수 있다. S자형 실루엣은 미국의 삽화화가

그림 5-10 호블 스커트의 구속성

그림 5-11 대담한 추상 문양의 바틱 코트(오른쪽)·이집트 문양의 드레스(왼쪽), 1912년 「Les Modes」 잡지의 표지

C.D.깁슨의 그림에 자주 등장하였기 때문에 깁슨 걸(gibson girl) 스타일이라고도 하였으며, 당시 얇은 천을 대량 생산하게 된 것도 부드러운 실루엣을 형성하는 데 일조가 되었다.

■ 코르셋이 소멸된 20세기 제1의 의복혁명

폴 푸아레(Paul Poiret)가 1909~1910년 코르셋을 폐기하고 새로운 유연성을 여성적인 매력으로 간주하면서 근대적인 여성의 외양을 형성한 때를 20세기 제1차 의복혁명이라고 본다. 1907년대 이후에는 일직선의 타이트 스커트가 자리를 잡았는데 이것은 여성적인 장식이 없는 단순하고 사무적인 의상으로 여권운동가들의 요구에 부응되었다. 1910년 푸아레는 발목 부분이 아주 좁은 호블 스커트(hobble skirt)를 발표하였으며, 그는 '나는 가슴을 구속에서 해방시켰다. 그러나 다리에는 족쇄를 채웠다' 라고 하였는데 이 호블 스커트는 종종걸음칠

그림 5-12 디오르 하우스의 모델들

그림 5-13 야수주의 작품의 문양 코트, 1911

그림 5-14 기모노에서 영감을 얻은 코트, 1925

그림 5-15 엠파이어 튜닉 드레스, 1911

그림 5-16 미나레 튜닉 스타일, 1913

5-12

5-13

5-14

5-15

5-16

수밖에 없었기 때문에 엄청난 분노를 불러일으켰다.

■ 동양풍의 푸아레 디자인

폴 푸아레는 개량복이나 예술가들의 옷차림에서 그리고 야수주의의 강렬하고 순수한 색채로부터 영감을 받았다. 특히 세르게이 디아길레프(Sergey Diaghilev)가 이끄는 발레 뤼스(Ballets Russes)를 위해 일했던 레온 박스트(Leon Bakst)의 의상 및 장식으로부터 영감을 받았다. 박스트는 유명한 발레 공연들에서 동양의 품위와 빛나는 색채를 무대 위에 표현해 냈으며, 동양풍의 의상은 몸의 윤곽이 드러나게 하였다.

푸아레는 예술적으로 만들어진 무대의상의 형태와 색채를 자신의 패션 창작의 모범으로 삼았다. 그의 작품들은 엠파이어 라인의 드레스, 술장식과 동양풍의 레이스와 자수로 장식된 금실과 은실이 수놓인 천으로 만든 튜닉과 망토 그리고 금실을 넣어 짠 베일 등은 고객들을 매혹시켰다.

또한 제1차 세계대전 발발 직전 탱고 열풍과 더불어 푸아레의 작품들은 새로 유행하는 춤을 위해 만들어진 것처럼 보였다. 즉 제1차 세계대전 이전의 패션은 푸아레 스타일이었다.

2) 1914~1929년 : 미소년 같은 수수함

(1) 사회문화적 배경

제1차 세계대전 이후 유럽에도 미국에서 시작된 세계 경제위기가 밀어닥쳤다. 무엇보다도 1920년대 초반은 공포를 불러일으키는 단어가 있었으니, 바로 인플레이션이었다. 전쟁에서 승리한 나라들에 대한 고액의 배상금으로 인한 화폐와 재화 사이의 불균형은 엄청난 속도로 화폐의 가치를 하락시켰다.

그림 5-17 여성참정권을 위한 참정권자의 행진, 뉴욕, 1917

그림 5-18 제1차 세계대전 중의 영국 직장 여성

전쟁은 사회질서뿐만 아니라 여성의 지위도 변화시켰는데 여성들은 전쟁을 통해 그리고 전쟁과 결부된 직업활동을 통해 독립적으로 되었다. 한편 불안정한 정치와 경제상황으로 아이들을 많이 낳지 않게 되었으며 자유와 독립이 가족의 행복보다 높이 평가되었다. 이러한 상황들이 여성을 남성과 평등하게 만들었고 여성은 '가르손느(garçonne)'가 되었으며 여성들의 에로틱한 성적 매력은 신체의 위쪽에서 아래쪽으로 관심이 쏠렸다.

이 시기에는 연극, 레뷰[1], 카바레, 영화, 춤, 섹스물, 바 등 신분과 재산과 취향을 막론하고 누구에게나 즐길 수 있는 것들이 충분했다. 즉 1920년대 후반에는 대량실업과 기아, 파업, 정치적 불안 등으로 사람들은 환멸과 궁핍을 잊어버리고 삶을 즐기고자 했기 때문이다.

1) 동시대의 인물과 사건들을 묘사하거나 때로는 풍자하는 노래나 춤, 촌극, 독백 등으로 이루어진 가벼운 오락극을 말한다.

(2) 예술양식

이 시기의 예술양식으로서 바우하우스(Bauhaus)는 건축과 조형예술 그리고 공예를 위한 학교로 산업 디자이너를 양성한 20세기 최초의 예술학교로 평가된다. 이 학교의 주된 과제는 '예술과 기술-새로운 통일'이라는 구호 아래 모든 예술이 공동으로 작업하면서 기술의 형식에 맞추는 것이었다. 설계와 디자인은 명확하고 객관적이며 합목적적이어야 했다. 이와 같은 진보적인 예술운동을 그대로 바우하우스라고 명명하였다.

그리고 1925년 양식이라고도 하는 아르 데코(Art Deco)는 단순하고 실용적인 직선을 특징으로 하는 장식미술을 뜻한다. 이 양식은 건축이나 미술뿐만 아니라 여성복에도 그 영향이 나타났는데 특히 폴 푸아레의 디자인을 통하여 부각되었다.

그림 5-19 월터 그로피우스와 아돌프 메이어의 Sommerfeld House, 1920

그림 5-20 아르 데코 인테리어 'Swollen' chest, 1925

색채에 있어서는 흑색, 원색에서 아르 데코 양식의 특징이 현저하게 나타났으며, 색채의 특성 중 흑색의 미가 정착된 배경에는 흑인 예술의 도입과 장식의 절제 속에서 절제된 부분을 강조하는 정확한 흑색을 도입하게 된 기능주의의 영향을 들 수 있다.

(3) 패션의 조형성

■ 전쟁 크리놀린 스커트

제1차 세계대전 초반에는 전투적인 여성운동의 정신이 위축되면서 여성의 스커트는 다시 넓어져 펄럭이게 되었다. 그리고 풀 먹인 페티코트를 두세 개 받쳐 입었는데 이로 인해 크리놀린(crinoline) 같은 모양이 되었다. 그러나 긴 크리놀린 스타일은 너무 비실용적이어서 넓게 펼쳐진 스커트를 종아리 길이로 입었는데 이 종 모양의 스커트를 '전쟁 크리놀린 스커트' 라고 불렀다. 이 패션이 최고조에 달한 1916년 풍자 잡지들은 '전쟁은 길고 치마는 짧다', '전쟁이 길어질수록 치마는 넓어진다' 고 비꼬았다.

그림 5-21 전쟁 크리놀린 스타일의 수트, 1916

■ 스커트 길이가 다양한 일직선의 원피스 드레스

1917년에는 스커트가 다시 일직선이 되었는데, 페티코트가 사라지고 허리선을 강조하지 않게 되었으며, 1년 뒤에는 이미 옷이 전체적으로 일직선 모양으로 다시 돌아갔다. 즉, 직선으로 내려오는 헐렁한 상의에 로 웨이스트에서부터 플리츠 스커트 혹은 벨 스커트가 달린 무릎 길이 정도의 드레스가 등장하였는데,

그림 5-22 애프터눈 드레스를 입고 있는 젊은 가르손느, 1925

그림 5-23 클로슈 모자, 장식으로 강조된 허리선의 드레스와 코트가 잘 조화된 가르손느 스타일의 여성들(이 당시에는 길게 내린 비즈 목걸이가 유행하였다.)

그림 5-24 웨일즈 왕자의 스포츠 웨어에서 영감을 얻은 것으로 발레 뤼스를 위한 샤넬의 디자인. 1924

그림 5-25 샤넬의 니트로된 스리피스 카디건 수트

그림 5-26 샤넬의 드레스. 1926

이것은 1920년대 옷 모양의 선구가 되었다. 가르손느 스타일(garçonne style)이라고 불렸던 이 지배적인 패션으로 여성이 여성다운 몸매를 드러내는 것이 금기시 되었다.

1920~1930년대에 걸쳐 패션에서 중요한 문제는 스커트 길이였는데 직업활동과 운전 그리고 스포츠가 당연한 것이 되면서 발목까지 내려오는 것은 진부한 것이 되었다. 1920년대 중반부터는 심지어 다리를 드러내기도 했는데 이브닝 드레스의 경우에는 다리가 누리는 자유분방함이 깊이 펜 가슴선을 통해 보완되었다. 그러나 가슴이 드러나는 것은 유행이 아니었기 때문에 가슴은 웨이스트니퍼로 납작하게 눌렀다. 1927년경에는 이미 밑단이 길어지는 경향이 나타났으며 밑단은 지그재그 모양이 되었으며 앞쪽은 짧고 뒤쪽은 길게 내려뜨리는 스타일이 빈번하게 나타났다.

■ 20세기 제2의 의복혁명이라 불리는 샤넬 디자인

의복에서의 더 급진적인 혁명으로 제2의 의복혁명이라면 샤넬(Chanel)이 여성복 디자인을 단순화시킴으로써 요란스러운 사치를 배척한 것이라고 할 수 있다. 샤넬은 상류층만을 위한 패션을 만들지는 않았으며 처음부터 어떤 재단사라도 자신의 의상을 보고 따라 만들 수 있게 하였다. 그리고 자신의 편안한 수트에 맞춰 굽이 낮고 잘 벗겨지지 않도록 끈이 달린 편안한 구두를 디자인하였다. 그녀에게는 자연스럽게 보이는 것이 무엇보다도 중요했으며 그것이 성공의 토대가 되었다. 샤넬은 값비싼 의상과 자수보다는 장신구를 선호하였다. 그녀 자신도 검은 풀오버에 여러 줄로 된 값비싼 진주 목걸이를 하였으며, 1928년에는 많

그림 5-27 소매 없는 카디건과 밝고 컬러풀한 헤어밴드(수잔 렝글렌의 경기 모습), 1920

그림 5-28 간결한 이미지의 수영복, 1920

그림 5-29 「La Vie Parisiennedml」의 표지, 1922

은 사람들이 이러한 장신구를 할 수 있도록 모조 장신구를 만들기 시작하였다.

당시 무명이던 샤넬은 잔잔한 우아함을 풍기는 단순하고 편안한 의상을 내놓았는데, 이는 곧 현대적인 여성을 상징하는 패션이 되었다.

■ 스포츠의 영향

제1차 세계대전 이후에는 훨씬 더 급속하게 여성 의복의 형태를 바꾸는데 일조한 것은 스포츠였다. 카디건 스웨터는 골프와 더불어 나타났으며 1920년대에는 두 다리와 두 팔을 내놓은 원피스 수영복이 나타났다. 1921년에는 수잔 렝글렌이 소매 없는 하얀 카디건과 무릎 바로 밑까지 내려오는 주름잡힌 스커트를 입고 처음으로 테니스를 쳐 센세이션을 일으켰다.

또한 평등에 대한 요구가 여성들로 하여금 스포츠를 하게 하였으며 심지어 스포츠를 하지 못하는 숙녀들은 사교계에 어울리지 않는 것으로 여겨질 정도였다. 따라서 스포츠를 할 때에도 보다 목적에 적합한 옷을 찾게 되었다.

■ 남성복

제1차 세계대전은 여성복의 경우와는 달리 남성복 패션에서는 어떤 직접적인 변화나 혁신도 가져오지 않았다. 1922년부터는 남성복의 지나치게 딱딱했던 실

그림 5-30 상류층의 남성 패션으로 오른쪽은 웨일즈 왕자의 영향을 받은 골프 웨어, 1926

그림 5-31 1920년대 중반 편안하고 스포티브한 스타일의 남녀복

그림 5-32 젊은층의 캐주얼 분위기와는 달리 모닝 드레스의 형식성을 갖춘 장년층의 옷차림, 1923

루엣이 사라지기 시작하였으며, 세계 공황이 일어나기 전인 1929년에는 남성복 패션에서 눈에 띄는 변화가 생겼다. 상체가 다시 강조되기 시작하였는데, 즉 가슴을 단단하게 하는 것이 아니라 어깨에 심을 넣어 넓게 만들었으며 옷자락은 엉덩이에 딱 달라붙었다. 이러한 남성복 형태는 거의 변화하지 않은 채 1930년대에도 계속 이어졌다.

3) 1930~1938년 : 경제 불황과 현실 도피

(1) 사회문화적 배경

1930년대는 아돌프 히틀러(Adolf Hitler)라는 단 한 사람의 영향권 안에 놓여 있었다. 세계 경제 위기가 1929년 이후 독일에서도 나타나기 시작하자 국민들 사이에 힘겹게 생겨났던 희망들이 결정적으로 깨어지고 말았다. 정치적 무관심, 통치권의 부재, 수많은 정당들 그리고 정신적 혼란들은 독재체제가 생겨날 수 있는 이상적 토대였다.

히틀러는 국민들이 자신의 이상을 따르도록 하기 위해 역사상 그 누구보다도 다양한 형태의 선전선동을 구사하였으며 급격하게 이루어진 것은 언론 사찰이었다. 언론 이외에도 특히 문학과 예술이 엄격한 사찰 대상이 되었으며 마음에 들지 않는 작품은 '퇴폐예술'로 분류하여 치명적인 선고를 내렸다.

(2) 예술양식

1924년 파리에서 탄생된 초현실주의(Surrealism)는 핵심요소인 자동기술법

그림 5-33 호앙 미로의 Dutch interior, 1928

그림 5-34 살바도르 달리의 Persistence of Memory, 1931

그림 5-35 미레 오펜하임의 Object, 1936

(automatism),우연성, 생물학적 형태(biomophic form), 기존 오브제의 사용 그리고 사회에 대한 변혁이나 갈망 등의 요소들은 다다이스트들의 작품구성에 사용되었던 것들이었다. 그리고 주제면에서는 프로이트의 심층심리학과 회화 기법상으로는 표현주의 회화가 그 바탕이 되었다. 즉, 인간의 내면 깊숙이 묻혀 있는 무의식의 세계를 '말과 표기된 언어', 혹은 '다른 방법'으로 표현하고자 하였으며, 따라서 우리의 일상적인 삶에 내재하고 있는 깊고 근본적인 문제점들을 '어떠한 절대 현실, 즉 초현실주의' 안에서 해결하고자 하였다.

1930~1940년대 독일 나치스가 예술가들을 나치즘에 세뇌시키기 위해 부흥시킨 미술운동인 나치 미술은 제2차 세계대전 즈음 독일의 독재자인 히틀러의 파시즘을 대변한 예술이다. 나치당은 특히 인간의 내면을 표현하고 현대적이며 급진적인 표현주의와 추상미술은 '퇴폐와 타락'이라 규정하고 작품을 압수하고 소각하는 등 탄압하였다. 즉, 회화에서는 농민과 노동자의 투쟁적 생활상을 강조하는 사회적 리얼리즘을 추구하였으며 내용은 승리와 애국심 그리고 투쟁과 혁명 등의 기념비적 성격이 강한 것들이었다.

그러나 히틀러는 모든 예술 가운데서도 건축예술을 '운동의 역사적인 기념물이자 증거물로서' 절대적으로 우선시하였다. 건축가는 모든 독재정권에서처럼 국가권력을 구현하고 웅대함을 통해 그 힘을 명시적으로 보여주어야 했다.

문학과 연극도 조형예술과 같은 의미에서 '획일화' 되었고 나치의 이상을 표현하는 것을 목표로 삼았으며 문학과 연극보다 선전선동의 효과가 훨씬 컸던 영화는 나치의 관심사에 더 많이 종속되었다.

그림 5-36 존 하필드의 A Pan-German, 1933

(3) 패션의 조형성

■ 유니폼의 영향

히틀러는 패션 문제에 별로 관여하지 않았으나 국민들의 사고의 획일화를 의도에서는 유니폼이 적합했던 것이다. 나치당의 갈색 셔츠는 패션이라기보다는 당원의 상징이었다. 물론 청소년들 사이에서는 히틀러 유겐트(Hitler Jugend)[2]와 독일여자 청년동맹의 유니폼이 기존의 의상 스타일에 강하게 영향을 미쳤다.

2) 1933년 청소년들에게 나치의 신조를 가르치고 훈련시키기 위해 만든 조직을 말한다.

■ 바이어스 재단

'오트쿠튀르의 여왕' 이라고 불렸던 마들렌 비요네(Madeleine Vionnet)는 1912년부터 바이어스 재단(bias cut)을 처음으로 만들어낸 디자이너이다. 비요네는 여성의 몸에 더 잘 맞는 옷을 만들기 위해 최초로 제조업자로 하여금 자신이 주문한 옷감을 2미터 정도까지 폭을 넓게 짜게 하였다. 그녀는 패션 디자이너는 옷이 몸에 매달려 있는 것이 아니라 신체의 선을 따르도록 하기 위해서는 고객들의 신체구조를 구해야 한다는 것이었으며 '여자가 웃으면 옷도 함께 미소지어야 한다' 고 말했다.

■ 쇼킹 핑크

비요네의 잔잔하고 조화로운 모델과는 반대로 이탈리아의 엘자 스키아파렐리(Elsa Schiaparelli)의 아이디어는 과감했다. 그녀는 특이한 효과를 내기 위해 연극이든 새로운 회화든 여행이든 모든 것을 이용하였다. 풀오버에다 흑인예술이나 입체주의 그리고 초현실주의적 문양을 짜 놓기도 하고 신문 조각들로 작품을 만드는 피카소의 아이디어를 자신의 천에 도입하기도 하였다. 또한 크리스티

그림 5-37 소녀들의 단체복

그림 5-38 비요네의 디자인, 1931

그림 5-39 컬렉션 '서커스'에서 선보인 이브닝 재킷, 1938

그림 5-40 초현실주의 작가 달리에게 영향받은 스키아파렐리의 구두 모양의 모자 스케치, 1936

그림 5-41 후에 유명한 스타일이 된 그레타 가르보의 모자 쓴 모습

앙베라르(Christian Berard)의 색채 유희를 받아들여 그의 보랏빛 분홍으로 '쇼킹 핑크(shocking pink)'이라고 이름 붙인 유행색을 만들어냈다. 그녀의 컬렉션은 초현실주의로부터 영감을 얻은 것들이었는데 인광을 발하는 귀고리를 고안해 내기도 했고 포대를 만드는 굵은 삼베와 방수포를 옷감으로 사용하기도 하였다. 즉 스키아파겔리의 복식을 통한 과감한 혁신은 서서히 나타난 대신 귀족적인 전통과 여성의 미적인 기준들에 도전이었으며 패션리더 역할을 하는 사람들은 그녀의 의상을 입었다.

■ 유행의 분출구가 된 모자

1930년대 말경에는 개인적인 취향, 상상력, 유별난 것을 할 수 있는 용기, 상류사회를 모방하고 싶은 갈망이 모두 모자를 통해 분출되었다. 여성들은 모자를 통해 자신의 패션 취향을 입증하고자 했으며 많은 여성들이 최신 유행에 따라 매번 모자를 바꾸었다. 어떤 아이디어라도 새로운 모자 패션에 이용되지 못할 것은 아무것도 없었다. 예를 들어 스키아파렐리는 부부싸움으로 납작하게 찌그러진 실크 모자에서 영감을 받아 센세이션을 불러일으킨 새 모자 패션을 만들어 냈다는 말이 있을 정도였다.

4) 1939~1949년 : 의류배급과 수공업

(1) 사회문화적 배경

1939년 9월 1일 이후 독일은 폴란드와의 전쟁을 시작으로 전쟁의 포화 속으

그림 5-42 잭슨 폴락의 No.1, 1948

그림 5-43 작업중인 잭슨 폴락

로 빠져들었으나 1914년과는 반대로 전쟁에 대한 열광은 나타나지 않았다. 히틀러에게는 사람도 전쟁무기나 마찬가지로 '생산될 수 있는' 것이었으며, 독일 민족이 유럽을 지배하는 인종으로 만드는 것이 히틀러의 계획이었기 때문에 그는 자기 민족의 남자들 수천 명이 피를 바치는 것에도 무감각하였다.

패전 이후 독일은 더 이상 독일인의 것이 아니었으며 독일의 운명은 미국과 소련, 영국, 프랑스의 4개국에 의해 결정되었다. 연합국의 계획은 독일이 다시 산업화되는 것을 막아 농업국가가 되도록 하는 것이었기 때문에 점령국들은 기계와 공장을 철거하여 자국으로 옮겼다. 독일은 40여 년 동안 인습적인 형태의 민족주의를 버리고 정치와 경제적 문제들을 국제적인 관점에서 보는 법을 배우게 되었으며 개방성과 함께 다른 나라에 대한 이해가 독일 민족의 관심사가 되었다.

(2) 예술양식

1940년대 후반과 1950년대의 미국에서 탄생된 가장 중요한 예술양식인 추상표현주의(Abstract Expressionism) 는 대상이 아니라 색채에 관심을 두었으며 그림을 그린다는 의식적인 과정이 아니라 '자동적이고 즉흥적인 행위' 를 통해 그림을 창조하였다. 이 경우 화가는 영혼의 상태에 의해 이끌리도록 자신을 내맡겨야 하는 것이다. 화가에게 캔버스는 더 이상 평면 혹은 그림의 바탕에 불과한 것이 아니라 행위의 장이었다.

이러한 액션 페인팅(Action Painting)란 기법을 발전시킨 대표적인 화가는

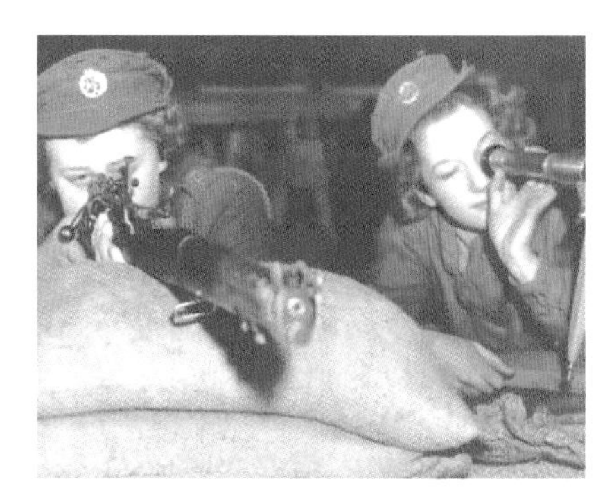

그림 5-44 예비군대의 새로운 유니폼

그림 5-45 1940년대 중반 이집트에 주둔했던 영국 군인들의 제대복

그림 5-46 여성의 변화된 역할을 보여주는 라이플 소총클럽 멤버, 1941

잭슨 폴락(Jackson Pollock)으로 그는 거대한 캔버스를 바닥 위에 펼쳐놓고 그 주위나 그 위에서 일종의 혼수상태 내지 도취상태로 작업하였다. 즉 자동적인 몸동작으로 연하게 푼 물감을 뚝뚝 떨어뜨리거나 뿌리거나 던지거나 혹은 마구 칠하였다. 이렇게 하여 '영혼의 즉흥창작'의 자취인 율동적이면서 미로처럼 얽힌 색채의 직물이 탄생하였다.

(3) 패션의 조형성

■ 제복의 영향

제2차 세계대전 동안에는 모든 패션이 정체되었다. 옷감 배급의 영향으로 전쟁이 진행될수록 점점 여성복의 실용적이 되었다. 실용적인 스타일(utility style)에는 수트가 가장 잘 맞았으며 수트 재킷은 완전히 제복의 특징이 그대로 반영되었다. 그리고 허리를 강조한 것을 제외한다면 남성복의 색 코트와 거의 모양이 구분되지 않는 경우도 많았다. 심을 넣은 어깨와 작고 딱딱한 라펠, 견장, 완장은 여성적 매력과 기품과는 거리가 멀었다. 따라서 제2차 세계대전으로 여성복은 여성스러움보다는 남성적이고 활동적이며 실용적인 스타일이 유행되어 어깨 폭도 넓고 스커트 길이가 짧은 밀리터리 룩(military look)이 유행되었다. 각진 어깨와 짧은 스커트의 테일러드 수트 스타일의 밀리터리 룩은 실용적인 기성복이 되었고 또한 그것이 모드로 변천되었다.

■ 린뉴 코롤에서 유래한 뉴 룩

1947년 2월 12일 소수의 선택된 사람들에게 선보인 디오르의 최초 컬렉션은 곧 엄청난 센세이션을 불러일으켰다. 디오르의 뉴 룩(new look)은 종 모양의 넓고 종아리까지 내려오는 새로운 스커트에 가는 허리를 더욱 부러질 것처럼 보

그림 5-47 디오르의 뉴 룩

그림 5-48 스타킹을 신은 것처럼 다리에 봉제선을 그리는 펜

이게 했으며 어깨심이 들어가지 않고 자연스럽게 내려오는 좁은 어깨는 젊은 경쾌함과 우아함을 발산하였다. 그는 몸매를 강조한 상의를 통해 코르셋을 다시 유행시켰으며, 새로운 라인을 겸손하게 '린뉴 코롤(Ligne Corolle ; 'Corolle'은 꽃부리라는 뜻)'이라고 이름 붙였지만 언론에서 곧 '뉴 룩'이라는 표현을 썼다. 디오르는 모든 액세서리가 조화를 이루도록 하여 여성들에게 전체적으로 새로운 외모를 부여했으며 그의 챙이 넓은 모자는 대단히 우아하고 기품이 있었다. 그는 다시 장갑을 착용하도록 하였는데 구두 및 핸드백과 조화를 이루어야 했다.

뉴 룩 이후 디오르는 패션 디자이너의 제왕이었으며 그의 창작은 국제적인 패션에서 척도가 되었다. 그리고 패션 잡지에서는 다른 디자이너의 모델에서 디오르의 것과 공통되는 디테일을 강조하거나 차이나는 점을 지적하였고 그의 유행라인은 세계 패션사를 대표했다.

■ **미국의 영향**

1940년대 말에는 미국인들이 유럽에 정치적으로 개입함에 따라 미국의 라이프 스타일이 유럽인들의 삶에 영향을 미치기 시작했으며 패션도 미국으로부터 자극을 받게 되었다. 요란한 색의 긴 바지와 편안한 풀오버에 화려한 레인 코트를 입은 미국 여성들이 독일에서 눈에 띄었다. 게다가 미국의 패션 회사들은 전쟁을 거치면서 이루어진 기술적 성취들을 유럽보다 재빠르게 이용하였다. 나일론 스타킹은 미국 여성들에게는 더 이상 사치품이 아니었고 엄청난 양의 스타킹이 PX에서 밀반출되어 암거래되었다.

5) 1950~1959년 : 여성스러움과 동조

(1) 사회문화적 배경

1950년대에의 경제부흥에 결정적인 역할을 한 것은 자동화의 확대였다. 이러한 발전은 제2차 세계대전 동안 새로 연구된 반도체 기술을 통해 극히 작은 트랜지스터가 진공관을 대체하게 됨으로써 촉진되었다. 1950년대 초에는 자동계산기가 고안되었고 곧이어 자동화는 제어기술, 조절기술, 정보통신기술로 확대

그림 5-49 페르난데즈 아르망의 Chopin's Waterloo, 1962

그림 5-50 다니엘 스포에리의 The Breakfast of Kichkal, 1960

되었다. 이때에는 '트랜지스터' 라고 하면 들고 다닐 수 있는 작은 라디오를 의미했으며 전자음악은 처음에는 낯설게 들렸지만 팝 음악의 발전에 결정적인 영향을 미쳤다. 공학기술은 그 어느 때보다도 결정적인 기능을 하게 되었다. 이때에는 현대예술에 대해 지속적인 후원이 이루어졌다. 공공건물, 학교, 도시의 살아있는 시설들은 당대의 예술작품들로 아름다워졌으며 인테리어에서도 기능적 아주 현대적인 미국적 스타일이 선호되었다.

1950년대에는 모든 사회계층과 연령층에서 패션이 과거 어느 때보다도 삶의 중요한 부분이자 중대한 관심사가 되었다. 게다가 생산성의 증가, 저렴한 합성 섬유, 지역을 초월하는 신속한 상품교환은 유행을 단명하게 만들었으며 산업이 유행을 결정하는 데 한몫을 하였다.

(2) 예술양식

이 당시의 예술양식 중 정크 아트(Junk Art)란 1950년대 중엽 이후에 제2차 대전후의 폐물이나 일상생활 가운데서 생긴 폐물 등의 '잡동사니' 를 소재로 작품을 제작하는 예술로써 공업사회에서 의미하는 버려진 소비물자를 오브제로 구체화한 양식이다. 따라서 폐물예술이라고도 하였는데 기계의 부품 등 현대문명의 산물인 폐물을 규모가 크고 격렬한 형태로 표현하였다. 그것은 양식적인 미의식을 위협하는 거칠고 난폭한 작품이라고 할 수 있다.

(3) 패션의 조형성

■ 라인의 시대

1947년 디오르의 뉴 룩 발표 이후 여성적인 스타일이 1950년대 계속 이어졌으며 그는 다양한 실루엣의 디자인을 선보였다. 1951년 오벌(oval) 라인에 이어

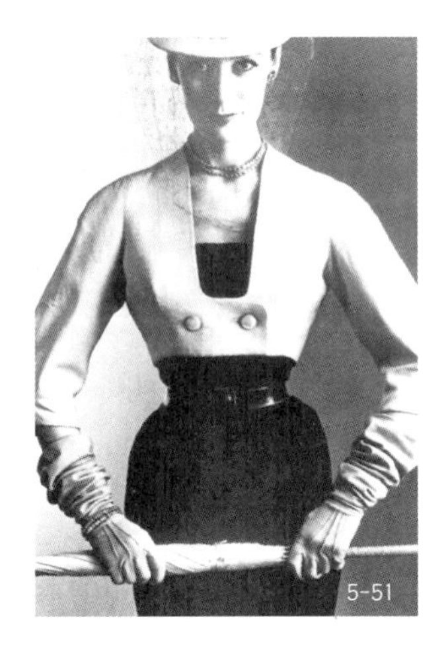

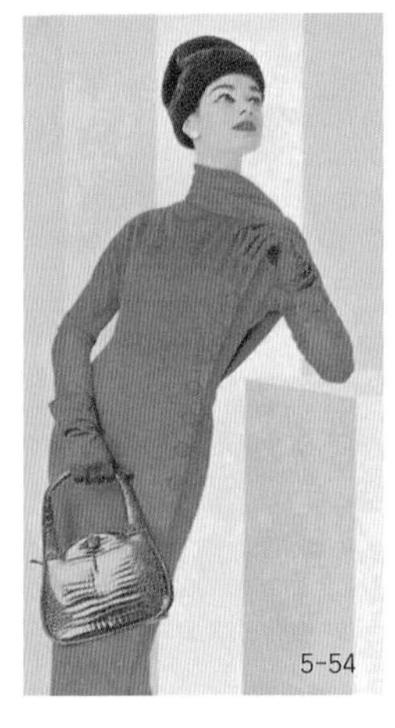

그림 5-51 오벌 라인, 1951
그림 5-52 A 라인, 1955
그림 5-53 H 라인, 1957
그림 5-54 Y 라인, 1956
그림 5-55 스핀들 라인, 1957

1954~1955년의 대사건은 H 라인의 발표였는데, 허리는 더 이상 조이거나 두드러지게 드러나지 않았다. 그 전에서 엉덩이둘레와 허리둘레의 차이는 25~28cm이었던 것이 H 라인의 경우에는 약 20cm가 이상적인 것으로 여겨졌다. 이어서 발표한 A 라인은 네크라인이 많이 드러나는 것이 특징이었으며 Y 라인은 몸매를 강조하였고 1956년 애로우(arrow) 라인은 이 두 가지가 합해졌다. 또한 1957년 스핀들(spindle) 라인에서는 어깨의 둥근 실루엣이 아래쪽까지 이어져 여성스러움을 강조하였다.

■ 대중 스타의 영향

1950년대에도 영화계 스타들과 대중가수들이 유행을 주도하였는데 마릴린 먼로, 지나 롤로브리지다, 소피아 로렌, 아니타 에크베르크, 에바 가드너, 라나

그림 5-56 영화 〈사브리나〉에서의 오드리 헵번, 1954

그림 5-57 아니타 에크베르그

그림 5-58 리타 헤이워드

그림 5-59 라나 터너

그림 5-60 브리지트 바르도

터너, 리타 헤이워드 등이 당시의 여성상을 대표하였다. 그들은 몸에 꼭 끼는 풀오버 차림으로 세인의 이목을 끄는 모습들을 보여주었고 많은 여성들이 그것을 따라하였다. 따라서 니트 회사와 코르셋 회사가 호황을 맞았으며 두 치수 작게 입는 풀오버와 실제 가슴보다 훨씬 커 보이게 하는 깔때기 모양의 브래지어가 많이 팔렸으며, '섹스' 자체에 가치를 두지는 않았고 그보다는 '섹시하게' 보이는 것을 더 중시하였다.

프랑스인들이 '국민배우 비비' 라고 자랑스럽게 불렀던 브리지트 바르도는 자유분방한 모습으로 나타났다. 그녀가 입은 프릴과 레이스가 달리고 페티코트를 받쳐입어 부풀린 낭만적인 넓은 드레스는 기성복으로 만들어졌으며 그녀는 프랑스의 수출품목 제1호가 되었다.

그림 5-61 록커의 복장
그림 5-62 블루종 누아, 파리, 1962

정반대의 유형으로 특히 청소년의 우상이 된 스타는 오드리 헵번이었다. 소년 같은 몸매와 두드러진 광대뼈, 겁먹은 노루 눈이 매력적으로 여겨졌던 것이다. 그녀는 사적인 자리에서는 좁은 바지에 지나치게 큰 풀오버를 입었는데 이 역시 청소년들의 마음을 끌었다. 유행의 모범이 된 또 다른 인물은 이란의 왕비 파라 디바였는데 그녀의 검게 화장한 눈과 특히 헤어스타일은 유행의 표상이 되었다.

■ 록 음악을 통한 젊음의 분출

젊음의 분출이 특히 강하게 표현된 것은 20대 미만 세대에 의해 받아들여진 음악 형태, 바로 록 음악에서였다. 청소년들은 로큰롤(rock' n' roll)에 맞춰 춤을 추었고 엘비스 프레슬리나 빌 할리, 토미 스틸에게 열광하였다. 엘비스는 검은 색이나 분홍색 셔츠에 청바지나 카우보이 바지를 입고 솔기에 리벳을 박은 검은 가죽 재킷을 입었으며 애교머리를 뒤로 빗어 넘긴, 포마드를 발라 번쩍거리는 그의 헤어스타일이 전세계를 휩쓸었다. 엘비스 프레슬리, 제임스 딘, 말론 브란도, 몽고메리 클리프트 등은 '성난 젊은이들' 로 일컬어진 당시 청소년들의 우상이었다. 그들은 '성능을 높인' 오토바이를 타고 다니면서 수많은 시민들의 밤잠을 설치게 하였는데, 프랑스에서는 이들이 검은 셔츠를 입고 다녔기 때문에 '블루종 누아(blousons noirs ; 검은 점퍼라는 뜻)' 라고 불렸고 독일에서는 '불량청소년' 으로 불렸다. 이들은 리벳 장식을 한 검은 가죽 재킷에 '파이프처럼 좁은' 가죽 바지를 입고 수가 놓인 검은 카우보이 부츠를 신고 리벳이 박힌 넓은 벨트를 하였다.

■ 이탈리아 패션의 부상

1950년대 이탈리아 패션 디자이너들은 초현대적인 아이디어를 고요한 우아

그림 5-63 에밀리오 푸치의 스키 재킷, 1964

그림 5-64 런던의 테디보이들, 1950년 중반

그림 5-65 테디보이

함과 완벽하게 결합시켰다. 그들은 매혹적인 프린트 소재, 우아한 구두와 핸드백, 손으로 수놓은 값비싼 셔츠, 세련된 니트 패션, 대담한 스키복, 타이트한 바지, 인상적인 장신구 등을 디자인하였다. 이탈리아 패션에서 다른 그 누구도 능가하기 어려운 것은 에밀리오 푸치(Emillio Pucci)가 화려하게 프린트된 순 실크 저지로 만든 블라우스와 드레스였다. 드레스는 작은 셀로판 봉지에 담아 팔았는데 무게가 150그램에 어느 핸드백에나 들어갈 수 있어서 숙녀들이 비행기 여행을 할 때 가지고 다니는 옷이 되었다. '에밀리오'라는 상표가 붙은 화려한 실크 블라우스의 가격은 상식을 벗어날 정도로 비쌌다.

■ 불량 청소년의 영향

불량 청소년들이 '우아한' 차림을 하고 싶을 때는 좀 지저분하고 구겨진 검은 양복에 별로 깨끗하지 않은 흰 셔츠 차림이었다. 그리고 영국에서는 슬림 짐(slim-jim)이라고 불렸던 끈이나 다름없을 정도로 아주 가는 검은 넥타이로 우아함을 강조하였다. 이들의 구두는 갈수록 뾰족해져서 마침내는 앞부분이 위로 휘어졌다. 또한 머리를 포마드를 발라 정교하게 웨이브지게 만들거나 짧게 잘라 솔처럼 세우는 데 큰 가치를 두었기 때문에 언제나 셔츠 주머니나 바지 주머니에 빗을 꽂고 다녔다. 테디 보이(teddy boy)[3]라고 불렸던 이들은 자신들의 방식으로 네오 에드워디안(neo edwardian) 스타일의 옷차림을 함으로써 고상한 분위기를 내려고 하였다.

3) 테디 보이 : 영국에서는 많은 신사들의 복장이 에드워드 7세 시절의 품위 있는 복장을 연상시켰다. 그들은 제대로 된 검은 양복과 우아한 망토를 입고 딱딱한 펠트 모자를 썼다. 이들은 '네오 에드워디안'이라고 불렸는데, 이들이 포켓치프, 넥타이 핀, 모자 같은 전통적인 액세서리들을 다시 유행시켰다는 점에서 신사복의 유행에 영향을 미쳤다.

■ 인조섬유의 영향

제2차 세계대전은 인조섬유에 대한 연구와 생산을 크게 촉진시켰다. 화학섬유로 된 저렴한 천들이 값비싼 천연섬유를 밀어냈고 마찬가지로 가방과 구두제조에서도 인조가죽이 중요한 역할을 하기 시작하였다. 또한 형광색이 등장했고 무늬는 다양해졌으며 전체적으로 옷감의 값이 저렴해짐으로써 유행의 수명이 갈수록 짧아지는 데 영향을 미쳤다. 더욱이 새로운 옷감들은 세탁에 아무런 문제가 없었고 빨리 말랐으며 다림질이 필요없었다.

6) 1960~1969년 : 풍요와 젊음의 도전

(1) 사회문화적 배경

제2차 세계대전의 종전과 더불어 미국과 소련의 정치적 대립은 베를린 장벽이 세워지고 1년 후 다시 정점에 도달하였으며 핵전쟁도 배제할 수 없는 상황이었다.

민주주의 체제와 공산주의 체제 사이의 권력투쟁이 벌어진 두 번째 무대는 베트남이었으며 베트남 전쟁은 두 정치 이데올로기를 둘러싼 싸움 가운데 가장 잔혹한 싸움으로 발전하였다. 베트남 전쟁은 강대국들 사이, 그리고 동유럽과 서유럽간의 전선을 강화시켰으며 특히 정치적 이데올로기적 관점에서 젊은이들의 행동을 촉발시켰다. 특히 대학생들 사이에서 널리 퍼진 젊은이들의 불만은 1960년대에 거의 유럽과 미국, 일본을 휩쓸었고 마침내 유혈충돌로 이어졌다. 젊은이들의 비판은 여러 가지 사회적 폐해들이 집중되었으며 대학생들은 미국의 베트남 정책에 대해, 아무런 사심이 없는 것처럼 보이는 제3세계에 대한 원조에 대해 그리고 인종차별에 대해 비판을 가하였다.

그림 5-66 캠벨의 수프 깡통 문양의 종이로 된 The Souper Dress, 1966-7

그림 5-67 로버트 라우젠버그의 Untitled, 1955

그림 5-68 로이 라히텐 슈타인의 Hopeless, 1963

성과 자유연애가 1960년대에 큰 역할을 했으며 히피와 비트족들은 자유연애를 선동하였다. 더욱이 1960년대의 의학의 성과라고 할 수 있는 피임약으로 인해 혼전 성관계에 대한 논의가 격렬하게 이루어졌다.

(2) 예술양식

1960년대 초에 미국과 영국에서 등장한 팝 아트(Pop Art)는 동시대의 산업문화에 대해 긍정적인 입장을 보였으며 전래되어 온 미의 이상을 비난하고 미적 가치들에 대해 의식적으로 문제를 제기했던 구상회화의 한 경향이었다. 즉 일상생활에 범람하는 기성의 이미지에서 제재를 가져옴으로써 대중예술로 승화시켰다. 미국의 팝 아트는 추상표현주의에 대한 반동으로 일어났으며 미국으로 상징되는 현대의 기계문명에 대한 낙관주의를 기조로 하였다.

기하학적 형태나 색채의 장력(張力)을 이용하여 시각적 착각을 다룬 추상미술로서의 옵 아트(Op Art)는 팝 아트의 상업주의와 지나친 상징성에 대한 반동적 성격으로 탄생되었다. 옵 아트는 사상이나 정서와는 무관하게 원근법상의 착시나 색채의 장력을 통하여 순수한 시각상의 효과를 추구하여 빛 · 색 · 형태를 통하여 3차원적인 다이내믹한 움직임을 보여주었다. 이 예술양식은 당시 디자인계나 패션계에 영향을 끼쳤으나 사고와 정서를 배제한 계산된 예술로서 일반 대중으로부터 지지를 받지 못하였다.

그리고 '최소한도의, 최소의, 극미의' 라는 minimal에 'ism' 을 덧붙인 미니멀리즘(Minimalism)은 '최소한주의' 라는 의미로 미술과 음악 분야에 처음으로 대두되어 사용되었다. 1960년대 미국의 젊은 작가들이 최소한의 조형수단으로 제작했던 회화나 조각을 지칭하였으며, 'ABC Art' 또는 'Primary

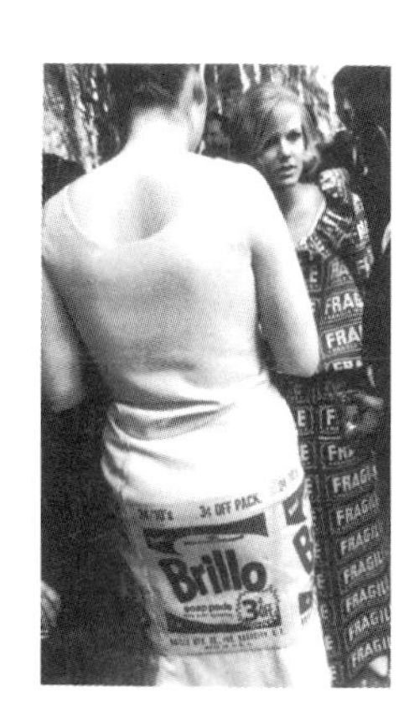

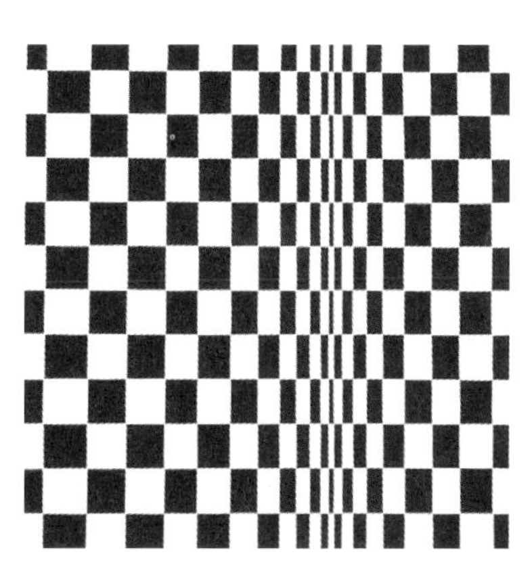

그림 5-69 앤디 워홀의 팝 아트 의상 작품

그림 5-70 브리제 라일리의 Movement in Squares, 1961

그림 5-71 도날드 주드의 Untitled, 1955

Structure' 로도 불려졌다.

추상표현주의가 초자아를 표현하여 관객에 호소하는 입장을 취하고, 팝 아트가 문명비판적이고 풍자적인 성격을 띠었던 데 반해 엄격하고 비개성적이며 소극적인 화면구성, 극단적 간결성, 기계적 엄밀성이 특징이자 한계점이 되고 있다.

(3) 패션의 조형성

■ 청소년의 천국 런던

카나비 스트리트

해가 갈수록 영국은 청소년들의 패션 천국이 되었다. 런던 카나비 스트리트(carnaby street)와 첼시로드에 있는 '최신 유행'의 부티크들은 비트 리듬을 틀어 놓고 '팝 아트적'이고 '쇼킹한' 것은 모두 팔았다. 만화 배지나 팝 아트 모티브들이 그려진 티셔츠, 별이나 꽃이 흩뿌려진 온갖 충격적인 색상의 무릎까지 오는 부츠, 또 거기에 어울리는 숄더백과 화려한 아플리케가 된 청바지, 숫자가 엄청나게 크게 쓰여진 야한 장미색과 연두색의 시계, 또는 엄청나게 넓은 멜빵도 있었다.

1960년대 카나비 스트리트는 아방가르드 남성들의 패션을 발견할 수 있는 곳이었으나 히피 스타일의 등장으로 카나비 스트리트는 패션의 주도권이 소멸되었다.

팝 뮤직

팝 음악은 모든 미학적 관점들을 비판했는데, 앰프 장치라든가 에코기기 같은 기술적 보조수단들을 이용하였다. 팝 음악의 가장 유명한 그룹은 비틀즈

그림 5-72 1960년대 카나비 스트리트(로 웨이스트의 팬츠, 컬러풀한 셔츠, 그리고 캐시미어 코트와 핑크 타이 복장은 'Peacock Revolution'을 보여준다.)

그림 5-73 토요일 카나비 스트리트의 십대들의 모습, 1960년

그림 5-74 비틀즈의 트레이드 마크가 된 칼라가 없는 하이네크 라인의 검정 트리밍된 회색 재킷과 폭 좁은 타이

그림 5-75 팝 뮤직그룹 'The Small Faces', 1965

그림 5-76 메리퀀트와 그녀가 디자인한 미니 스커트

(Beatles)와 롤링 스톤즈(Rolling Stones)였는데 비틀즈가 최초의 대규모 콘서트를 열었을 때 서구세계 전체가 혼란에 빠졌다. 비틀즈와 그들의 음악은 편견과 관습에 대한 청소년의 반항을 상징하였으며 틴에이저의 내면적 고독과 낭만적인 꿈에 호소하였다.

비틀즈는 1960년대 남성 패션 트렌드를 실질적으로 반영하였다. 1964년 수트에 터틀넥을 받쳐입은 캐주얼한 룩과 함께 비틀즈의 스타일은 남성들의 기본적인 모즈 스타일이 되었고 대중화되었다.

매리 퀀트의 미니 스커트

런던 패션계에 매리 퀀트(Mary Quant)가 등장하면서 거의 20년이 넘도록 영국 패션을 주도한 검소와 품위를 중요시하던 취향은 자취를 감추었다. 물질적 풍요와 자유를 누리는 젊은 세대에게 어울리는 자유롭고 대담한 스타일이 등장하였다. 즉 1963년 런던에서 매리 퀀트가 진저 그룹(ginger group : 급진파)을 만들었는데 이 그룹은 미니 스커트(mini skirt)의 기원이 되었다.

메리 퀀트는 청소년들을 열광시킬 정도로 기상천외하고 편안한 패션을 창조할 만한 용기를 지닌 사람으로 1966년 그녀는 영국의 패션 수출에 기여한 공로로 대영제국 훈장을 받았다. 그녀가 내놓은 것은 대중을 위한 톱 모드(top mode)였으며 그녀의 작품들은 엘리트적이지 않고 대중적인 것을 표방했으며 만인을 위한 패션을 만들었다.

트위기 룩

영국의 패션 모델 트위기(본명은 Lesley Hornby)는 소년처럼 앳된 모습의 유행 스타일(twiggy look)을 만들었는데 이것이 1960년대말 미의 이상이 되었

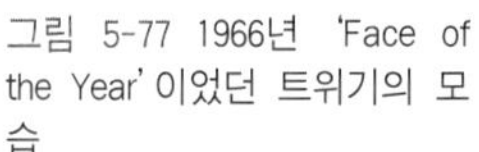

그림 5-77 1966년 'Face of the Year' 이었던 트위기의 모습

그림 5-78 반항과 야망의 상징이었던 셔츠 드레스를 입은 트위기, 1967

다. 그녀의 스타일은 곧 전체 패션에 영향을 미쳤으며 비평계는 그녀를 '세계에서 가장 비싼 막대기' 라고 일컬었다. 미국의 귀여운 여배우 미아 패로도 당시에 통용되던 이상적인 기준을 지니고 있었다. 시스루[4]룩을 입었을 때 작은 가슴이 천진하게 드러나 보이는 것이 중요했다.

■ 모즈 룩

1966년경 런던 카나비 스트리트를 중심으로 나타난 비트족 계보에 속하는 젊은 세대를 모즈(mods)라 한다. 원래 mods란 moderns의 약자로 '현대인, 사상이나 취미가 새로운 사람' 을 의미한다. 기성세대의 가치관과 기존의 관습에 대한 자신들의 반항을 의복으로 표현하고자 한 이들은 초기에는 그래니 부츠(granny boots), 에드워드 수트, 발목 길이의 스커트 등의 차림새를 하였으나 나중에는 히피의 영향을 받은 비틀스와 같이 꽃무늬나 물방울무늬가 현란한 셔츠와 넥타이, 아래로 갈수록 폭이 넓어지는 바지, 장발 등의 복장으로 화제를 모았다.

■ 앙드레 쿠레주의 우주 룩

쿠레주(André Courrèges)의 모더니즘은 오로지 미래를 지향하는 것으로 그가 개발한 패션은 자유롭게 움직일 수 있는 구조화된 의복을 위한 것으로 여성들을 하이힐, 조이는 가슴선, 타이트한 옷, 꼭 맞는 힙에서 해방시켰다. 1963년 이미 영국에서 미니 스커트가 나타났지만 이 미니 스커트에 적절한 스타일을 부여한 것은 쿠레주였다. 기하학적인 역동성을 특징으로 하는 쿠레주 스타일로 인하여 패션에서 젊은이다운 혹은 10대의 가치가 나타났다.

1964년에는 우주비행이 패션에도 영감을 불러일으켰는데 우주비행사 룩과 우주 룩(cosmos look)은 새로운 구호가 되었으며 패션 디자이너들은 미래의 여성을 헬멧과 '달안경' 을 쓴 모습으로 상상하였다. 쿠레주의 디자인들은 옵 아트와 우주복 스타일이 혼합된 것이었으며 색상으로는 흰색과 은색을 선호하였다.

4) 시스루(see-through) : 투명한 소재를 사용해서 피부가 비쳐 보이는 옷을 말한다.

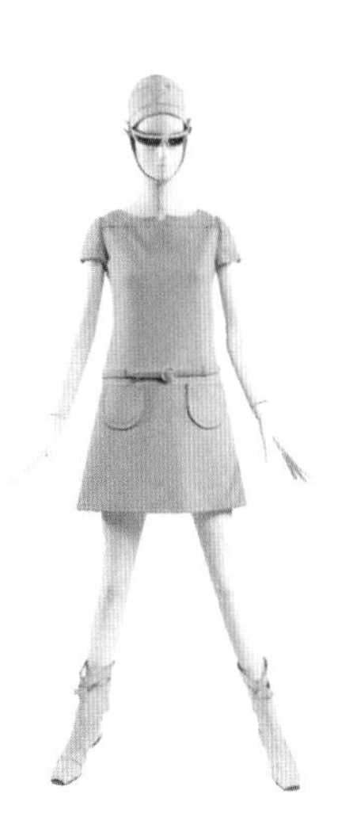

그림 5-79 모즈 룩

그림 5-80 'Space-age'의 디자인, 1964

그림 5-81 쿠레주의 A라인 쉬프트 드레스, 1965

■ 꽃의 자식들 히피

1960년대 중반에 샌프란시스코의 헤이트 애쉬베리 구역과 뉴욕의 이스트빌리지에 자신들을 '꽃의 자식들'이라고 생각하였던 히피(hippies)들은 반부르주아적이면서 동시에 평화주의적인 태도를 가졌는데 그들은 계급적 차이와 인종적 편견, 성취에 대한 압박, 억압, 잔인함, 전쟁에 대해 평화적인 방법으로 저항하였다. 히피들은 수동적인 저항과 평화적 항의를 통해 사회의 부족한 부분들에 대해 주의를 환기시켰다. '혐오스러운 생활'에서 벗어나는 것이 점점 더 어려워지자 많은 히피들은 LSD(강한 환각작용을 일으키는 합성물질)와 대마초에 손을 댔다.

미국에서 시작되어 전 유럽을 휩쓴 히피들의 생활태도는 옷차림을 통해 표현되었는데 머리에 꽃을 꽂고 화려하고 형식에 얽매이지 않는 옷차림으로 문명에 오염되지 않은 삶의 기쁨에 주목하였다. 그들의 옷은 인디언과 에스키모의 옷을 본뜬 것이었으며 페루나 멕시코 혹은 극동의 민속의상을 입기도 하였다. 소녀들

그림 5-82 LA의 히피족들, 1967

그림 5-83 히피족들의 모습을 보여주는 뮤지컬 'Hair' 영화의 한 장면, 1967

그림 5-84 영국의 히피족들, 1967

그림 5-85 블루 데님의 사파리 수트, 1971

그림 5-86 더 타이트해진 디자이너 진, 1967

그림 5-87 진과 플랫폼 슈즈, 1973

은 통이 넓고 긴 스커트나 편안한 청바지를 입었으며 아무것도 가리지 않고 꽃을 그리기만 한 채로 몸을 드러내기도 하였다.

■ **청바지의 승리 유니섹스 룩**

미국에서 청바지는 초기에는 부르주아적 속박과 편협함을 거부하는 새로운 세계관의 상징이었는데 그것은 카우보이의 삶과 초원의 자유와 연관되어 있었다. 청바지는 의복 규정과 부르주아적 관습에서 벗어난 자유로우면서 복잡하지 않은 삶의 분위기를 지니고 있었는데 이것은 기성세대에 대한 청소년들의 반항을 의미하기도 했다. 젊고 활동적인 당대의 삶의 태도에 부합되었던 청바지의 승리 행진이 더 이상 멈출 수는 없었는데 1970년대에는 진이 기적적인 푸른색 천이 되었다.

7) 1970~1979년 : 절충주의와 생태학

(1) 사회문화적 배경

에너지 확보와 환경보호의 문제가 1970년대에 처음으로 대중에게 인식되었다. 더욱이 건강에 대한 위협과 환경 오염의 위험이 인식되면서 기술적 진보에 대해 근본적으로 의문을 제기하는 사람들이 많아졌다. 그리하여 원자력 에너지의 사용문제는 정치적인 문제가 되었으며 1978년에는 환경보호단체가 보다 직접적인 영향력을 행사하기 위해 처음으로 '녹색리스트'라는 당을 설립하였다.

1974년에는 거의 15년만에 처음으로 실업자 수가 일자리 수를 능가했으며 실업의 증가와 특히 청소년들에게 해당되는 문제인 취업전망의 악화 등 전반적인 경제적 어려움으로 인해 많은 사람들이 체념에 빠지거나 마약에 손을 대거나 명상단체들에서 구원을 찾게 되었다.

그림 5-88 로버트 스미슨의 Spiral Jetty, 1970

1970년대 세계 정치구조의 기본구조는 미국과 소련에 의한 이원적 구도로 규정되었다. 1979년에 전략무기제한협정(Salt Ⅱ)이 체결되었지만 양대국의 관계는 극도로 악화되었다. 또한 지구상에서 가장 인구가 많은 나라인 중국은 서방의 이데올로기와 경제적 이해관계 및 기술에 문호를 개방함으로써 그리고 미국과의 완전한 외교관계를 받아들임으로써 다가올 대외무역에 예기치 못한 새로운 가능성을 열어 놓았다.

(2) 예술양식

이 당시의 예술양식으로는 대지미술(大地美術, Land art)을 들 수 있는데, 그 양식은 물질로서의 예술을 부정하려는 경향과 반문명적인 문화현상이 뒤섞여 생겨난 미술경향으로 프로세스 아트(Process Art)라고도 한다. 작품의 소재나 경향·방법 등이 작가마다 매우 다르다. 사막·산악 ·해변·설원(雪原) 등의 넓은 땅을 파헤치거나 거기에 선을 새기고 사진에 수록하여 작품으로 삼기도 하고, 잔디 등의 자연물을 그릇에 담거나 직접 화랑에 운반하여 전시하기도 하였다. 인간의 손길이 닿지 않은 공간속에 덧없이 기록된 인간의 자취를 현대 대도시의 인위성과 금속과 합성소재로 형성된 '예술의 공리주의'에 대한 저항으로 표현한 것이었다. 이들은 자연풍경을 단순히 장식적인 배경으로 이용하는 것이 아니라 자연공간의 넓이나 깊이 자체를 예술대상으로 삼았다. 대지미술에서는 대개 일회적으로 끝나는 행위 그 자체가 중요하기 때문에 기록을 위해 사진과 영화를 필요로 하였다.

그림 5-89 겐조의 루마니아 룩, 1973~1974

그림 5-90 겐조가 인도여행에서 가져온 네루 룩, 1978

(3) 패션의 조형성

■ 동서양의 조화

이때에는 유럽이나 미국사회가 점차 다원화되면서 아프로 카리비안(afro-caribbean)이나 아시아 그리고 아메리카 흑인의 의상과 헤어스타일이 서양의상의 모든 부분에 생생하게 새로운 요소들로 주입되었다. 특히 1930년대 스타일의 복고와 더불어 에스닉한 스타일이 지배적이었다. 서양의 기성복에 도전한 일본 출신의 다카다 겐조(Dakada Kenzo)와 이세이 미야케(Issey Miyake)는 헐렁하고 비구축적인 의상으로 신체를 레이어링(layering)이나 랩핑(wraping) 그리고 조각화시킴으로서 의상에 접근하였다.

아방가르디스트 겐조는 파리에서 페전트 스타일이나 통이 넓은 바지를 끈으로 조여매는 스타일 그리고 기모노 소매가 달린 솜을 넣어 누빈 재킷을 선보였다. 또한 그는 색상과 꽃들에 대한 취향, 동서양의 혼합을 통해 기모노에서 가슴이 납작하게 보이도록 하는 재단법을 빌려와 패션에 생기를 불어넣었다.

■ 펑 크

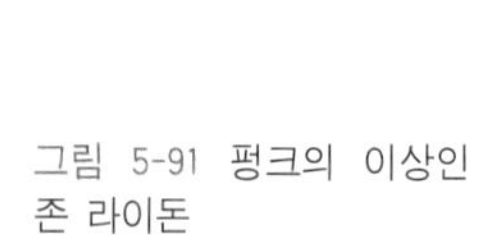

그림 5-91 펑크의 이상인 존 라이돈

그림 5-92 펑크 헤어스타일

그림 5-93 잔드라 로즈의 펑크 저지 드레스, 1977

패션에 가장 결정적인 영향을 미친 것은 1977년에 나온 펑크(punk ; '보기 흉한, 후진' 이라는 의미)족이었는데 이들은 런던 뒷골목에서 등장한 반부르주아적이고 부분적으로는 준(準)군사적인 태도를 지닌 하위문화의 대변자들이었

다. 이들의 옷은 패션 디자이너들에 의해 바로 밀리터리 룩, 무정부주의자 이미지로 나타났는데 1977년 펑크 스타일은 여전히 큰 충격이어서 바로 확산되지는 못하였다. 가시처럼 생긴 짧은 헤어스타일에 요란하게 염색한 머리, 뺨과 귀에 한 피어싱, 개목걸이 그리고 검은 가죽제복에 헤어진 티셔츠가 펑크 스타일의 전형적인 모습이었다. 하위문화에 속하는 청소년들뿐 아니라 많은 사람들이 펑크 스타일을 하고 과시하게 된 것은 그로부터 어느 정도 시간이 지난 1980년대 초가 되어서였다.

8) 1980~1989년 : 선동과 소비자보호운동

(1) 사회문화적 배경

1981년 4월 최초의 재활용 가능한 우주왕복성 콜럼비아호가 처녀비행을 시작하였고 한 우주비행사가 처음으로 모선과 케이블로 연결하지 않은 상태로 우주에서 자유유영을 하였다. 그러나 1986년 1월 28일 7명의 우주비행사를 태운 우주왕복선 첼린저호가 이륙 도중 폭발하자 인간의 거의 무한한 가능성에 대한 믿음은 미국에서도 상당한 타격을 받았다. 또한 1986년 4월 끔찍한 결과를 초래한 체르노빌 원전 사고 그리고 같은 해 최대 규모의 라인강 오염을 초래한 바젤에 있는 산도스사의 사고는 기술적 진보의 낙관주의에 대한 우려와 자연과 환경에 대한 인식을 강화시켰다.

1980년대 중반 새로운 형태의 전염병인 에이즈가 확산되면서 사고의 전환을 겪게 되었으며 인기 영화배우 록 허드슨이 에이즈로 죽자 미국인들은 경악을 금치못했다.

앨빈 토플러(Alvin Toffler) 교수가 그의 저서 「제3의 물결 (The Third Wave)」에서 지적한 제3의 물결을 패션에서도 수용한 데서 뉴 웨이브(new wave) 패션의 명칭이 유래하였다.

(2) 예술양식

이 당시 회화에서의 포스트모더니즘(Postmodernism)은 기능주의와 지적인 추상주의 이전의 사고방식으로 돌아가는, 즉 감정적 가치와 시각적 상징으로 돌

아가는 양식을 말한다. 이 양식의 영향으로 음악공연의 경우도 미술전시와 비슷하게 어느 정도 대형화되는 추세를 보였으며 클래식 음악과 영화 음악, 팝 음악 등의 경계가 더욱 모호해졌다. 국제 영화 산업도 짧은 상승기 이후 1980년대 초 심각한 구조변화에 직면했으며 산업국가들에서는 VTR과 비디오테이프가 엄청난 규모로 확대되었다.

(3) 패션의 조형성

■ 오버사이즈

1980년대 초반의 여성복 패션의 특징은 모두 오버사이즈라는 것이었는데 어깨심을 넣은 남성적으로 넓은 어깨와 넓은 소매가 특징으로 1977~1987년까지 거의 10년 동안 지속되었다. 많은 사람들에게 이 패션은 바로 '이상적인 민주적' 이라고 여겨졌는데 특히 독일 여성들은 '성적 대상' 이 아니라 남성과 동등하고 지성을 가진 존재로서 보여지는 것이 중요했기 때문에 몸을 부정하는 큰 옷이 자신들과 맞는다고 생각하였다.

반면 이 당시 국제 패션에 큰 영향을 미친 것은 일본인들로 그들의 옷에 대한 이해는 유럽 사람들과 완전히 달랐다. 옷감은 몸에 달라붙는 피부가 아니라 입체적인 외피라는 것이 그들의 생각이었다. 입는 사람이 옷의 최종적인 모습을 함께 만들어 내기는 하지만 옷들은 그 자체가 고유한 형태를 가지고 있으며 입는 사람의 성별은 부차적일 뿐이었다. 그래서 일본인들은 아주 큰 옷감을 느슨하게 늘어뜨리기도 하고, 바지임을 알아볼 수 없을 정도로 통이 넓은 바지를 내

그림 5-94 이세이 미야케의 레이어드 룩, 1982

그림 5-95 클로드 몽타나의 최대한으로 넓혀진 코트, 1986~1987

그림 5-96 거대한 패드로 어깨를 넓힌 노마 카말리의 스포츠 웨어

놓기도 하였다.

■ 아방가르드

앤드로지너스 룩

앤드로지너스는 그리스어에서 유래한 말로 '앤드로스(andros)'는 남자를, '지나케아(gynacea)'는 여자를 뜻하며 남자와 여자의 특징을 모두 소유하고 있는 것을 의미한다. 앤드로지너스 룩(androgynous look)은 여성은 남성적인 옷차림으로 남성 지향을, 남성은 여성적인 옷차림으로 여성 지향을 추구하는 성 개념을 초월한 현대적인 옷차림을 뜻한다.

여성해방운동과 성 역할의 변화, 포스트모더니즘 등 다양한 요인으로 인해 성의 혁명으로 이어져 새로운 의식구조와 그에 따른 복식현상을 예고하였다. 여성의 매니시 현상과, 다이애나 황태자비에 의해 유행된 짧은 헤어스타일, 록 가수들의 여장이나 남성의 화장과 남녀의 구별없이 자유롭게 입은 무대 의상 등에서 앤드로지너스 룩을 찾아볼 수 있다. 유행에 민감한 젊은 남성들은 스커트나 무릎 길이의 파레오(pareo)[5]나 긴 랩 스커트를 입고 파티에 갔다. 이러한 현상은 여성해방에 대한 남성의 대응으로 이해될 수 있다.

5) 남태평양 섬에 사는 여성들이 착용한 로인클로스(loincloth) 형식의 스커트이다.

펑크 패션의 영향

'고상한 펑크', '포스트핵 시대의 누더기 룩(일본인들은 '포스트히로시마 룩'이라고 불렀다)', '구멍 룩' 등은 1982년경의 디자이너들이 런던 하위문화의 패션이던 펑크를 변형시킨 패션의 명칭들이었다.

그림 5-97 팝 가수 보이조지, 1980년대

그림 5-98 일본 팬이 만든 자신을 인형을 갖고 있는 앤드로지너스 차림의 보이조지(Boy George), 1984

그림 5-99 오스트리아 여행중의 다이애나 황태자비, 1983

그림 5-100 가죽 옷차림

그림 5-101 가죽 옷차림을 한 게이들의 행진

그림 5-102 사무적인 이미지를 발산시키는 파워 드레싱의 커리어 우먼

그림 5-103 여피족을 위한 휴고 보스의 광고

그림 5-104 비즈니스를 수행하기 위해 전자매체를 활용하는 여피족 여성

가죽의 의미

가죽은 순전히 1980년대의 소재라고 할 수 있는데 특히 나파 가죽은 오토바이를 타는 사람이나 록가수들의 전유물이라는 이미지를 벗고 펑크 스타일의 옷을 통해 유행하게 되었다. 이렇게 된 데는 새로운 가공기술이 개발되고 가격이 내려간 것도 크게 작용하였다.

■ 여피의 등장

여피(yuppie)란 젊은(young), 도시화(urban), 전문직(professional)의 세 머리글자를 딴 'YUP'에서 나온 밀이다. 신세대 가운데 고등교육을 받고 도시 근교에 살며, 전문직에 종사하여 연 3만 달러 이상의 소득을 올리는 젊은이들로 이들은 개인의 취향을 무엇보다도 우선시하며, 매사에 성급하지 않고 여유가 있었다.

1980년대 여피족은 유명상표와 옷차림의 원칙을 외적 강제사항으로 만들었다. 맹렬하게 일하는 젊은 기업가라면 '성공을 위해 어떻게 옷을 입어야 하는지' 알고 있었다. 그들은 특정한 옷차림이 상대방에게 미치는 심리적 효과를 연구했으며 결코 코트 색상이나 양복, 시계상표를 잘못 고르거나 어울리지 않는 무늬의 넥타이를 매는 일은 없었다.

9) 1990~1999년 : 패션의 세계화

(1) 사회문화적 배경

1990년대에는 전세계적으로 과학기술발전의 가속화와 연속적인 기술혁신으로 인간은 무한대한 우주개발에 도전하였으며, 생명현상의 근원적인 DNA(핵산)구조의 해명에 이르기까지 극한 상황에 도전하였다. 선진국이나 개발도상국가를 막론하고 과학기술개발을 국가의 최우선 정책과제로 추진하고 있을 정도로 과학기술은 한 나라의 국력의 척도가 되었다. 그리고 과학기술정책은 학문적 차원에서 경제개발과 기술개발에 관한 상관관계를 연구하는 과학정책연구가 대학 등에서 중요한 학문 영역으로 정착되었다. 따라서 첨단과학기술이 일상생활과 산업 분야에서 실용화를 중심으로 신(新)산업으로서 성장하였다.

이 시기에는 새로운 세기를 맞이하는 세기말적 경향과 미래적 영향이 공존하면서 복식에 있어서도 첨단기술의 신소재 디테일이나 트리밍 등을 결합시키는 등 다양한 스타일이 혼합되는 양상으로 발전하였다. 즉 미래 지향적인 테크노풍은 하이테크 가공소재를 사용해 아방가르드한 이비지와 형태로 창출되었다.

(2) 예술양식

20세기 중반에 접어들면서 미술이 점차 전통적 추상미술에서 벗어나 구상적 환경미술과 시스템 아트(System Art)를 지향하게 되자, 흙 · 동식물과 같은 자연적 소재와의 결합이 이루어짐으로써, 물질 · 시간 · 공간의 한계가 없는 작품들이 나타나게 되었다.

(3) 패션의 조형성

■ 에콜로지 룩

에콜로지 룩(ecology look)은 자연 지향적인 경향을 패션으로 표현한 룩으로 원래 에콜로지는 생태학 및 자연의 생태를 연구하는 학문을 뜻하나 여기서는 자연을 찬미하여 동화되고자 하는 경향을 의미한다. 1980년대에 들어 과학의 발달로 인한 자연의 파괴와 손상에 대해 환경을 보호하고자 하는 캠페인이 각 방면에서 일어나기 시작하자, 패션에서도 받아들여 1989~1990년대 걸쳐 패션 테

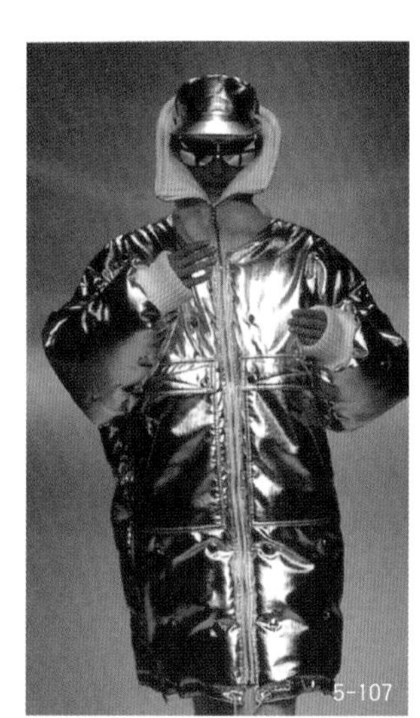

그림 5-105 라이올 타카라이아의 에콜로지 패션, 1993

그림 5-106 미치코 코시노의 투명한 플라스틱 가방과 합성섬유 재킷, 1996

그림 5-107 앙드레 쿠레주의 메탈소재 의상, 1994~1995

그림 5-108 이세이 미야케의 홀로그래픽 가공된 폴리 아마이드 의상, 1996

그림 5-109 사라 길로트의 PVC링과 튜브로 연결된 빙고 의상, 1996

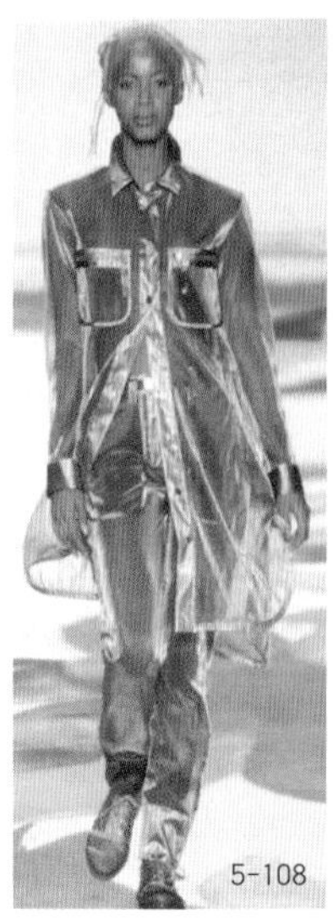

마로 등장하였다. 천연소재와 자연 그대로의 색채를 추구하여 가능한 한 자연의 상태에 근접하려는 느낌을 표현하려 한다.

■ **신소재의 영향**

조형예술의 재료로 어떤 물질이든 미술에 이용될 수 있다는 주장은 20세기 초반부터 대두되었으며, 이러한 발상은 스타일과 기교면에서 큰 변화를 가져왔다. 특히 조각과 건축에서 새 재료의 도입은 큰 변혁을 초래하였다. 쓰레기나 기타 물질에서 취한 재료의 이용은 이미 입체주의의 콜라주에서 시작되었고, 정크아트와 같은 여러 종류의 아상블라주에서 큰 발전이 있었으며, 이러한 변화는 종래의 조각과 회화의 전통적인 차이를 흐리게 만들었다.

가장 이색적인 신소재(new materials)는 산업제품 중에서도 금속과 플라스틱과 같은 합성제품 및 전기기구를 들 수 있다. 이러한 재료들은 주조(鑄造)하거나 깎아내고 조각하는 전통적인 조각과는 전혀 다르지만 새로운 가능성을 보여주었다. 따라서 의상에서도 이러한 신소재의 활용으로 첨단 이미지의 디자인이 두드러지게 나타났다.

2. 21세기 패션

1) 사회문화적 배경

21세기의 특징으로는 컴퓨터와 정보통신혁명을 주축으로 한 정보산업혁명, 이른바 '제3의 물결'이라는 새로운 문명의 태동과 세계화와 지역화를 결합한 새로운 개념인 글로컬리즘(glocalism)을 들 수 있다.

세계통합주의(globalism)와 지역중심주의(localism)가 결합해 탄생한 새로운 개념의 용어로 2001년부터 등장하기 시작한 글로컬리즘은 특정 분야에 한정하지 않고, 정치 · 경제 · 사회 · 문화 등 각 방면에 걸쳐 널리 쓰이기 시작해 빠른 속도로 사회 전 분야로 확산되고 있다. 기존의 세계통합주의는 세계를 하나의 인간사회 시스템으로 파악하기 때문에 국가 중심적인 입장을 취하는 쪽으로부터 지나치게 획일적이라는 비판을 받아왔다. 지역중심주의는 지역중심주의대로 일정 지역의 공통적인 이해나 관심 또는 면식(面識)관계를 근본으로 삼기 때

문에 현대와 같은 정보화 시대에 지나치게 다양성만을 강조하는 것은 시대에 뒤떨어진 생각이라는 비판을 받아왔다. 이렇듯 세계통합주의 · 지역중심주의, 동질화 · 이질화 등 이분법적 대립에 머무르지 않고, 양쪽의 장점을 서로 인정하고 받아들이면서 새로운 질서체계로 나아가는 것이 바로 21세기가 지향하는 글로컬리즘이다.

2) 패션의 조형성

(1) 비주류 문화의 반란

■ 꽃미남

남성이라고 해서 비누와 면도기만 있으면 충분하다고 여기는 시대는 지났다. 이제 남성들은 여성들이 육체에 신경을 쓰고 외모에 시간을 투자하는 것과 거의 같은 시간을 외모에 가꾸는 데 기여하고 있다. 여성처럼 날씬한 몸매와 이목구비가 선명한 남성들을 지칭하는 꽃미남의 등장은 남성 캐주얼의 변화에 결정적인 영향을 미쳤다. 어깨선이 둥들고 허리선이 잘록하게 처리된 여성적 라인의 캐릭터 정장이 유행하면서 남성들에게 낯선 7부나 9부 바지 정장까지 등장하였다. 또 일부 남성용 바지는 고무줄로 처리해서 허리 둘레를 마음대로 조절할 수 있으며 색상의 화려함과 경쾌함은 여성복 못지 않다.

■ 보보스족

보보스(bobos)란 정보시대에 들어 새롭게 등장한 미국의 지배 엘리트 계층을 일컫는 말로 미국 〈위클리 스탠더드〉의 편집장이자 〈뉴스위크〉의 객원 편집위원인 데이비드 브룩스의 책 「보보스 인 패러다이스(Bobos In Paradise)」가 베스트셀러를 기록하면서 생긴 신풍경이라고 할 수 있다. 저자는 보보를 '한쪽 발은 창의성의 세상에 있고 다른 한쪽 발은 야망과 성공의 부르주아 영토에 있다. 이들 새로운 정보시대의 엘리트 계급은 부르주아 보헤미안(bourgeois bohemian)이다' 라고 정의내리고 있다. 즉 보보는 '부르주아와 자유의 상징이며 예술감각을 추구하는 보헤미안' 을 합성한 신조어이다.

2002년의 경우 보헤미안적 심미안과 사치스러운 부르주아적 취향을 모두 지닌 보보스 패션을 바탕으로 자유로운 히피 정신을 강화한 감성적인 보보스 룩이

그림 5-110 실용적인 면에 가치를 두는 독특한 소비철학의 합리적 소비자인 보보스족

그림 5-111 디지털시대의 엘지트 계층인 보보스족

성공한 남자들의 패션 코드로 자리잡았다.

보보스는 극단주의를 넘어선 제3의 길을 추구하며 정치적으로도 중립을 띠고 너무 개인적인 성향이 짙지만 과소비를 하지 않고 합리적이고 똑똑한 소비자라는 점에서 긍정적인 반응을 얻고 있다.

(2) 코드리스 현상

이 세상의 모든 사회와 문화가 '~해야 한다' 라는 코드(code ; 규칙, 법전, 암호…)에 갇혀 있거나 적어도 자유롭지 못했었는데, 21세기에는 이러한 코드에서 완전히 자유롭지도 자유로울 수도 없지만 적어도 사고와 행동의 많은 부분에서 벽이 허물어지고 자연스럽게 혼용되는 퓨전(fusion)의 시기를 맞고 있다. 따라서 규칙이나 강박관념이 없어진다는 의미의 코드리스(codeless) 현상은 패션에서 두드러지게 나타나고 있다. 낮과 밤, 포멀 웨어와 스포티브한 옷차림의 경계가 허물어지고 컬러와 소재에 대한 고정관념이 사라지고 있으며 동서양의 감각이 교류되면서 옷에서 계절감각이 사라지는 등등이 이러한 흐름을 단적으로 보여주는 것이라고 할 수 있다. 즉 정장의 이너웨어로 라운드 티셔츠나 브이네크라인 스웨터를 매치하는 것, 정장차림에 맨발로 통[6]이나 샌들은 물론이고 캐주얼한 옷차림에 스니커즈를 신는 것 등은 더 이상 낯설지 않다. 또한 예전에는 여성적인 소재나 컬러로 생각되던 것들이 남성복에서는 아주 개성있는 모습으로 나타나고 있다.

6) 통(thong) : 발가락을 끼는 샌들을 말한다.

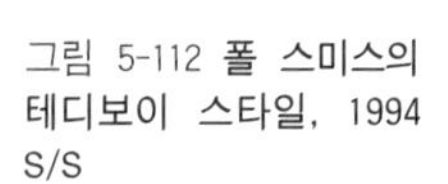

그림 5-112 폴 스미스의 테디보이 스타일, 1994 S/S

그림 5-113 존 갈리아노의 로맨틱 히피 스타일, 2002 S/S

그림 5-114 골티에의 로멘틱 스타일, 2001 S/S

(3) 레트로의 향연, 1970년대의 복고풍 로맨틱 히피

최근 패션 경향은 1970년대 히피 스타일의 영향을 많이 받고 있다. 이는 2001년 9.11 테러와 미국-아프가니스탄 간의 전쟁 무드, 그리고 이에 대한 반전의식 등이 1970년대 상황과 비슷하며 거기에 경제불황이라는 점까지 비슷하기 때문이다. 따라서 침울해진 분위기에 활력을 줄 수 있는 밝고 가볍고 낭만적인 디자인으로 꽃과 나비 프린트는 올 시즌 세계적인 디자이너들이 선택한 최고의 아이템으로 꼽혔다. 특히 로맨틱 페미니즘이 여성들 사이에 최대의 화두로 떠오르면서 여성스런 꽃무늬 프린트가 화려하게 장식된 스타일은 최고의 인기를 누리고 있다. 자유로움을 최대의 가치로 꼽았던 히피 패션이 새 천년 로맨틱 히피 룩으로 새로운 트렌드로서 부각된 것이다.

제6장 현대인의 대중 패션

1. 대중 매체와 패션
2. 하위문화와 패션

제6장 현대인의 대중 패션

1. 대중 매체와 패션

패션이 민주화 · 대중화되는 계기가 된 것은 1960년대로 이와 더불어 20세기 이후 패션의 또 다른 특징 중의 하나는 대중문화가 패션에 큰 영향을 미치게 된 것이다. 많은 디자이너들이 영화의상을 디자인하거나 대중 스타의 옷을 만들었으며 대중문화에 스며든 패션은 대중에 영향을 미칠 뿐만 아니라 새로운 패션을 발생시키는 중요한 요인이 되었다.

시대적으로 유행은 사회문화적 윤리에 따라 여러 가지 차별화된 전파 메커니즘을 가지고 퍼져 왔지만 최근의 유행 메커니즘에 있어 독보적인 존재는 바로 매스미디어이다. 24시간 매체에 노출되어 있는 대중들은 브라운관과 스크린, 인쇄매체를 통해 새로운 가치관과 라이프 스타일의 변화를 은근히 강요받고 무의식적으로 이를 받아들이고 있다. 더 나아가 대중들의 스타 모방은 뉴미디어의 발달로 인해 바야흐로 국경을 넘나든다. 매스미디어의 진화와 통신 그리고 인터넷의 발달로 현대사회는 지구상 구석구석에서 일어나는 지역적 사건까지도 만인 공유의 것이 되어가고 있으며, 뉴스와 광고뿐 아니라 영화, 만화, 잡지를 통해 문화의 동시화를 가능하게 한다.

그러나 디지털을 화두로 한 현대문명은 기술적으로는 최첨단을 달리고 있지만, 사람들의 마음은 지식이 아니라 지혜를 구하고 가슴은 아날로그에 감동을 받고 있다. 그것은 인간적 갈망을 표출하는 아날로그형 감동문화가 따뜻한 과거의 향수를 그리워하는 현대인에게 마음의 고향을 제시해 주기 때문일 것이다. 따라서 21세기에는 첨단 디지털 대중매체와 구식 아날로그 대중매체의 오묘한 결합이 패션에서도 새로운 문화현상으로 나타나고 있다.

1) 영 화

그림 6-1 〈마타 하리〉에서의 그레타 가보르

지난 세기를 되돌아보는 데 영화의 등장인물이나 시대적 배경은 그 당시의 패션 경향과 유행의 흐름을 한눈에 알 수 있게 한다. 20세기 초 이후로 영화는 대중 스타들을 꾸준히 탄생시킴으로써 대중을 극장으로 이끌었다. 따라서 패션 현상에서 스타들이 하는 역할도 강조되었는데 그들은 패션 지도자로서 인정을 받았다. 1930년대의 여성상에도 연극과 영화의 스타들이 영향을 미쳤는데 당시의 우상은 그레타 가르보(Greta Garbo)였다. 가르보는 베레모를 쓰고 트위드를 입고 미디엄 헤어를 했던 것이 유행을 처음 만들어냈으며 그녀의 완벽함, 아름다움, 가까이 다가갈 수 없는 기품 그리고 속세를 벗어난 듯한 모습은 여성 관객들을 사로잡았다. 특히 우수를 머금은 듯한 미모와 어딘지 불행한 면모가 엿보이는 쓸쓸한 분위기는 그녀 자신까지도 폐쇄적인 성격으로 만들었다. 이 '여신(그레타 가르보의 애칭)'을 패션 잡지 「보그」는 '가르보이즘'이라는 표현을 쓰면서 일련의 영화 스타들이 가르보 타입으로 변화하기 전과 후의 모습을 소개하기도 하였다. 또한 그녀 생애에 있어서 가장 위대한 여성 모자 유행 선도자였다. 그림 6-1은 〈마타 하리(Mata Hari), 1932〉에서 유리판 모양의 비즈로 된 비잔틴(byzantine) 캡은 동양풍에서 영감을 얻은 아드리안(Adrian)의 디자인이다.

특히 고전영화 속 여배우는 아름다운 외모가 최고로 아무리 천한 역을 맡아도 그녀들은 여왕처럼 우아하고 아름다워야 했다. 그러나 여왕의 이미지를 크게 바꾼 여배우는 의심할 여지없이 마릴린 먼로를 들 수 있으며 그녀로부터 여성의 매력에 백치미, 섹시미가 거론되게 되었다. 마릴린 먼로의 남편 디마지오와의 결혼생활을 파탄으로 이끈 장면은 영화 〈7년만의 외출(The Seven Year Itch), 1955〉 그림 6-2에서의 의상은 기성복이지만 가장 위대한 영화 장면으로 남게 되었다. 먼로가 영화에서 입었던 의상들은 경매를 통하여 어마어마한 가격으로 팔렸는데 〈버스 정류장(Bus Stop), 1956〉 그림 6-3에서의 블라우스는 7,500달러에 팔렸다.

대중 스타들은 패션의 발생지였으며 패션의 인물이었고 유혹의 현대적인 정수였다. 그럼으로써 1950년대 이후 쇠약해진 영화산업의 활기를 찾게 해주었다. 즉, 영화가 주는 즐거움 중 빼놓을 수 없는 것이 멋진 배우들을 볼 수 있다는 것으로 남녀배우들은 다양한 캐릭터로 영화를 풍요롭게 한다.

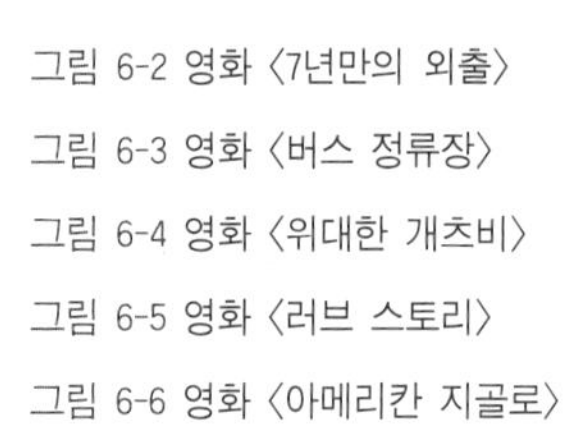
그림 6-2 영화 〈7년만의 외출〉
그림 6-3 영화 〈버스 정류장〉
그림 6-4 영화 〈위대한 개츠비〉
그림 6-5 영화 〈러브 스토리〉
그림 6-6 영화 〈아메리칸 지골로〉

미국작가 피츠 제럴드 원작의 영화 〈위대한 개츠비(The Great Gatsby), 1974〉 그림 6-4에서는 개츠비 룩이 유래되었는데 최초로 상영되었던 때는 1926년 무성영화였다.

영화 〈러브 스토리(Love Story), 1970〉 그림 6-5에서는 주인공 알리 맥그로우가 썼던 모자가 The Love Story Hat이 되었는데 이 스타일은 어떤 사람에게는 흉하게 보였을지라도 영화의 주인공처럼 보이기를 원했기 때문에 이 모자들을 쓰게 되었다.

리차드 기어와 로렌 허튼이 주인공이었던 〈아메리칸 지골로(American Gigolo), 1980〉 그림 6-6에서는 The Metropolitan Museum of Art의 의상 큐레이터인 리차드 마틴은 20세기말 남성복의 진정한 자유는 이 영화였다고 말했다. 이 영화에서 리차드 기어는 아르마니의 의상을 입었다.

에디 머피와 마틴 브레스트가 주연한 〈비버리 힐스 캅(Beverly Hills Cop),

그림 6-7 영화 〈비버리 힐스 캅〉
그림 6-8 영화 〈월 스트리트〉
그림 6-9 영화 〈맨 인 블랙〉
그림 6-10 영화 〈엠마〉

1984〉 그림 6-7은 이 영화로 인해 모든 사람의 등과 지도에 디트로이트의 Mumpord 고등학교가 새겨지게 되었는데 에디 머피가 입은 스웨트 셔츠(sweat shirt)는 유행을 주도한 의상이 되었다.

찰리 쉰과 마이클 더글러스 주연의 〈월 스트리트(Wall Street), 1987〉 그림 6-8에서 보여진 서스펜더와 드레스셔츠와 함께 파워 수트(power suit)는 더글러스의 역할을 특징지었을 뿐 아니라 남성 드레스의 새로운 기준 설정에 영향을 미쳤다.

〈맨 인 블랙(Men in Black), 1997〉 그림 6-9에서 주인공인 노미 리 존스와 윌 스미스가 착용했던 선글라스는 잡지 「WWD」에 의하면 Ray-Ban 브랜드 매출이 300%의 증가를 보였다고 한다.

기네스 페트롤이 주연한 〈엠마(EMMA), 1996〉 그림 6-10에서는 1800년 초 처음으로 유행했던 엠파이어 스타일이 등장한다. 이 드레스는 오랫동안 유행하지는 않았으나 1990년대 말 특히 신부 드레스에서 엠마 스타일로 불려 유행하게 되었다.

2) 음 악

1950년대는 젊음의 분출이 특히 강하게 표현된 것은 20대 미만 세대에 의해 받아들여진 음악 형태인 바로 록 음악에서였다. 당시 로큰롤의 제왕으로 등극했던 록의 우상인 엘비스 프레슬리(Elvis Presley)는 19세 때만 해도 화물차 운전수였지만 21세에는 캐딜락 여섯 대를 굴릴 수 있을 정도로 많은 돈을 벌었다. 그가 공연에서 엉덩이를 비틀어대는 모습은 도덕적 규범을 해치는 것으로 여겨졌으나 점차 사람들은 엘비스 프레슬리가 '성 혁명'에 결정적인 역할을 했음을 깨닫게 되었다. 1977년 그가 죽었을 때 그의 스타일은 이미 전설이 되어 있었으며 그의 생전에 5억 장의 레코드판이 팔렸는데 이는 전무후무한 놀라운 판매량이었다. 지금에까지도 엘비스 프레슬리의 패션은 결혼예복으로도 모방될 정도로 그의 영향력은 현대인의 마음속에 여전히 살아있다.

마돈나(Madonna Louis Veronica Ciccone)의 경우 현재까지 꾸준히 활동하고 있는 그녀의 울트라-엔터테이너 능력은 그녀가 1970년대부터 활동한 뮤지션인가 하는 경애심마저 불러일으킨다. 버스트 룩(bust look)의 대명사로 알려진 마돈나의 패션은 디자이너 장 폴 골티에에 의해 1988년 순회공연에 나선 팝스타인 그녀의 의상을 디자인함으로써 겉옷으로서의 란제리를 대유행시켰다.

특히 1980년대에는 패션계에 불어닥친 복고풍의 영향으로 화려한 레이스가

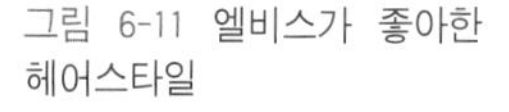

그림 6-11 엘비스가 좋아한 헤어스타일

그림 6-12 공연 중의 엘비스 모습

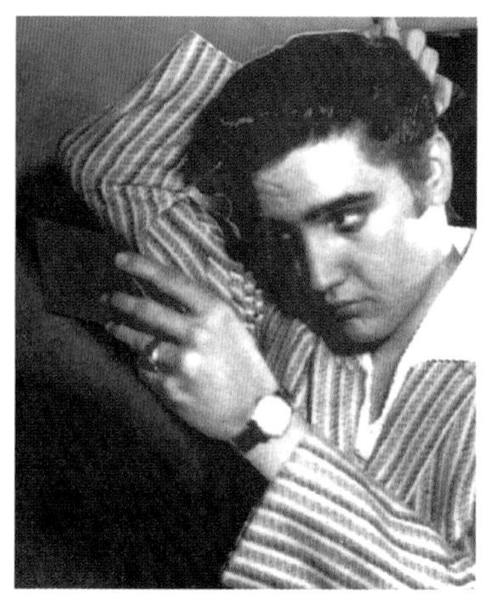

그림 6-13 골티에의 핑크 바스크, 1990

그림 6-14 골티에의 뷔스티에를 입고 있는 마돈나, 1996

그림 6-15 자메이카 라스파타리안의 드레드록의 고전적인 예

달린 팬티나 관능적인 란제리들이 유명 패션 디자이너의 손에 의해 재해석되었다. 원뿔 모양의 브래지어와 거들 팬츠 차림으로 라이브 무대를 누비며 노래하는 마돈나의 에로틱한 패션은 얼마 지나지 않아 란제리 룩의 신화로 기록되었다.

레게(Raggae) 음악은 자메이카를 대표하는 대중음악으로 미국의 리듬 앤 블루스 분위기가 도입되어 레게라는 이름으로 1960년대부터 알려지게 된 것이다. 레게는 자메이카 사람들의 원시 신앙인 라스파타리아니즘(Rastafarianism) 의식에 기초를 두고 있는데 백인 강대국 사람들에 의해 고향 아프리카를 떠나와야 했던 자신들의 설움, 고뇌, 향수 등을 일종의 반항적인 가사로 만들어 부르게 되었다. 또한 레게 아티스트를 통해 음악의 주제와 가사를 통해 라스타파리아니즘 운동의 이상을 전달하는 데 중요한 역할을 하였으며 1990년대에 이르기까지 종종 다른 대중음악 장르의 중요한 구성요소를 이루며 상업적 · 예술적 실체를 유지하였다.

라스타파리안(Rastafarian)[1] 남자는 길게 땋은 드레드록(dreadlocks) 머리를 기르고, 여자는 머리를 가리고 화장품을 사용하지 않으며 길고 정숙한 의복을 입는다. 라스타(rastas)는 녹색(에티오피아), 빨간색(피와 형제), 노란색(태양), 검은색(피부색)으로 물들인 모직 모자를 쓰며 마리화나를 피우는 것도 종교적 의미를 부여받는다. 이러한 것이 그들의 의식으로 패션에 영향을 미쳤던 것이다.

그림 6-16 밥 말리

1) 라스타파리안(Rastafarian) : 에티오피아 하일레 살라시에 황제를 신으로 신앙하는 자메이카 흑인을 말한다.

3) 패션지

패션에 관심 있는 여성들이 정보를 얻는 주된 원천은 패션 잡지였는데 1950년대에는 패션 관련 전문 출판사들이 패션쇼에 대해 보도하는 것에 그치지 않고 직접 패션을 만들어내는 데까지 이르렀다. 패션지(fashion magazine) 발행인들은 가장 좋은 패션 스케치들을 실제 옷으로 만들어 모델에게 입혀 사진을 찍었는데, 이로써 일러스트레이션은 모델과 사진에 의해 완전히 밀려나게 되었다. 패션지들은 오트쿠튀르와 영향, 패션 박람회, 소비자의 욕구와 생활방식, 시장의 경향 등을 다루었다.

우리나라의 경우 패션 정보를 제공함으로써 대중패션 형성에 영향을 미치는 패션지로는 다음과 같은 것들이 있다.

「마리끌레르」[2], 「보그 코리아」[3], 「쎄씨」[4], 「월간섬유」[5], 「키키」[6], 「패션비즈」[7] 등 이외에도 많은 패션지가 대중들에게 영향을 미치고 있다.

외국 패션지를 보면 '온갖 진기한 물건들이 가득한 시장'이라는 의미의 패션지인 「하퍼스 바자(Harper's Bazaar)」는 1967년 미국 최초의 패션지이다. 이 패션지는 단순한 패션 스타일이나 정보의 나열을 철저히 배제하고 고급 패션 정보와 멋을 이해하며 차별화된 감각으로 패션에서 문화, 오락, 여행, 생활에 이르기까지 국제화된 첨단 정보를 담고 있다. 또한 세계 패션의 종주국에서 발생하는 패션의 흐름과 문화현상들을 신속하게 전달해 줌으로써 독자로 하여금 단순한 유행을 선택할 수 있는 근거를 마련해 주며 예비 디자이너들에게 미래 세계의 패션 안목을 가지게 하는 역할이 되고 있다.

패션 일간지인 「위민즈 웨어 데일리(Women Wear Daily)」는 1910년부터 뉴욕에서 매일 발간되었고 존 페어차일드가 발행인이 된 1957년에는 '신들이 두려워하는 신문'이라고 일컬을 만한 신문이 되었다. 옷본, 옷감, 문양, 색채를 비롯하여 화장과 액세서리까지 모든 것을 다루었다. 상류사회는 이 신문을 두려워했는데 그것은 누가 어디에서 쇼핑을 하며 옷을 장만하는 데 시간과 돈을 얼마나 들이는지 속속들이 보도했기 때문이다.

그 외에도 「보그」, 「엘르」 등 패션 관련 외국잡지들을 우리생활에서 가까이 접할 수 있다.

---

2) 미국판 패션 잡지로 자동차, 패션 & 뷰티, 패션뉴스, 트렌드 등 관련 기사 및 각종 생활정보를 제공한다.

3) 패션 전문 잡지로서 관련 기사와 행사, 미용정보를 제공한다.

4) 중앙일보의 여성 패션 잡지 사이트로 패션 · 뷰티 · 스타 · 연예가 · 라이프 스타일 및 관련 기사, 이벤트 정보를 제공한다.

5) 섬유, 패션 전문지로 관련업체 목록, 새 브랜드 소식, 패션 동향을 제공한다.

6) 패션 잡지 키키의 홈페이지로 패션 정보를 제공한다.

7) 패션 전문의 섬유 저널로 패션 전문 기사를 제공한다.

2. 하위문화와 패션

하위문화가 그 안에 내재된 '비밀스런' 정체성을 드러내는 동시에 금기된 의미들을 소통시키는 것은 차별적인 스타일을 통해서이다. 따라서 하위문화를 전통적인 문화구성체들로부터 구별짓는 것은 기본적으로 상품들이 하위문화에서 어떻게 사용되는가에 의한다.

특히 대부분의 신세대들이 선호하는 스타일이 비록 획일화된 하나의 유행성 라이프 스타일일지라도 그 안에는 기성문화에 대한 식상함, 윤리적, 법적, 제도적 규범들의 획일성에 대한 거부가 무의식적으로 잠재되어 있다. 한편으로 일부 청년세대의 스타일 안에는 전통적 윤리의식을 지켜 나가는 부모문화와 지배문화에 대해 공공연하고 의도적인 불만을 토로하고 자신의 특정한 정체성을 외형적으로 표현하고 싶어하는 욕망이 패션을 통해 표출되고 있다.

1) 하위문화란

(1)하위문화의 개념

하위문화는 기본적으로 고정된 것이 아니라 가변적이고 생성적인 문화로 주류문화로부터 주변부화된 것, 지배적인 가치와 윤리로부터 배격당한 것, 동시대의 지배적인 문화적 형태와는 다른 새롭고 이질적인 문화로 폭넓게 이해할 필요가 있다. 또한 하위문화는 정치적이고 이념적인 저항보다는 육체의 탈금기적 표현을 통한 스타일의 저항을 강조하면서 저항방식이 전화될 필요성을 예시해 준다. 하위문화의 주체형태는 계급론적으로는 노동자/룸펜(하층) 프롤레타리아의 위치와 세대론적으로는 부모들의 기성문화에 반대되는 청년문화의 위치 그리고 성애론적으로는 이성애에 반대되는 동성애의 위치 및 인종적으로는 백인 정체성에 반대되는 유색(혼혈인) 정체성의 위치 속에서 형성된다.

(2) 하위문화와 스트리트 패션

1950년대와 1960년대에 청년문화가 나타나면서 쾌락주의적인 가치들이 가속적으로 유포되기 시작하였고 이 새로운 문화는 지배문화 안에서 구체화되면서

공식적인 규범과 관습들을 해방시켰다. 따라서 패션에서 어떤 형태들이든 어떤 스타일이든 그리고 어떤 소재든 모두 정당한 것이 되었다. 그 이전에는 엄격한 금기사항이었던 이러한 것들은 패션의 영역 안에 들어오기 시작하였다. '저급함' 이라는 기호들을 다시 순환시킴으로써 패션은 근대예술과 아방가르드들이 모든 주제들과 소재들을 고상한 예술영역 안에 통합시킨 것에 상응하여 진 바지나 더럽혀진 스웨터, 낡고 떨어진 스포츠 웨어, 복고풍의 구겨진 옷, 티셔츠에 새겨진 코믹한 선의 그래픽, 누더기 옷, 하이테크 소재의 의복 스타일을 민주적으로 선망하게 되었다. 이러한 '안티 패션' 들은 패션의 원리를 파괴하기보다는 패션의 전체적인 구조를 더 복잡하고 더 다양하게 만들었다.

즉, 사회적 지위나 경제적인 수준이 열악한 하위계층의 패션 경향이 상류계층에 영향을 끼치거나 전파되는 현상으로써 상류계층의 옷마저도 변화시키는 위력을 발휘하였다.

거리의 유행현상이 패션이 되는 스트리트 패션은 그 시대를 살아가는 일반적인 사람들의 정신세계를 반영하는 정치 · 경제 · 사회 · 문화의 표현이다. 사회가 다양화되면서 스트리트 패션의 중요성은 점점 부각되어 세계 각국 디자이너들의 관심이 집중되고 있기도 한다. 시대에 따라 변천을 거듭해 온 스트리트 패션의 역사를 이해함으로써 패션의 새로운 흐름을 예측할 수 있다.

2) 패션에 표현된 스트리트 패션

(1) 20세기 후반

1950년대 비트닉스(beatnicks)는 '확고한 지위를 가진 사람들' 의 질서로 이루어진 세계에 대한 경멸을 특히 너저분한 외모를 통해 표현하였다. 이들은 대개 반 부르주아적이었으며 덜 정치적이었다. 여성들도 똑같이 이데올로기적 목표를 위해 싸웠던 히피들과는 달리 비트족 운동의 경우에는 남성들이 보다 강력하게 나섰다. 여성들은 불량 청소년의 경우와 비슷하게 그들의 여자친구이거나 삶의 동반자일 뿐이었고 비트족의 많은 수가 자신들의 삶의 목표와 내면의 평정을 마약이나 동양의 참선에서 얻고자 하였다. 이 비트족들을 20세기 방랑자들로 히피와 비트족들은 자유연애를 선동하였다.

그림 6-17 비트족

그림 6-18 스킨헤드

그림 6-19 글램 록커인 브라이언 페리

1960년대의 스킨헤드(skinhead)는 모즈의 일부가 새로운 이미지로 변형된 것으로써 주로 무산계층의 자녀들이 선호해 1969년에는 영국의 주요 도시에 스킨헤드가 넘쳐흐르게 되었다. 학교로부터 소외당하고 사회의 저변을 돌던 이들 계층은 외모에서 약점을 강조하였으며 전통적인 청교도주의를 소중히 여겨 노동의 기쁨으로 자아존중을 충족하는 등 종래의 청소년 하위문화가 추구한 쾌락과 향락주의와는 반대 입장을 취하였다. 또한 그들은 인종주의에 대해 반격을 가해 이탈집단으로 간주되었으며 폭력과 난폭한 언행의 사용으로 남성적 이미지를 부각시켰다.

스킨헤드는 노동계급의 반응으로 노동계급성을 미덕으로 삼아 빡빡 민 머리와 멜빵으로 지지한 작업복 셔츠와 짧은 바지 그리고 묵직한 부츠(이 때문에 스킨헤드는 가끔 '부트보이(bootboys)' 라 불렸다.)가 이들의 전형적인 복장이었다. 종종 축구의 훌리거니즘과 관련되었고, 점점 인종주의적으로 되어 유색인종에 대한 공격에 연루되었다.

이들은 고등학교를 중퇴한 10~20대들이 주축을 이루었으며, 모든 사회문제의 원인이 흑인을 비롯한 유태인과 아시아인 등 유색인종에게 있기 때문에 그들을 제거한다면 원래 자신들의 풍요로운 삶으로 돌아갈 수 있다고 생각하였다.

1970년대 스트리트 패션 중의 하나인 글램(glam)은 영국에서 시도되었던 실험적 장르의 음악인 글램 록(glam rock)에서 나온 명칭이다. 록 가수들의 양성적인 옷차림과 현란한 화장을 대중매체에서 '글래머러스(glamouous)' 라고 표현한 것이 이 음악과 스타일의 대명사가 되었다. 1960년대 말의 유니섹스 복장은 히피에서 볼 수 있듯 남녀 모두 화려한 치장을 삼가는 경향이지만 글램은 양

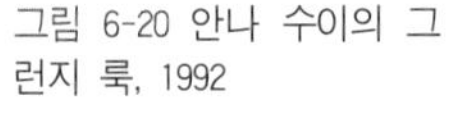

그림 6-20 안나 수이의 그런지 룩, 1992

그림 6-21 안젤라 솔트의 그런지 룩, 1993/4

성애에 대한 공개적인 지지와 요란한 화장, 여성용 블라우스, 높은 굽의 부츠 등을 통해 전통적인 '남성다움' 의 한계에 도전하였다.

1980년대의 그런지 룩(grunge look)은 낡아서 해진 듯한 의상으로 편안함과 자유스러움을 추구하는 패션 스타일로 정통 하이 패션과 엘리트주의에 대한 반발로 시작된 더럽고 지저분한 느낌을 주는 스타일이다. 도회적 보헤미아니즘(bohemianism)에 그 뿌리를 두고 있으며, 히피 룩에서 풍기는 남루한 분위기와 하류층 복식의 영향을 받았다. 구속받지 않고 편한 대로 입고 싶어하는 현대인의 욕구를 잘 반영하여 실용적이고 감각 있는 젊은이들의 패션으로 탈바꿈하였다.

대표적 요소로는 허름한 코트, 꽃무늬 스커트, 털실로 짠 스웨터 같은 여러 종류의 옷을 겹쳐 입는 것과 낡은 느낌의 패치워크, 납작한 털실 모자, 군화 모양의 신발 착용을 들 수 있다. 거리 청소년들에게서 시작된 영 스트리트 패션으로 파리나 밀라노의 고급 기성복 컬렉션 무대에서도 선풍을 일으켜 1990년대 전반의 획기적인 패션 흐름으로 자리잡았다.

1990년대 스트리스 패션으로 사이버펑크 룩(cyberpunk look)을 들 수 있다. 이 스타일은 펑크 패션과 비슷하나 미래적이고 광택이 나는 의복 스타일로 과학기술의 진보와 퍼스널 컴퓨터가 일반화되고 정보의 네트워크가 이루어짐에 따라, 첨단기술제품을 필수품으로 사용하는 사람들은 그들만의 독특한 문화를 형성하게 되었다. 사이버펑크는 20세기의 통신 및 제어 이론인 인공두뇌학과 기존 사회에 반항적 성향을 띤 펑크의 합성어로서 1980년대 미국에서 태동하였다.

사이버펑크는 처음에는 과격한 공상과학소설 작가나 컴퓨터 범죄자들을 의미하였으나 음악, 미술, 신경정신의학 그리고 최첨단의 기술에까지 다양한 부분에 영향을 끼쳤다. 사이버펑크족은 첨단과학시대의 컴퓨터 세대로 PC 통신과 인터넷을 통한 정보교환과 커뮤니케이션에 심취하였다. 그리고 기성세대에 대한 반항심리를 가지며 대인관계나 사회성에 소극적이나 기성세대는 이름조차 모르는 전자제품이나 컴퓨터 기종들을 생활필수품으로 사용하고 자유로운 해외여행과 위성방송의 혜택으로 해외 이슈나 화제에 무리 없이 동참하며 펑크 패션과 유사

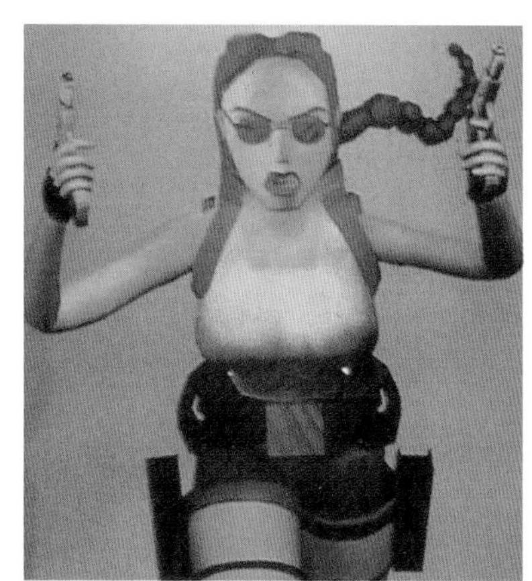

그림 6-22 사이버펑크 룩

그림 6-23 안나 수이의 미래 이미지의 사이버 룩, 1994

그림 6-24 게임 '툼 레이더'의 여전사 라라 크로프트

한 의복을 착용하였다.

사이버펑크 스타일을 만들어주는 뉴에이지 컬러(new age color)는 미래의 패션을 이끌어가는 새로운 개념을 이루는데 흰색, 메탈의 금, 은색으로 3차원 세계를 상징하였고 메탈, 스판덱스 외에 신소재와 함께 우주의 아름다움을 표현하는 요소였다. 이러한 테크노 풍에는 소재도 라텍스, 왁스 코팅 등 하이테크 가공소재를 사용되었다.

(2) 21세기

새 천년의 시작과 함께 대표적인 스트리트 패션으로 걸리시, 키덜트, 코스튬 플레이 등을 들 수 있다.

걸리시(girlish) 패션은 21세기 초 여성복 시장을 휩쓸고 있는 트렌드로써 이것은 소녀 취향의 복장을 의미한다. 주름을 넣어 봉긋하게 부풀린 퍼프 소매, 커다란 리본 장식, 레이스로 만든 미니 드레스, 러플이 달린 티어드 스커트, 커다란 코사지, 알록달록한 스타킹과 발레리나 슈즈 등이 주요 아이템이다. 이러한 아이템들은 10대 소녀들이나 입을까 싶은 취향의 의복들이지만 걸리시 패션의 고객은 정작 10대가 아니라는 점이다. 걸리시 패션은 꿈 많고 낙관적이었던 소녀 시절에 대한 그리움을 바탕에 깔고 있는 것으로, 더 어려 보이고 싶어하는 욕구와 다이어트 열풍으로 처녀 시절의 날씬한 몸매를 그대로 유지하는 30~40대가 많아진 것도 걸리시 패션이 폭넓은 시장을 확보하는 데 큰 역할을 하였다.

그림 6-25 스텔라 칸테트의 걸리시 스타일, 2002 S/S

'키드(kid)'와 '애덜트(adult)'가 합성된 '키덜트(kidult)'는 세일러문이나 마시마로 캐릭터에 탐닉하고 전자 게임을 즐기는 등 아동기적인 성향을 갖고 있는

그림 6-26 크리스티앙 디오르의 키덜트 스타일, 2001 A/W

그림 6-27 모스키노의 키덜트 스타일, 2002 S/S

그림 6-28 카스텔바작의 키덜트 스타일, 2003 A/W

성인들을 빗댄 신조어다. 아동기적인 성향을 갖고 있는 성인들로 풀이되는 키덜트는, 성인이지만 전통적으로 어린이의 영역이라고 생각되었던 문화와 상품을 소비하는 계층이다. 이들의 특징은 무엇보다 진지하고 무거운 것 대신 유치하고 재미있는 것을 추구한다는 점인데 다리에 털이 부숭부숭난 남자 대학생들이 엽기토끼 같은 앙증맞은 인형을 가방이나 핸드폰에 매달고 다니는 풍경은 이제 흔히 볼 수 있다.

어렸을 때의 취향과 감성을 가지는 키덜트족은 성인으로서의 구매력을 가지는 새로운 소비의 주체로 떠오르면서 최근 영화, 소설, 패션, 애니메이션, 광고 등 대중문화 전반에 키덜트 문화가 확산되고 있다. 인테리어나 패션 디자인에도 낙서한 듯한 팝아트 스타일이나 귀엽고 동그란 모양새가 유행하고 있다. 소위 명품이라고 불리는 고가의 디자이너 브랜드부터 저렴한 것에 이르기까지 아주 다양하다.

바로 이러한 현상은 각박한 현대인의 생활 속에서 마음 한 구석에 어린이의 심상을 유지하면 정서 안정과 스트레스 해소에 도움이 된다는 키덜트 특유의 감성이 반영된 트렌드가 빈영된 것이라고 할 수 있다.

키덜트 문화는 갈수록 생존경쟁이 치열한 도시사회에서 답답한 일상사를 벗어 버리고 싶은 성인들이 어린이들의 환상의 세계를 선택하려는 대리만족에서

그림 6-29 코스프레 마니아

그림 6-30 코스프레 의상이 입혀진 마네킹

비롯된 것일 수 있다.

코스튬플레이(costumplay)는 말 그대로 '옷을 입고 노는 문화'이다. 즉 costume(의상)+play(행위, 연극 등)의 합성어로서 연극적인 요소 및 가장(假裝)행위를 지칭할 수 있는 용어로써 이것이 의미하고 포함하는 범위는 광범위하다. 우리가 다루고 있는 코스플레이는 코스튬플레이의 문화적 기반 아래, 21세기 신문화의 도래와 대량 생산에 따른 새로운 계층(독특한 캐릭터 코스튬)에 대한 동경과 모방, 즉 코스플레이는 코스튬플레이를 줄여서 표기한 것으로 일본식으로 발음한 것이 바로 코스프레이고 일본의 오타쿠(마니아를 의미함) 문화 내에서 성장한 신문화이다.

신세대 사이에 인기가 있는 코스프레는 만화나 애니메이션, 게임 등에 등장하는 캐릭터의 의상을 입고 그 캐릭터의 행동과 모습을 재현하는 놀이다. 영화, 만화, 애니메이션 등에 등장하는 캐릭터의 퍼스낼리티는 독특한 코스튬에 의해 영향받게 되었으며, 특히 SF물에 등장한 캐릭터(슈퍼맨, 배트맨, 플래시 고든 등)는 그 독특한 코스튬으로 팬들의 인기를 얻었다. 이러한 만화나 게임 캐릭터의 의상을 입고 똑같이 분장하여 그 모습과 행동을 그대로 흉내냄으로써 만화 속 주인공이 된 자신의 모습을 즐기는 것이다.

제7장 패션 디자인

1. 디자인의 세계
2. 패션 디자인의 기본 요소

제7장 패션 디자인

1. 디자인의 세계

흔히 21세기를 3D(Digital, DNA, Design)의 시대라 부른다. 그 만큼 디자인은 우리 생활에 아주 친근하게 정착하고 있으며, 패션 디자인에서부터 인테리어 디자인, 웹 디자인에 이르기까지 그 종류도 다양하다.

또한 요즘은 소비자들의 감성도 더욱 개성화 · 고급화되어 그에 부응한 창의적이고 시대적 감성에 맞는 디자인 감각이 날로 중시되고 있다. 이제 시대가 요구하는 디자인 감각을 이해하고 표현하는 것은 현대인이 갖추어야 할 기본 소양 중 하나라 할 수 있다.

1) 디자인의 개념

(1) 디자인의 의미

디자인이란 말은 라틴어 '데지나르(designare)' 로부터 유래한다. 'designare' 란 de와 signare가 합성된 말로 '기호로 나타낸다', '알린다' 는 의미의 'signare' 로부터 '계획을 기호로 나타낸다' 는 것이 디자인의 원래 의미가 되었다. 그리고 현대에는 의장(意匠), 도안(圖案), 고안하다, 계획하다, 설계하다, 기획하다 등 보다 넓은 의미로 사용되고 있다.

흔히 디자인이라 하면 조형활동 중에서 인간의 머리 속에 있는 생각이나 계획을 눈에 보이는 형태로 구체화시키는 작업을 가리킨다. 이는 재료를 선택하여 작품을 제작 · 완성시키기 위해 미리 설계하고 계획하는 모든 과정을 포함한다.

(2) 디자인과 예술

인간은 입기 위해 의복을 만들고, 먹기 위해 식기를, 살기 위해 집을 만들어 왔다. 그 대부분은 우리 생활에 편리함을 주는 것으로 항상 시대와 함께 변화해 왔다. 그러나 인간은 단순히 생활의 편리만을 위하여 조형활동을 하는 것은 아니다. 예를 들면 우리는 자동차의 경우 빨리 달리는 기능 외에도 아름다운 형태와 색을 원한다. 즉 인간은 조형에 의해 기능으로서의 만족 외에도 감성적인 만족도 동시에 추구한다.

이에 디자인의 가치가 있으며 우리가 디자인과 예술의 미를 구별하여 생각하지 않으면 안 되는 이유도 바로 여기에 있다. 디자인과 예술의 미는 '사용하는 것' 이라는 기준에 의해 확실하게 구별된다. 예술은 경제성과 기능성은 고려할 필요가 없다. 따라서 우리는 예술의 미를 순수미(pure art)라 한다. 이에 비해 디자인은 응용미(practical art)이며, 부자유의 미라 부른다. 즉 디자인이란 기능으로서의 만족과 감성의 만족을 동시에 충족시키는 작업이라 할 수 있다.

2) 디자인의 역할

이상으로부터 우리는 디자인의 역할을 생각해 볼 수 있다. 순수한 자기 표현인 예술은 그 목적을 확실히 할 필요가 없다. 오히려 그것을 필요로 하지 않는 것에 그 의미가 있을지도 모른다. 그에 비해 디자인은 경제활동의 일환으로 존재하는 표현 중 하나이다. 즉, 창의성에 대한 목적의 차이가 예술과 디자인을 구별하며, 이에 디자인의 역할이 있다.

디자인의 역할은 크게 두 가지로 간추려 볼 수 있다.

(1) 시대성의 표현

우리들은 과거부터 현재에 이르는 다양한 창조물들을 주위에서 찾아볼 수 있다. 인간의 기술과 문화의 상징이기도 한 건축물들, 예를 들면 불국사의 석가탑과 남대문, 그리고 도시의 고층 빌딩 등은 지금 우리 생활에 자연스럽게 융화되고 있다. 불국사의 석가탑은 통일신라시대 불교예술의 최고 결집체이며, 남대문은 왕권 중심의 사회를 상징하는 조선 왕조 초기 건축물을 대표한다. 그리고 현대의 고층 빌딩들은 하이 테크놀로지를 표방하는 현대미의 표본이라 할 수 있

그림 7-1 불국사의 석가탑

그림 7-2 남대문

그림 7-3 현대 고층 빌딩

다. 이 세 가지의 예에서 보는 바와 같이 창조적인 조형물들은 항상 시대의 요구에 맞게 제작되고 있다.

'미'란 시대에 따라 변화한다. 각 시대마다 미의 기준이 있어 그 시대에 창조되는 모든 조형예술에 공통으로 표현된다. 디자인은 각 시대의 최첨단에 위치하면서 시대적 변화에 가장 민감하게 반응하고 그 방향성을 제시해 준다. 따라서 시시각각 변해 가는 사회, 경제, 문화 등 시대적 요구에 대응하여 새로운 감성으로 새로운 것을 만들어 내려는 강한 의지를 갖는 것이야말로 디자인 창조의 원천이 된다.

(2) 브랜드의 상징

브랜드란 유통업자의 상호, 즉 회사의 이름에서 비롯된 것이다. 즉 자신의 상점이 책임지고 상품을 판매한다는, 그 출처를 밝힌 것이 브랜드의 시작이었다. 그 후 상품의 품질이 향상되고 전문가의 수도 증가하자 누가 파느냐가 아니라 누가 만들었느냐가 중요하게 되었다.

그리고 현대 산업사회 속에서 브랜드는 상품과 소비자를 구분하기 위한 도구이자 이미지 전달의 수단이 되고 있다. 각 브랜드에서 생산된 상품 디자인은 그 브랜드만의 차별된 이미지 전략과 생산방식의 노하우를 그대로 상징해 준다. 그리고 현대 경제사회에서 기업활동의 근간이 되는 요소 중 하나로서 브랜드의 특성을 상징하고 각 계절별로 유행을 표현하여 수요를 자극하는 역할을 담당한다.

그 예로 1980년대 중반 이후 디자이너의 이름을 딴 디자이너 캐릭터 브랜드(designer character brand), 일명 DC 브랜드와 같은 개성적인 브랜드가 인기를 얻었는데, 이는 디자인을 곧 브랜드로 연결시킨 좋은 예라 할 수 있다.

3) 디자인의 조건

그러면 좋은 디자인이 갖추어야 할 조건은 무엇일까? 그 기본 조건을 간추려 보면 다음과 같다.

(1) 합리성

우리가 디자인에서 합리성을 말할 때에는 그것을 둘러싼 사회적 상황과 인간, 환경에 대한 종합적인 이해를 전제로 한다. 즉 합리적인 디자인을 위해서는 사용자의 취향 및 생활 스타일, 욕구 등에 대한 충분한 검토가 필요하다. 그를 통해 디자인은 재료와 소재가 적절하게 사용되고, 기능과 구조에 무리가 없으며 인체의 안정성도 충분히 고려되어야 한다.

(2) 경제성

현대 경제사회에서 생산자가 물건을 만들어 내고 소비자가 그것을 사용하는, 생산과 소비에 관련된 모든 상황들이 디자인을 결정하는 중요한 변수로 작용한다. 즉 디자인은 가격과 시장의 원리 내에서 존재하며 상업주의와 판매촉진을 위한 도구로 사용된다.

따라서 디자인은 최소 경비로 최대의 효과를 올리기 위해 재료비와 인건비, 시간의 효율화를 꾀하여야 한다. 그리고 단순한 이윤만을 추구하는 것이 아닌 인류의 궁극적 이익을 고려하여야 한다.

(3) 심미성

하얀 종이컵과 멋진 모양의 커피잔이 앞에 있다고 가정할 때, 자동판매기의 커피라면 종이컵으로 만족해야 하겠지만 훌륭한 인테리어의 카페에서 마시는 커피라면 그에 어울리는 커피잔을 기대할 것이다. 두 종류 모두 '커피를 마신다'는 용도로는 불편함이 없지만 분명 종이컵보다 커피 잔이 보기에도 아름다

우며, 커피의 맛과 향을 더욱 느끼게 해주기 때문이다.

이와 같이 디자인은 형태, 색채, 재질이 서로 아름답게 연결되어야 한다. 그러나 아름다움에 대한 가치 기준은 매우 주관적이기 때문에 동시대를 살고 있는 사람들이라 하더라도 개인의 성향이나 연령, 성별, 국가나 민족에 따라 미의식은 달라진다. 또한 유행에 따라서도 그 기준은 달라지게 된다. 따라서 좋은 디자인이란 작자의 미적 욕구 외에도 시대와 대중이 요구하는 미, 전통적인 미, 현대적인 미 등이 충분히 고려된 것이어야 한다.

(4) 독창성

독창성이란 뛰어난 감성을 토대로 하여 독자적이고 창조적인 것을 만들어내는 것이다. 즉 동일한 사물이나 아이디어에 다양한 시각으로 접근하여 다양한 방법이나 의견을 제시하는 능력이라 말할 수 있다.

흔히 기묘하고 새로운 것을 만들어 내는 것이 독창적인 것이라 생각하기 쉽다. 그러나 디자인은 생활과 밀접하게 관련되어 사용가치가 있어야 하며 우리 생활에 유익한 것이어야 한다. 따라서 기능성과 실용성을 잃지 않으면서도 독자적인 아이디어가 살아있는 독창성이야말로 디자인의 가치를 인정받는 조건인 것이다.

4) 디자인의 분야

디자인이란 사회생활을 위해 인간이 직접 만들어 낸 것이므로 우선 '인간'과 '사회'라는 개념이 선행되어야 한다. 그를 통해 나타나는 디자인 현상을 '인간'과 '사회'와 '물건, 도구'란 개념으로 분류하면 그림 7-4와 같이 생산 디자인(product design), 공간 디자인(space design), 전달 디자인(communication design)으로 나눌 수 있다.

(1) 생산 디자인

생산 디자인이란 생활에 필요한 기기, 도구, 의복 등을 대상으로 한 디자인을 가리킨다. 고도로 발달한 공업화 사회에서는 생산되는 제품 거의 모두가 공업 제품이라 할 수 있으나 수공예나 민속공예와 같은 전통적인 공예 디자인(craft

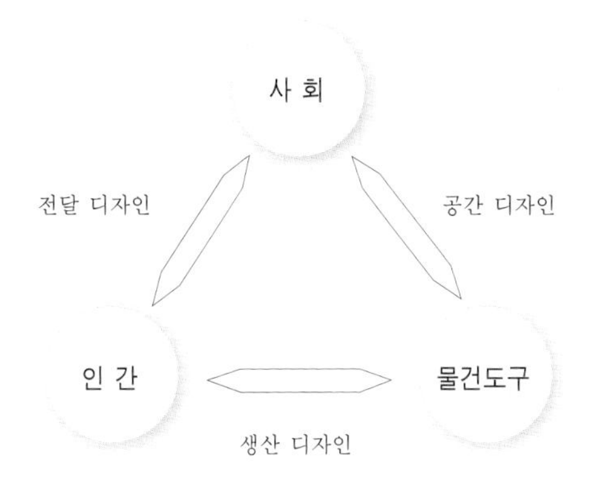

그림 7-4 디자인의 분야

design), 수공예와 대량생산의 중간 형태인 산업공예 디자인(industrial craft design), 자동차와 사무용품과 같은 대량생산에 의한 산업 디자인(industrial design) 등이 이에 속한다.

특히 패션은 산업공예 디자인에 속하는 분야로 어패럴 디자인(apparel design)[1]과 커스튬 디자인(costume design)[2], 텍스타일 디자인(textile design)[3], 액세서리 디자인(accessory design)[4], 코스메틱 디자인(cosmetic design)[5]등이 있다.

(2) 공간 디자인

공간 디자인이란 생활환경 공간을 디자인하는 것이다. 즉 공간 자체가 디자인 요소로 물질적인 제품을 생산하기 위한 디자인과는 다소 차이가 있다.

주로 벽면, 조명, 가구 등 실내공간 전반을 가리키는 인테리어 디자인(interior design), 도시계획을 미적 관점에서 디자인하는 도시 디자인(urban design), 자연 경관과 인공미를 잘 조화시켜 새로운 주거 공간을 설계하는 조경 디자인(landscape design) 등이 있다.

(3) 전달 디자인

전달 디자인이란 인간과 인간 사이의 의지, 감정, 정보 등을 전달하기 위한 디자인을 말한다. 최근 들어 매스 커뮤니케이션 디자인이 특히 중요한 위치를 차지하고 있다.

---

1) 어패럴 디자인 : 원래 어패럴이란 '옷차림, 의상, 복장'의 의미였으나 1970년대 이후 의복과 의복에 관련된 섬유산업 제품 전반을 가리키는 용어가 되었다. 최근 인구가 도시로 집중하고 도시와 지방의 격차가 줄어들게 됨에 따라 어패럴 산업은 고도의 성장을 이룩하였다. 스포츠 웨어, 레저 웨어, 캐주얼 웨어 등이 이에 속한다.

2) 커스튬 디자인 : 대량생산의 형태를 지니는 어패럴과는 달리 특정 개인이나 목적에 의해 주문 제작되는 옷을 말한다. 무대의상 등이 이에 속한다.

3) 텍스타일 디자인 : 원래 텍스타일은 짜는 것, 짜여진 것을 가리키지만, 현대에는 보다 넓은 의미로 사용되어 염색, 니트, 레이스, 자수 등을 포함한 소재 전부를 말한다. 직물, 넥타이, 손수건, 스카프, 우산, 커튼 등의 소재, 문양, 배색 등을 종합적으로 디자인하는 것을 가리킨다.

4) 액세서리 디자인 : 액세서리란 옷차림의 부속품을 말한다. 귀고리, 목걸이, 브로치, 반지 등과 같이 미적인 용도로 사용되는 것부터 모자, 장갑, 백, 스카프 등과 같이 장식성뿐만 아니라 실용적인 기능도 함께 지니는 것 모두를 포함한다.

5) 코스메틱 디자인 : 메이크업과 헤어스타일 등의 디자인을 말한다. 최근에는 전신미용, 향수, 운동, 수면, 식사, 정신건강 등으로 그 영역이 확대되고 있다.

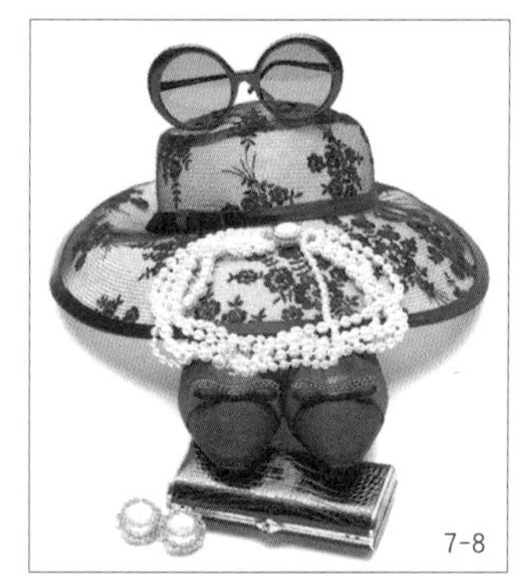

그림 7-5 어패럴 디자인
그림 7-6 커스튬 디자인
그림 7-7 텍스타일 디자인
그림 7-8 액세서리 디자인
그림 7-9 코스메틱 디자인
그림 7-10 인테리어 디자인
그림 7-11 디스플레이 디자인

인간의 오감(五感) 중 주로 시각과 청각이 대상이 되며 문학, 광고와 포스터 등과 같은 그래픽 디자인(graphic design), 신문, 서적 등과 같은 편집 디자인(editorial design), 디스플레이 디자인(display design), 용기 포장을 위한 패키지 디자인(package design) 등이 있다.

2. 패션 디자인의 기본 요소

패션 디자인이란 실루엣, 디테일, 색채, 재질, 무늬와 같은 디자인 요소들을 디자인 원리에 입각하여 미적으로 구성하는 것이다. 패션 디자인을 할 때에는 의복 자체를 아름답게 하는 데 그치지 않고 그것을 인간의 신체 위에 조화시킨다는 인식이 전제가 되어야 한다.

따라서 좋은 패션 디자인이란 착용자를 충분히 고려한 것으로 인간의 본능인 미적 표현의 욕구와 신체보호의 기능적인 욕구를 동시에 만족시킬 수 있어야 한다. 또한 착용자의 신체적 특성과 개성에 맞춘 것이어야 하며, 그것을 입는 때와 장소에도 적합한 것이어야 한다.

1) 실루엣

(1) 실루엣의 의미

실루엣(silhouette)은 '외형선', '윤곽선'의 의미로 복식 용어로는 의복의 '아웃라인(outline)'을 가리킨다. 즉 의복 내부의 구성선이나 장식적인 요소들을 무시한 외형을 말하는 것으로 의복의 전체적인 형태를 나타낸다.

복식의 변천은 실루엣의 변천이라 할 만큼 실루엣은 각 시대의 미적 가치와

그림 7-12 엠파이어 스타일, 1999

그림 7-13 사파리 룩, 1968

그림 7-14 에스닉 룩, 1960

사회, 정치, 경제 등의 구조에 따라 변화해 왔다. 그리고 오늘날에도 매 시즌마다 다양한 실루엣들이 등장하거나 과거의 실루엣이 재등장하여 새로운 유행으로 관심을 모으기도 한다.

실루엣을 결정하는 요소는 몇 가지가 있는데, 특히 허리선과 밑단선의 위치, 어깨 넓이의 폭과 두께, 절개선과 다트의 형태와 방향 등이 커다란 요인이 된다. 그 중에서도 허리가 전체에 미치는 영향은 크며, 특히 여자의 가는 허리는 가슴과 힙을 강조하여 여성 특유의 미를 표현한다.

실루엣의 유사어로 룩(look)과 스타일(style)이 있다. 스타일은 복식의 양식이나 형태, 용모나 기품이란 의미로, 어떤 시기에 처음 생성된 모드가 어느 특정의 장소나 그룹의 복식으로 유행된 후 대중에 일반화되어 고정된 경우에 사용한다. 예를 들면 엠파이어 스타일(Empire style)[6], 가르손느 스타일(garçonne style) 등이 있다.

이에 비해 룩은 흔히 '~풍'이라 말하는 것처럼 복식의 전체적인 이미지나 느낌을 말할 때 사용한다. 따라서 룩이라 할 때는 소재, 색상, 무늬, 디테일 등의 디자인 특징이 있어야 한다. 사파리 룩(safari look)[7], 에스닉 룩(ethnic look)[8] 등이 이에 속한다.

(2) 실루엣의 분류

실루엣을 분류하는 방법에는 여러 가지가 있으나 크게 아워글라스 실루엣(hourglass silhouette), 스트레이트 실루엣(straight silhouette), 벌크 실루엣(bulk silhouette)으로 분류할 수 있다.

아워글라스 실루엣은 모래 시계의 모양과 같이 허리 부분을 가늘게 하고 가슴과 힙을 부풀린 형태로 성숙한 여성의 미를 표현한다. 영화 〈바람과 함께 사라지다〉에서 주인공이 입고 나온 크리놀린 스타일(crinoline style)[9]이나 1947년 크리스티앙 디오르(Christian Dior)가 발표한 뉴 룩(New look)이 그 예이다.

스트레이트 실루엣은 가슴과 허리, 힙을 강조하지 않는 직선적인 형태로 장식성을 배제한 모던한 미를 표현한다. 1965년 앙드레 쿠레주(André Courrèges)가 발표한 미니 스커트의 수트와 원피스가 그 예이다.

벌크 실루엣은 달걀이나 누에고치 모양과 같이 가슴과 배 부분을 부풀리고 밑단을 좁힌 것이다. 20세기 초에 원피스나 코트에 많이 이용되었다.

---

6) 엠파이어 스타일 : 가슴 아래에 장식띠를 맨 하이 웨이스트 라인의 드레스로 1804~1814년까지 프랑스 제2제정 시대의 조제핀(Josephine) 황후에 의해 처음 착용되었다. 그 후 정상적인 허리선보다 위로 올라간 하이 웨이스트라인 형태를 일컬으며, 1910년대와 1960년대에 유행하였다.

7) 사파리 룩 : 아프리카 밀림 지대에서 수렵여행하는 탐험대들의 사냥복풍의 의복 스타일을 말한다.

8) 에스닉 룩 : 민속복에서 영향을 받아 디자인된 민속풍의 의복 스타일을 말한다.

9) 크리놀린 스타일 : 크리놀린이란 명칭은 원래 라틴어로 '머리카락'이란 뜻인데 스커트의 속을 둥글고 넓게 늘리기 위해 말 털을 넣어 짠 천으로 페티코트를 만들어 입었다는 데서 이름이 유래하였다. 1845~1850년에 대유행하였으며 그 이후 스커트 속을 크게 부풀린 실루엣을 총칭한다.

아워글라스 실루엣(1947) 스트레이트 실루엣(1965) 벌크 실루엣(1920)

그림 7-15 실루엣의 종류

2) 디테일

실루엣이 의복의 외곽선이라면 디테일(detail) 은 그 내부의 세부적인 면을 나타내는 말이다. 의복의 네크라인과 칼라, 슬리브 또한 의복을 입체화하기 위한 다트와 구성선, 플리츠와 개더 등이 포함된다. 그 중 네크라인, 칼라, 슬리브를 예로 들어 살펴보면 다음과 같다.

(1) 네크라인

목둘레선이라고도 하며 목에서 가슴, 어깨 등을 걸친 의복상의 선을 네크라인(neckline)이라 한다. 특히 얼굴에 가장 가깝기 때문에 얼굴의 형태나 크기, 목의 길이와 굵기, 어깨선의 경사 등을 강조 또는 약화시킬 수가 있다. 일반적으로 높이 올라오는 것은 목을 짧아 보이게 하며, V 네크라인과 같이 세로로 깊게 파인 것은 목을 가늘고 길어 보이게 한다. 직선적인 네크라인은 남성적이고 스포티한 느낌을 주는데 비해 곡선적인 것은 여성적이고 부드러운 분위기를 낸다.

그림 7-16 네크라인의 종류

(2) 칼 라

옷의 깃을 말하며 몸판과 같은 소재로 만드는 경우가 많다. 그러나 색을 변화시키거나 레이스와 모피 등 다른 소재로 만들기도 하는데, 그 경우 액센트가 되어 의복 전체의 분위기에 영향을 준다. 칼라(collar)는 크기와 각도, 칼라를 다는 위치 등에 따라 다양한 느낌을 줄 수 있다. 네크라인과 마찬가지로 얼굴에 가장 가깝기 때문에 착용자의 결점을 감추고 장점을 살리면서 의복 전체와 조화를 이루는 칼라의 선택이 필요하다.

노치트 칼라
(notched collar)
피크드 칼라
(peaked collar)
셔츠 칼라
(shirts collar)
오픈 칼라
(open collar)
이튼 칼라
(Eton collar)
폴로 칼라
(polo collar)
터틀넥 칼라
(turtleneck collar)
이탈리안 칼라
(Italian collar)
숄 칼라
(shawl collar)
세일러 칼라
(sailor collar)
퓨리턴 칼라
(Puritan collar)
케이프 칼라
(cape collar)
차이니즈 칼라
(Chinese collar)
스카프 칼라
(scarf collar)
보 칼라
(bow collar)
프릴 칼라
(frill collar)

그림 7 17 칼라의 종류

(3) 슬리브

소매라 하며 의복에서 팔을 덮는 부분을 가리킨다. 소매 길이는 손목까지 긴 것을 롱 슬리브(long sleeve) 혹은 긴소매라 하고, 그보다 짧은 것을 쇼트 슬리브(short sleeve) 혹은 반소매라 부른다. 그리고 소매가 없는 것은 슬리브리스(sleeveless) 혹은 민소매라 한다. 소매는 운동량이 많은 부분이기 때문에 특히 기능성을 생각해서 디자인해야 한다.

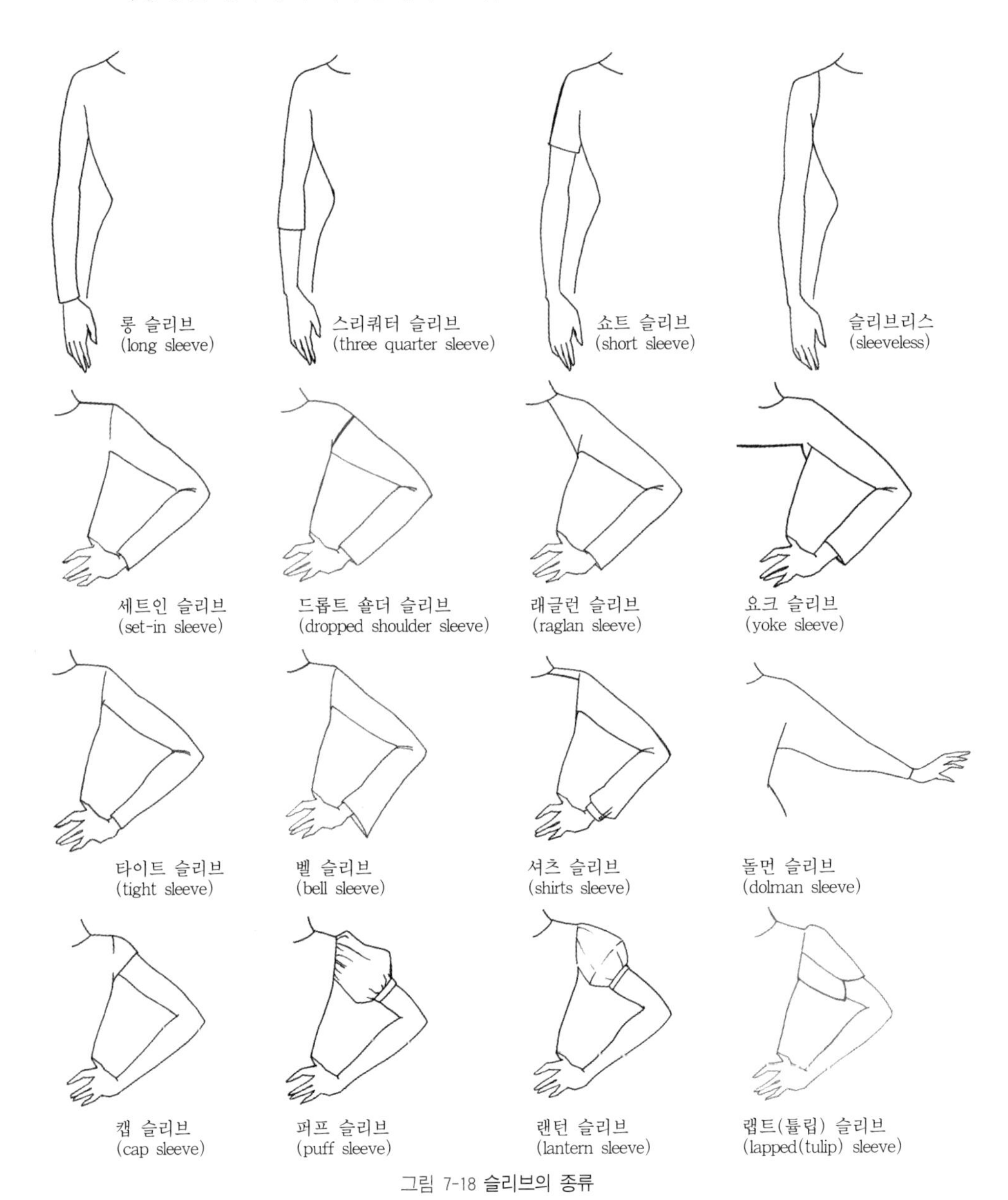

그림 7-18 슬리브의 종류

3) 색 채

만약 우리 주위에서 색이 사라져 버린다면 상상 이상으로 단조롭고 어두운 세계가 되어 버릴 것이다. 색이 인간의 감정에 미치는 영향력과 생리적 · 물리적 작용 등을 생각해 보면 그 중요성은 아주 크다. 특히 우리나라는 사계절의 변화에 따라 자연의 색채 변화가 뚜렷하다. 이는 어떠한 인공의 힘을 발휘해도 모방할 수 없을 정도로 풍요롭다.

인간의 눈으로 식별 가능한 색의 수는 750만 개에 달한다. 그러나 이와 같은 방대한 색의 수도 크게 나누면 무채색과 유채색으로 나눌 수 있다. 무채색은 색깔을 갖지 않는 흰색, 회색, 검정색을 가리키며 유채색에는 빨강, 노랑, 녹색, 파랑 등과 같이 색깔을 갖는 것이 포함된다. 또한 색은 단독으로 존재하는 것이 아니라 항상 다른 색과 어울려 조화되는 특성이 있다.

따라서 패션 디자인에 색이 갖는 다양한 느낌을 충분히 활용하기 위해서는 우선 색의 기본 특성과 이미지에 대해 이해함으로써 독자적인 감각을 키우는 것이 중요하다.

(1) 색의 3속성과 톤

■ 색의 3속성

벽돌색과 산호색은 빨강 계통의 색, 진달래색과 가지색은 보라 계통의 색과 같

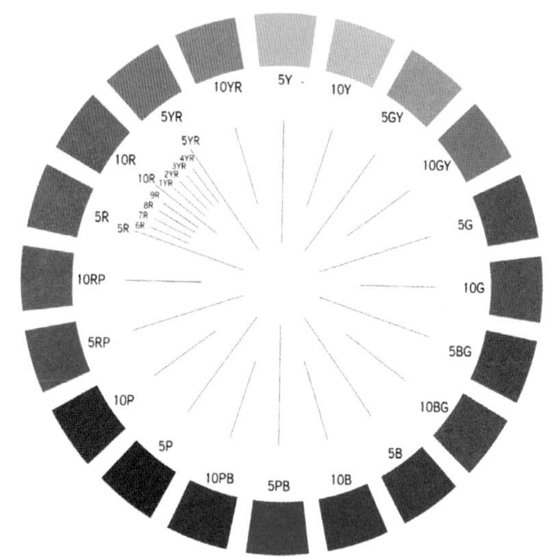

그림 7-19 색상환

이 모든 색은 색깔의 계통을 갖고 있다. 이와 같은 색깔의 차이를 색상이라 하는데, 모든 색상의 차이는 빛의 파장으로부터 비롯된다. 빨강부터 보라까지의 색상을 파장의 순에 따라 원형으로 배열하면 대조적인 성질을 가진 색채가 서로 마주보는 위치로 배열된다. 이것을 색상환이라 부르며 색채 요소의 기본이 된다.

한편 색의 밝고 어두운 정도를 명도라 하는데, 무채색과 유채색 모두 명도를 갖는다. 무채색의 흰색이 가장 밝으며 검정색이 가장 어둡고 회색은 그 중간 정도의 밝기이다. 유채색에서도 각각의 명도를 갖는다. 즉 같은 빨강이라 해도 밝은 빨강과 어두운 빨강은 명도가 다르다. 그런가 하면 빨강과 파랑으로 색상이 서로 다르다 하더라도 명도가 동일할 수도 있다.

유채색의 경우 같은 색상과 명도라도 선명한 색과 탁한 색이 있다. 이와 같이 색의 선명하고 탁한 정도를 채도라 한다. 색료(色料)의 경우 많은 색을 혼합하면 회색에 가까운 색이 되므로 회색이 섞이면 섞일수록 탁한 색채가 되며 그에 따라 채도가 낮아진다. 반대로 회색이 없어지면 없어질수록 색이 선명하게 되며 채도도 높아진다. 가장 채도가 높은 색을 순색이라 한다.

■ 톤

명도와 채도는 뚜렷이 구별되는 속성이지만 우리가 색을 지각할 때에는 이 두 가지를 함께 지각하게 된다. 톤(tone)은 명도와 채도의 복합개념으로서 이 톤의 정도 차이를 나타낸 것이 그림 7-20이다. 주로 무채색을 5~9개, 유채색을 8~

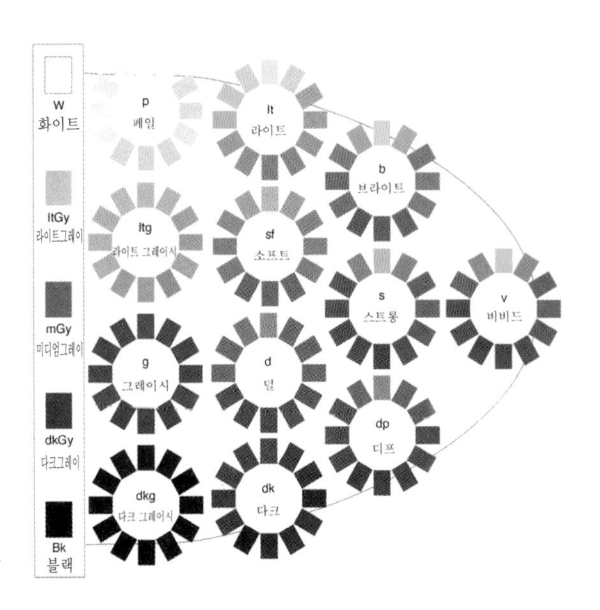

그림 7-20 톤의 종류

12개로 분류한다. 분류된 톤은 각각의 톤 이름과 기호로 나타내는데, 톤의 이름은 강하다/약하다, 선명하다/탁하다, 밝다/어둡다, 엷다/짙다, 얕다/깊다 등의 형용사를 조합하여 사용한다. 그 외 희미한, 회색의 등과 같은 명칭도 사용된다. 특히 유행색을 파악할 때 많이 사용하며 배색을 할 때 대단히 합리적이고 편리하다.

(2) 색의 이미지

인간은 단순히 색을 지각하는 것만이 아니라 동시에 그 색에 대해 다양한 이미지를 갖는다. 색으로부터 얻는 이미지란 바다와 물 등과 같은 구체적인 것일 수도 있고 이상과 고귀 등과 같은 추상적 관념일 수도 있다. 그리고 보는 사람의 연령, 성별, 민족, 시대성 외에도 개인의 성, 교양, 생활환경 등에 의해 영향을

표 7-1 색의 이미지

색	구체적 이미지	추상적 이미지
흰색 (white)	눈, 종이, 설탕	결백, 청초, 청결, 위생
회색 (gray)	구름, 쥐, 재	우울, 침착, 도시, 평범, 노인
검정색 (black)	묵, 숯, 밤	권위, 비애, 엄숙, 죽음
빨강색 (red)	불, 피, 태양, 장미	장열, 활력, 위험, 혁명
주황색 (yellow red)	오렌지, 단풍, 노을	온정, 명랑, 쾌활, 질투
노랑색 (yellow)	레몬, 달, 개나리	평화, 명쾌, 활발, 안전
황록색 (green yellow)	새싹, 풀잎	희망, 평화, 젊음
녹색 (green)	나뭇잎, 초원	평화, 희망, 안전, 휴식, 신선
청록색 (blue green)	깊은 바다, 유리	침착, 심원, 엄숙, 냉정
파랑색 (blue)	하늘, 바다, 물	희망, 이상, 진리, 우울
청자색 (purple blue)	도라지꽃	고귀, 우아, 기품
보라색 (purple)	제비꽃, 포도	고귀, 우아, 환상, 꿈, 고독
적자색 (red purple)	목단, 포도주	열정, 우아, 희열

받는다.

(3) 유행색

유행색은 사회현상 중 하나로 한 사회 내에서 일정한 시기에, 다수의 사람들이 사용하는 색을 말한다. 따라서 유행색은 그 시대 사람들의 관심사와 사회환경, 경제동향 등을 반영한다.

실제 유행색이 어디서 어떻게 발생하여 전파되어 가는지 확실히 알 수 없는 경우가 많다. 1950년대경 파리 오트 쿠튀르(haute couture)[10]의 영향력이 컸던 시대에는 파리 디자이너들이 발표하는 색의 경향이 당시 유행색에 커다란 영향을 주었다. 그러나 그 이후는 패션에서 일반 대중의 힘이 확대되면서 오히려 대중의 취향이야말로 유행색을 결정하는 커다란 요소가 되었다. 그리고 그 적용분야는 복식뿐만 아니라 가전제품과 자동차, 인테리어, 도시환경 등에까지 미치고 있다.

따라서 조직적으로 미래의 유행색을 예측하고 그것을 정기적으로 발표하는 기관들이 차례로 출현하여 현재에는 주요 선진국 거의 대부분이 이와 같은 연구기관을 갖고 있다. 그 중 영향력이 가장 큰 국제적인 색채연구기관은 국제유행색위원회(International Commission for Fashion and Textile Colors)로서 1963년 9월에 정식으로 발족하였다. 현재 영국, 미국, 프랑스, 독일, 이탈리아를 위시하여 아시아에서는 한국, 일본, 중국, 필리핀, 홍콩 등에 연구기관이 개설되어 세계 각국의 유행색과 유행예측의 연구를 활발하게 하고 있다.

10) 오트 쿠튀르(haute couture) : 파리 고급의상조합에 가입하여 조합규정의 규모와 조건을 갖추고 운영하는 고급 의상점을 말한다. 원래 상류 계급의 개인을 고객으로 한 오더 메이드(order made) 전문점이었으나, 요즈음에는 프레타포르테 부분을 가지거나 향수, 스카프, 속옷 등 각종 상품들을 판매하고 있다. 일년에 2회, 1월과 7월에 컬렉션을 개최한다.

* 프레타포르테(prêt-à-porter) : 고급 기성복. 제2차 세계대전 후 처음 파리에서 만들어진 용어로 그 전의 기성복에 비해 질이 좋은 고급 제품이다. 어원은 '프레(prêt)'가 '준비되어 있다'는 뜻이고 '아 포르테(à-porter)'는 '입다'라는 의미로 입을 준비가 되어 있는 옷이란 의미이다.

4) 재질과 무늬

(1) 재질과 디자인

■ **재질의 의미**

어떤 물건이든 형태를 만들기 위해서는 소재가 필요하다. 의복에도 소재가 있기 마련인데, 디자인을 할 때 그 소재에 여러 효과를 표현하는 것이 중요하다. 특히 소재의 표면 특성 및 그 느낌을 재질, 재질감이라 하며 텍스처(texture)라고도 부른다. 재질은 색채, 형태와 함께 디자인의 기본 요소로서 완성된 조형에 커다란 영향을 주며 조형활동에 있어 재질을 어떻게 표현하느냐가 그 성패를 가름하게 된다.

모든 재질은 나름대로의 특징과 미를 가지고 있다. 따라서 각각 재질을 어떻게 하면 조화롭게 사용할 것인가가 중요하다. 디자인 과정에서 재질이 조화를 이루기 위해서는 재질 이외에도 의복의 실루엣과 디테일, 색채와의 조화를 고려하여야 하며 착용자의 개성에도 알맞은 것이어야 한다.

■ 재질의 분류

재질은 여러 감각이 혼합되어 종합적으로 지각되나, 주로 촉각과 시각을 통해

표 7-2 재질의 분류

재질감	특성 및 주의점	이미지	소재명
평면감 있는	플리츠, 셔링, 개더 등의 기법으로 입체감을 준다. 재단하면 부드러운 드레이프와 플레어를 만들 수 있다.	엘레강스 클래식 스포티	면, 마, 캘리코, 트로피컬, 포랄
얇은, 비치는	풍성하게 사용하여 서로 겹치는 옷감의 미를 표현한다. 혹은 시스루(see-through)로 인체의 미를 과감하게 표현한다.	페미닌 엘레강스 스포티 모던	보일, 거즈, 오간자, 오건디, 레이스, 시폰
두꺼운	안정된 인상을 주며 신체를 크고 멋있게 보여준다. 포근한, 튼튼한, 거친, 뻣뻣한, 야성적인 느낌 등 다양한 특징으로 나뉜다.	매니시 스포티 클래식 컨트리	트위드, 홈스펀, 데님, 개버딘
광택 있는	표면이 빛을 반사하여 신체가 크게 보인다. 또한 광택의 음영으로 실루엣이 강조된다.	페미닌 엘레강스 모던 스포티	메탈, 새틴, 브로케이드, 코팅류, 다마스크
주름 있는	빛을 복잡하게 난반사하여 신체의 결점을 감출 수 있다. 실루엣을 간결하게 디자인하면 품위 있고 고급스러운 느낌을 줄 수 있다.	페미닌 엘레강스 스포티 컨트리	조젯, 크레이프, 크링클
입체감 있는	오목볼록한, 기모가 있는, 골이 파인 등 표면에 변화가 있는 옷감은 가능하면 단순한 느낌으로 소재의 특성을 살려 준다.	엘레강스 스포티 클래식	코듀로이, 아스트라칸, 벨벳, 벨베틴, 벨루어

재질에 대한 느낌을 얻는다. 특히 재질에 따른 디자인 특성 및 이미지 등을 보면 표 7-2과 같다.

(2) 무늬와 디자인

■ 무늬의 디자인 효과

일반적으로 무늬는 시대, 민족, 지역성 등을 표현하며 성별, 연령, 착용장소에 따라 제한을 받는다. 그리고 착용자의 취미나 기호를 나타내 주며, 무늬의 종류에 따라 체형의 장점이 돋보일 수도 있고 단점을 감출 수도 있다.

예를 들어 격자무늬의 경우 무늬의 크기에 따라 다양하게 사용될 수 있는데, 작은 격자무늬는 작은 체형이나 중간 체형에 어울리며, 격자무늬가 커질수록 폭이 넓어 보이기 때문에 키가 큰 사람이 입어야 한다. 또한 둥근 형태의 모티프는 폭을 넓어 보이게 하므로 마른 체형에 효과적이다.

■ 무늬의 종류

무늬의 종류는 여러 가지 있으나 크게 다음의 세 가지로 구별된다.

자연조형무늬

자연이 만들어 낸 조형을 디자인의 모티프로 한 것이다. 꽃무늬와 식물 무늬

그림 7-21 작은 격자무늬
그림 7-22 큰 격자무늬
그림 7-23 자연조형무늬

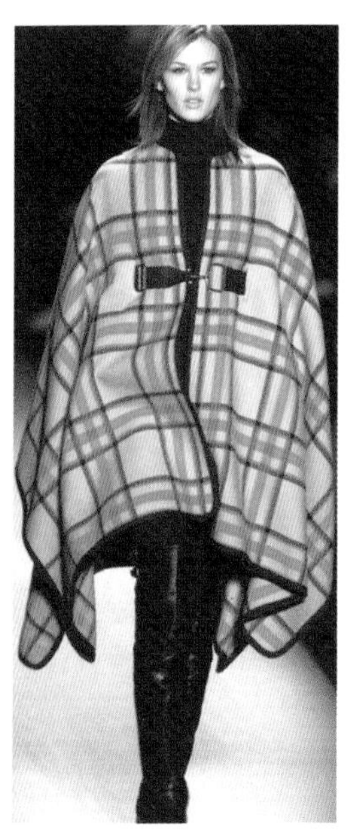

가 대표적이며, 동물, 비, 바람, 구름 등에서부터 산, 바다 등의 풍경을 취급한 것까지 다양하다. 이 무늬들은 자연의 아름다움과 생명력을 표현하며 여유롭고 부드러운 분위기를 자아낸다. 1980년대 말부터 환경문제에 대한 관심이 높아지면서 에콜로지 패션(ecology fashion)의 유행으로 꽃무늬, 동물무늬 등과 같은 무늬가 크게 유행한 바 있다.

추상도형무늬

추상도형무늬는 자연조형무늬에 비해 보다 자유로운 구성을 만들어 낼 수 있으며, 크게 기하학적 모티프와 추상적 모티프로 나뉜다.

기하학적 모티프는 직선, 원, 삼각형, 사각형 등과 같은 기하학적 형태를 이용하여 사물을 묘사하거나 추상적인 디자인을 창작한 것이다. 줄무늬, 격자무늬, 물방울무늬 등이 가장 대표적인 예이다. 이는 옷감을 직조하는 과정에서 형성되거나 짜여진 옷감 위에 프린트한다. 기하학적 무늬는 경쾌하고 현대적인 감각을 주기 때문에 남성복이나 비즈니스 웨어 등에 많이 사용된다.

추상적 모티프는 사물의 형태와는 아무 관련 없이 디자이너의 상상력과 창의력만으로 디자인된 것이다. 이러한 모티프는 특별한 형태에 구애받지 않으므로 모티프의 크기, 형태, 색채, 배열 등을 자유롭게 함으로써 다양한 무늬를 만들어 낼 수 있다.

그림 7-24 추상도형무늬

그림 7-25 양식화된 전통무늬

양식화된 전통무늬

각 민족과 각 지역에서 긴 시간 동안 사용되어 온 무늬는 그 나름대로의 독특한 분위기를 가지고 있으며, 집단의 상징이 되거나 신앙의 대상이 되기도 한다. 미국 인디언 복식이나 페이즐리(paisley)[11] 무늬, 유럽의 민속복에 나오는 문양들은 양식화된 전통무늬의 대표적인 예이다.

11) 페이즐리 무늬 : 인도의 카슈미르(Kashmir) 지방에서 발생하여 영국의 스코틀랜드에서부터 세계로 넓게 보급된 디자인이다. 신라시대의 곡옥(曲玉) 모양의 무늬를 중심으로 작은 꽃이나 당초무늬를 배열하여 무늬를 구성하였다. 여러 색깔의 날염용 무늬로 이용되고 있다.

제8장 패션 소재와 관리

1. 의류 소재
2. 섬유
3. 실
4. 옷감
5. 의류의 손상과 관리

제8장 패션 소재와 관리

1. 의류 소재

의복은 만든 소재의 특성에 따라 디자인이 돋보이기도 하고 소재를 잘못 선택했을 때는 디자인의 가치를 발휘하지 못하는 경우가 있다. 따라서 의복을 제작할 때는 먼저 소재의 특성을 잘 이해하여야 한다.

소재는 실용성과 아름다움을 동시에 가져야 하는데 최근에는 기능성 섬유가 개발되어 개인의 표현 수단으로서의 기능뿐 아니라 인체를 보호하고 쾌적하게 하며 특별한 기능까지도 갖는 의복이 만들어져 인간 생활을 풍요롭게 하고 있다.

그림 8-1 마직물로 만든 옷을 입고 있는 이집트인(이집트 벽화)

1) 소재의 역사

원시시대로부터 사람들은 풀잎이나 나뭇잎, 또는 사냥한 짐승의 가죽을 의복으로 착용해 왔으나 직물을 만들기 시작한 것은 7000~8000년 전경의 신석기시대로 추정하고 있다.

현재 남아 있는 가장 오래된 직물의 유물은 이집트 왕의 무덤에서 발견된 마직물로 알려져 있다. 또 면양은 약 8000년 전부터 중앙아시아에서 사육되었다고 하는 기록이 있어 모직물은 이보다 더 오래 전부터 만들어졌을 것으로 추측된다.

견섬유는 기원전 2640년에 중국의 황제비인 서릉씨가 남편의 옷을 지을 때 처음으로 사용했다는 이야기가 전해지고 있으며, 고대 인도와 잉카제국의 유물로 면직물이 발견되는 것으로 보아 면의 역사는 지금으로부터 약 5000년 전으로 보고 있다.

이렇듯 섬유를 사용하기 시작한 초기에는 천연섬유인 면, 마, 견, 모섬

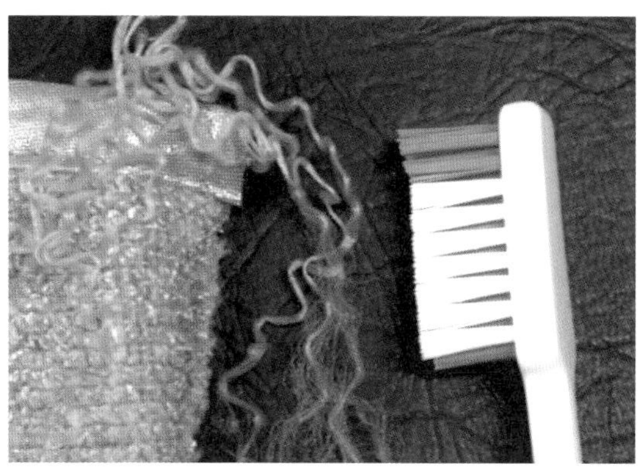

그림 8-2 여러 가지 섬유 제품

그림 8-3 의류에 사용된 가느다란(유연한) 섬유와 칫솔에 사용된 굵은(뻣뻣한) 섬유

유가 사용되다가 19세기말에 이르러 새로운 섬유를 만들기 위한 노력이 시작되었다. 1904년 레이온섬유가 탄생되면서 인조섬유의 시대가 열리고 1937년에는 미국 듀폰사의 캐로더스(W. H. Carothers)에 의해 최초의 합성섬유인 나일론이 발명되어 합성섬유시대가 열리게 되었다. 이어서 폴리에스테르섬유, 아크릴섬유 기타 비닐계 섬유들이 합성되고 현재는 다양한 섬유가 우리 생활의 여러 곳에 사용되고 있다.

2) 소재의 특성

패션 소재는 옷을 만들기 위한 준비가 되어 있는 원단을 말하는데, 섬유로부터 실을 거쳐 옷감을 짜고 이를 염색, 가공하여 완성된다.

섬유는 매우 가늘고 긴 물질이다. 섬유의 가늘기를 나타내는 단위로 데니어(denier)가 사용되는데, 데니어는 섬유 한 가닥의 길이와 무게를 재어 이것을 9,000m로 환산한 무게(g)를 나타낸 것이다. 즉 데니어의 숫자가 크면 굵은 섬유임을 뜻하는데, 보통 옷을 만드는 섬유는 1~7데니어의 범위 안에 있다. 이 정도의 굵기는 눈으로 보일 듯 말 듯한 매우 가느다란 것이며 이 섬유를 수십 가닥 합하여야 옷감을 짤 수 있는 실이 된다.

섬유는 가늘수록 부드러워서 옷감으로 사용하여도 자극이 없으나 굵은 섬유는 뻣뻣하여 옷감 소재로 사용할 수 없다.

그림 8-4 두 종류 이상의 섬유가 혼방된 제품과 레이블

그리고 섬유는 몇 cm 정도로 짧은 것도 있고 몇 m 또는 몇 km인 긴 것도 있는데, 짧은 것을 스테이플섬유, 긴 것을 필라멘트섬유라고 한다. 의류 소재로 사용되는 섬유 중에서 면, 마, 모섬유는 스테이플섬유이며 견섬유와 모든 인조섬유는 필라멘트섬유이다. 필라멘트섬유는 필요에 따라 짧게 잘라서 스테이플섬유로 만들 수 있다.

모든 섬유는 제각기 독특한 성질을 지니고 있는데, 의류 소재로 사용하기에 여러 가지 조건을 갖추어야 한다. 즉, 땀을 잘 흡수하는 것, 질긴 것, 구겨지지 않는 것, 잘 늘어나서 움직임에 불편이 없는 것, 쉽게 세탁을 할 수 있는 것, 가벼운 것, 잘 타지 않는 것, 정전기가 생기지 않는 것, 염색이 잘 되는 것, 수축하지 않는 것 등의 조건이 필요하다.

그러나 이 모든 조건을 다 갖추고 있는 섬유는 찾아볼 수 없다. 그러므로 스테이플섬유는 단독으로 실을 만들어 사용하기도 하고 필요에 따라 다른 섬유와 섞어 실을 만들기도 하는데 두 종류 이상의 섬유를 섞어 만든 실을 혼방사라 하고 이 실로 만든 옷감을 혼방직물이라고 한다. 혼방직 물은 혼방된 섬유의 장점을 가지며 단점은 서로 보완이 되고 값싼 섬유와 혼방하면 경제적일 수가 있어 많이 이용되고 있다.

긴 섬유는 여러 가닥 합하기만 하면 옷감을 짤 수 있는 실이 되지만 짧은 섬유는 가지런히 모아 꼬아서 실을 만드는 과정을 거쳐야 한다. 이렇게 짧은 섬유를 모아 만든 실을 방적사라고 하며 필라멘트섬유로 만든 실을 필라멘트사라 한다. 필라멘트사는 매끈하여 이것으로 짠 옷감은 표면에 잔털이 없어 매끄럽다. 그러나 방적사로 짠 옷감은 표면에 잔털이 있어 촉감이 부드러우며 포근한 감촉을 갖는다.

2. 섬 유

섬유의 종류에는 천연섬유와 인조섬유가 있다. 천연섬유는 동 · 식물에서 섬유 상태로 얻어지는 것을 말하고 인조섬유는 인공적으로 만든 섬유를 말한다. 지구상의 인구의 수가 증가하면서 천연섬유만으로는 수요를 충족하지 못하여 19세기 초 인조섬유가 개발되기 시작하였고 현재는 인조섬유의 소비량이 천연섬유를 훨씬 능가하고 있다.

1) 천연섬유

(1) 식물성 섬유

■ 마섬유

옛날 우리나라에서는 대마풀(大麻)과 모시풀(苧麻)을 재배하여 이들로부터 삼베와 모시를 짜 입었다. 이집트의 유물로 발견되었던 마직물은 아마(亞麻)섬유로 짠 린넨(linnen)으로 우리나라에서는 생산되지 않는다.

마식물은 줄기를 감싸고 있는 껍질 안쪽에 섬유층을 갖고 있어 수확 후에 여러 가지 공정을 통해 섬유를 얻을 수 있다.

모시풀은 다년생 식물로 봄에 싹이 터서 자라기 시작하여 줄기 밑부분이 갈색으로 변하고 밑의 잎이 마르기 시작하는 시기에 베어 수확하는데 우리나라에서는 1년에 3회 수확한다.

베어 낸 모시풀에서 잎과 잔가지를 떼어 내고 껍질을 끊어지지 않도록 한 장으로 벗긴다. 이것을 다시 모시칼로 표면의 표피를 벗겨 버리면 속껍질이 남는데 이것이 모시의 원료인 태모시이다.

태모시를 몇 번 물에 담갔다 말리기를 반복한 후 가늘게 가른 다음 길이로 연결하여 긴 실을 만들고 이것을 베틀에 걸어 모시직물을 짠다. 충청남도 한산은 모시풀을 재배하여 전통적인 방법으로 모시를 짜는 곳으로 유명하다.

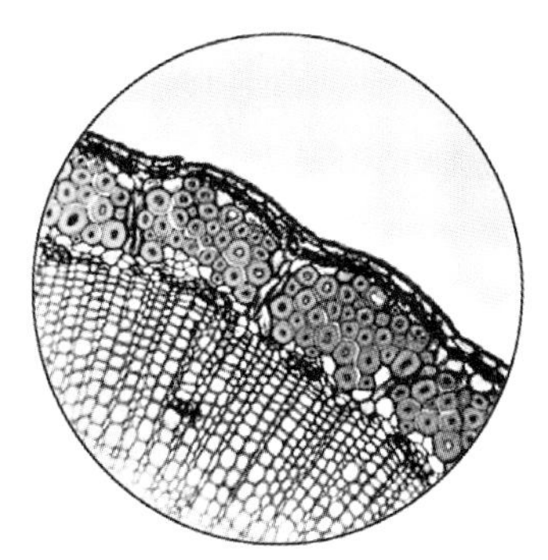

그림 8-5 모시풀

그림 8-6 마식물의 단면

모시섬유는 매우 질기며 젖으면 더 질겨진다. 수분을 잘 흡수하

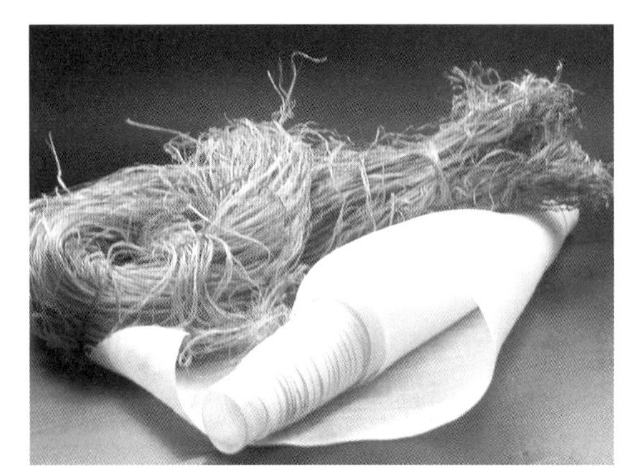
그림 8-7 모시직물과 태모시

지만 촉감이 거칠고 뻣뻣하다. 표백에 의해 순백색의 섬유를 얻을 수 있으나 잘 구겨지는 성질을 가지고 있어 여름용 한복으로 만들어 입었을 때 구겨지면 회복되지 않아 구겨진 채로 입고 다니는 것을 자주 볼 수 있다.

모시섬유는 단독으로 고급 여름용 한복용, 침구류, 수의, 장식용 소품 등에 사용된다.

대마도 모시와 같이 식물의 줄기에서 얻는 섬유로 삼베를 짜는데, 질기며 갈색을 띠고 뻣뻣하고 잘 구겨진다. 여름용 침구류, 상복과 수의의 소재로 사용된다.

마섬유는 알칼리 세제에 대해 내성이 좋으므로 가정에서 물세탁하여 사용할 수 있으나 마직물 자체가 여름용으로 성글게 짠 것이 대부분이어서 세탁 후에 세게 털거나 비틀어 짜면 형태가 변하므로 풀을 먹여 형태를 잘 잡아주면서 다림질을 해주어야 한다.

■ 면섬유

면섬유는 목화씨에서 자란 솜털을 말하는 것으로 현재 합성섬유가 많이 보급된 오늘날까지도 면섬유는 가장 실용적이고 위생적인 소재로 널리 사용되고 있다.

목화의 씨앗을 봄에 파종하면 목화가 자라 꽃이 피고 이 꽃이 지면 열매가 생

그림 8-8 다양한 종류의 마섬유 제품

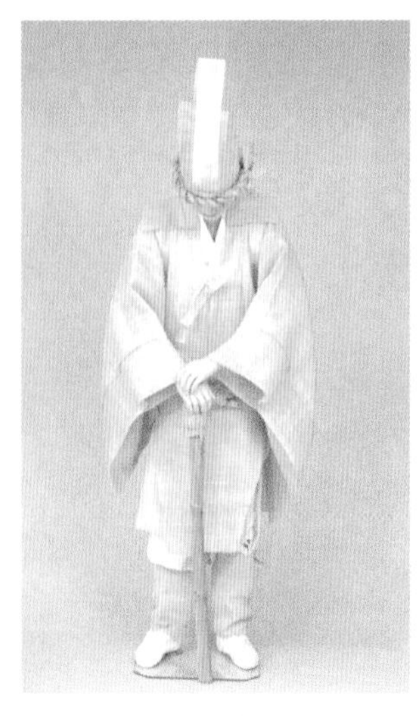
굴건제복(삼베)

한복(모시)

침구(삼베)

그림 8-9 목화밭과 목화송이

기는데 이것을 다래라고 한다. 이 다래 속에는 팥알 크기의 씨앗이 5~10개 들어 있는데, 다래가 성숙함에 따라 씨앗에서 솜털이 돋아나 자라기 시작한다. 솜털이 자라남에 따라 씨방이 점점 커지고 섬유가 다 자라면 씨방이 터져서 하얀 솜털이 밖으로 부풀어 마치 흰 꽃이 피어 있는 것처럼 보이게 되는데 이것을 목화송이라고 부른다.

우리나라는 고려시대부터 목화를 재배하기 시작하였다. 고려시대 문익점은 사간원 좌정언으로 원나라에 가는 외교관의 수행원으로 중국에 가게 되었고 그곳에서 외국으로의 반출이 금지된 목화씨앗을 구하여 붓대에 넣고 무사히 고향에 돌아와 재배하기 시작하였다. 이후 점차 목화 재배가 늘어가면서 겨울에도 삼베옷을 입고 추위에 떨며 지냈던 백성들이 목화솜을 둔 따뜻한 옷을 입게 되었다.

이렇게 고려시대부터 우리나라에서 생산된 면섬유는 현재에는 값이 싼 외국산 면섬유의 수입이 늘면서 거의 생산이 되지 않고 수입에 의존하고 있다. 현재 중국이 최대 면 생산국으로 알려져 있다.

면섬유는 수분을 잘 흡수할 뿐 아니라 질기고 가정에서 쉽게 물빨래를 할 수 있고 삶거나 표백을 해도 손상이 가지 않아 내의를 만드는 데에는 면섬유가 가장 많이 사용된다. 또 청바지, 셔츠, 아기 기저귀, 이불 호청 등 실용적이고 위생적인 용도로 많이 사용되고 있다. 그러나 잘 구겨지는 단점이 있어 셔츠나 재킷 등 겉옷으로 사용하기 위해서는 구김을 방지하는 수지처리를 하기도 한다. 또, 면섬유는 강한 알칼리 처리를 하면 더욱 질겨지고 염색이 잘 되며 광택이 좋아지므로 고급 면직물은 알칼리 처리를 하는데 이를 머서화라 한다. 머서화 면

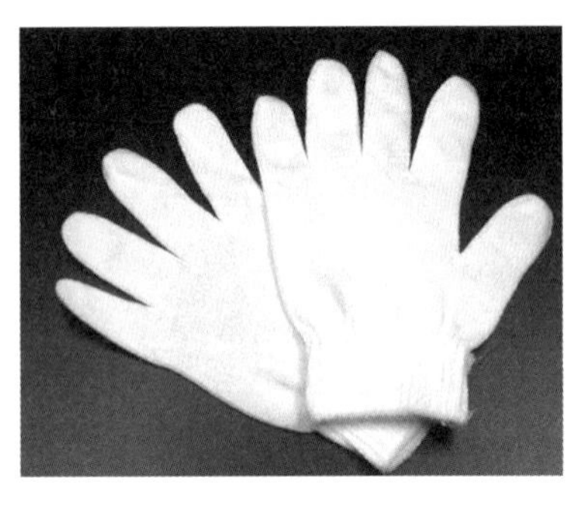

그림 8-10 다양한 종류의 면 섬유 제품

은 셔츠와 블라우스, 고급 티셔츠 등에 사용된다. 광목, 옥양목, 포플린, 소창, 데님 등이 면섬유로 짠 옷감이다.

(2) 동물성 섬유

■ 견섬유

견섬유는 누에가 지은 고치로부터 풀어낸 섬유이다.

중국에서 처음 양잠을 시작하였고 우리나라에는 단군 조선시대인 기원 전 1200년경에 양잠기술이 전해졌으며 백제시대에 일본으로 전파하였다. 조선시대에는 양잠을 적극 장려하여 왕비 친잠예법을 제정하고 잠실도회를 설치였으며 뽕나무를 재배하고 농민들에게 시범을 보이던 왕가의 잠소(蠶所)는 현재에도 잠원동, 잠실 등의 이름으로 남아 있다. 현재는 값싼 중국 제품의 수입에 밀려 거의 생산되지 않고 약용으로의 누에를 생산하고 있는 실정이다.

누에나방이 낳은 알은 약 1mm 정도로 25℃에서 10여 일이면 부화한다. 부화한 누에의 크기는 약 3mm 정도로 뽕잎을 먹고 자라기 시작하는데 25일 동안에 네 번 잠을 자며 그때마다 탈피를 한다.

그림 8-11 누에의 한 살이(누에 알, 번데기, 나방, 고치)

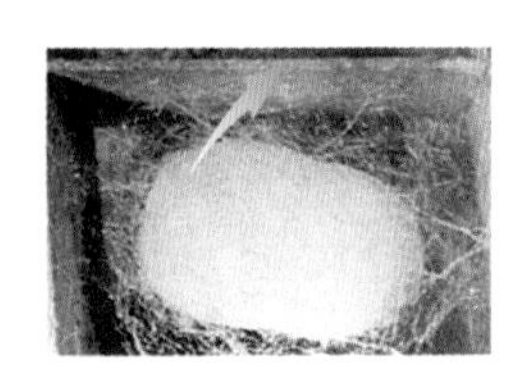

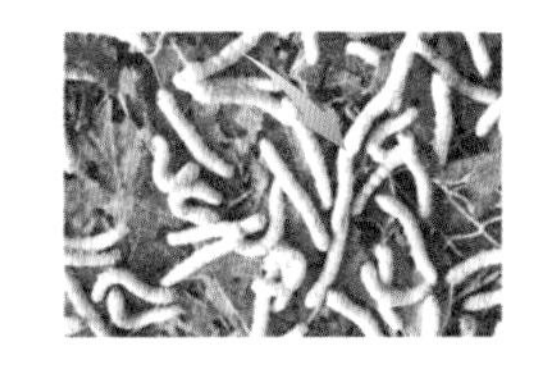

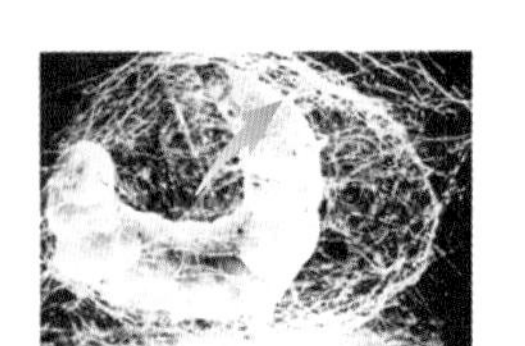

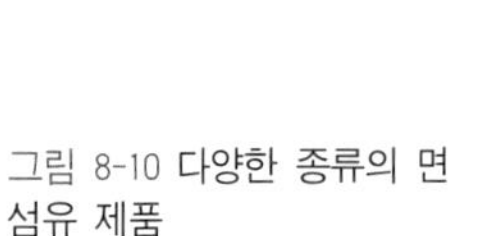

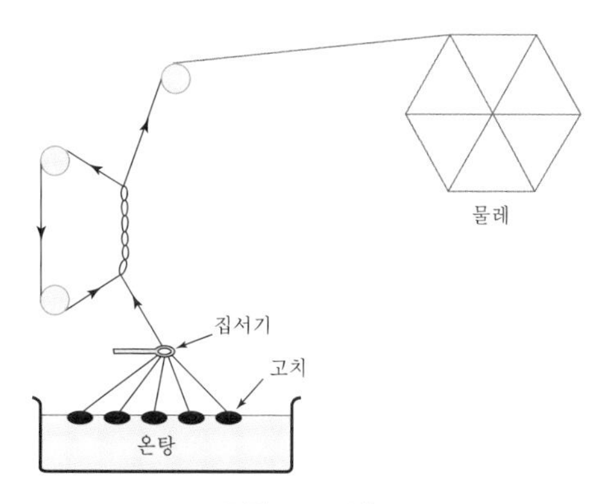

그림 8-12 조사

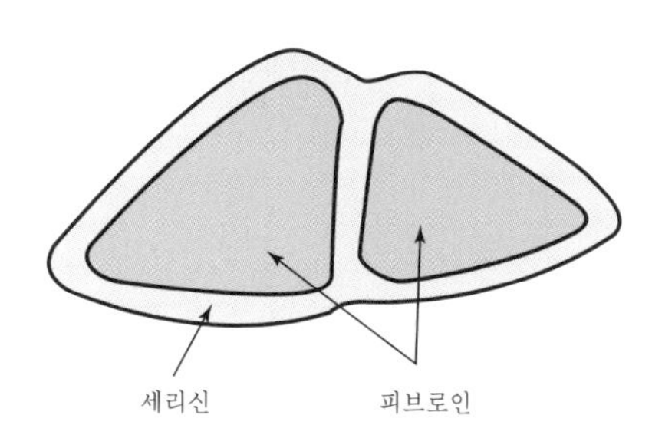

그림 8-13 견섬유의 단면

4번째 잠에서 깨어나면 약 8cm가 되며 뽕잎 먹는 것을 중단하고 입에서 견사를 토해 내며 고치를 짓는다. 4~5일에 걸쳐 고치를 완성하고 나면 고치 속에 갇힌 채로 번데기로 탈바꿈을 하며 다시 15일이 지나면 나방이로 탈바꿈을 하게 된다. 이 누에나방은 알칼리 용액을 분비하여 고치에 발라 구멍을 내고 밖으로 나와 알을 낳는다.

견섬유를 얻기 위해서는 고치가 완성된 후 누에나방이 되기 전에 고치를 열풍건조기에서 처리하여 번데기누에를 죽여야 끊어지지 않은 긴 섬유를 얻을 수 있다.

고치를 미지근한 물에 담가 솔로 굴려 실머리를 찾아 적당한 굵기가 되도록 여러 가닥을 합해서 잡아당기면서 물레(릴 : reel)에 감는다. 이 과정을 조사(繅絲 : reeling)라 한다. 하나의 누에에서 풀어낸 견섬유는 굵기 2~3데니어, 길이는 약 1,200m 정도로 천연섬유 중에서는 유일한 필라멘트 섬유이다.

이렇게 풀어낸 견섬유는 두 가닥의 견섬유가 세리신이라는 물질에 의해 한 가

그림 8-14 다양한 종류의 견섬유 제품

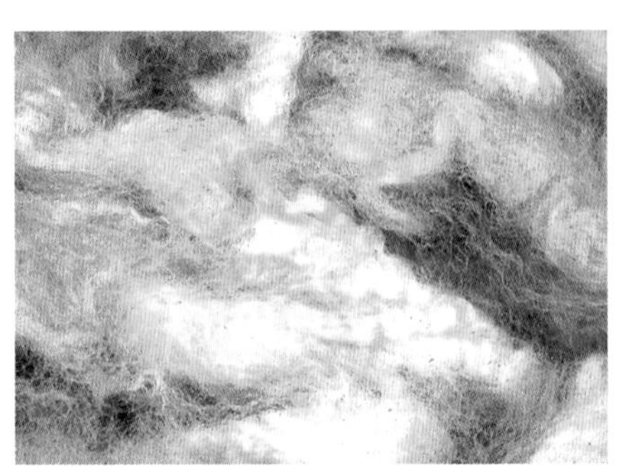

그림 8-15 메리노 양의 모습
그림 8-16 모섬유의 크림프

닥으로 합해져 있는데, 정련과정을 통하여 세리신을 제거하면 견섬유 특유의 아름다운 광택과 부드러운 촉감을 나타낸다. 또 견섬유는 매우 가늘지만 질기고 유연하며 가볍고 신축성과 흡습성 등이 우수한 장점을 많이 가지고 있을 뿐 아니라 광택과 촉감이 우수하여 섬유의 여왕으로 인정되고 있다.

견섬유는 가볍고 부드러워 여성용 의류에 다양하게 사용되며 스카프, 넥타이, 한복 등에 많이 사용된다.

견섬유는 광택과 촉감이 우수하나 물세탁을 하면 수축하고 촉감과 광택이 떨어지므로 드라이클리닝을 하는 것이 좋다. 또 땀이나 오염이 묻으면 쉽게 상하므로 빨리 제거하는 것이 좋다. 자외선에 대해서는 모든 섬유 중에서 가장 쉽게 손상되는 섬유으므로 보관할 때는 햇볕이 닿지 않도록 하고 방충제를 넣어 보관한다.

견사로 만든 우리나라의 전통 옷감으로는 명주, 양단, 공단, 노방, 등 여러 가지가 있다.

■ 모섬유

양모의 역사는 지금으로부터 약 8000년 전 티그리스강과 유프라테스강 사이의 목축지이면서 고대 문명의 발상지인 메소포타미아에서 시작되었을 것으로 추측된다. 현재 남아프리카공화국, 호주, 뉴질랜드 등이 양모의 주요 생산국이다. 양의 사육은 남반구에서 주로 이루어지고 북반구에서 대부분 소비되는 섬유로 알려져 있다.

우리나라에는 기후와 풍토가 양 사육에 적합하지 않아 모섬유는 수입에 의존하고 있는데 전체의 약 65%를 호주에서 들여오고 있다.

양의 품종은 약 3,000여 종이 되며 이 중에서 메리노종이 가장 우수한 털을 생산하는 품종이며 세계에서 생산되는 양모의 반이 메리노 종으로부터 얻어진

그림 8-17 모섬유를 축융하여 만든 펠트 양탄자(왼쪽)와 중절모(오른쪽)

다. 양털은 1년에 한 번 더운 여름이 오기 전에 깎아주는 것이 보통이다. 지역에 따라 1년에 2번씩 깎아주는 경우도 있다. 깎은 양털을 정련하면 깨끗한 양모가 되는데, 한 마리의 양에서 약 2.5kg의 양털이 얻어지고 이것은 양복 한 벌을 만들 수 있는 정도의 분량이다.

양모섬유의 품질은 가늘고 길며 크림프가 잘 발달된 것이 좋은데, 양의 나이가 어릴수록 털이 부드러워 새끼양의 털이 가장 고급으로 평가되며 특별히 램스울(lamb' s wool)이라고 불린다.

양모섬유는 몸에서 돋아나면서부터 용수철과 같은 곱슬거리는 형태를 하고 있는데 이것을 크림프라 한다. 이 크림프는 옷감을 짰을 때 구김이 잘 생기지 않게 하고 보온성을 좋게 한다. 또 표면에는 생선 비늘 모양의 스케일이 모근에서 섬유 끝 방향으로 겹겹이 포개져 있고 끝이 들려 있어 마찰시키면 섬유가 스케일 때문에 한쪽 방향으로는 잘 움직이지만 한 번 움직인 섬유는 원래 위치로 돌아가지 않으므로 수축하게 된다. 이 현상을 축융(felting)이라 하며 축융에 의해 일어난 수축은 회복되지 않는다. 이때 수분, 알칼리, 열을 가하면 축융현상은 더욱 촉진된다. 따라서 모섬유 제품은 물세탁은 피하고 드라이클리닝을 해야만 한다.

한편, 양모섬유를 얇고 편편하게 펴놓고 여기에 수분과 열 그리고 마찰을 가

순모

모혼방(모 50% 이상)

모혼방(모 30~50% 이상)

그림 8-18 울 마크

그림 8-19 다양한 종류의 모섬유 제품

하면 섬유가 엉켜서 서로 떨어지지 않고 그대로 옷감이 된다. 이러한 옷감을 펠트직물이라 하는데, 실을 만드는 과정이나 직조과정이 생략된 것으로 생산비가 적게 들어 경제적이다. 이것은 입체 모양으로도 만들 수 있는데 신사용 중절모가 그 대표적인 예이다.

양모섬유는 가볍고 매우 약한 섬유이지만 스케일이 있어서 섬유와 섬유가 단단히 엉킬 수 있기 때문에 질긴 실을 만들 수 있으며 물을 튕기는 성질이 있어 비를 맞아도 쉽게 젖지 않는 섬유이다. 화학적으로는 수분과 친화성이 높아 모든 섬유 중에서 가장 우수한 흡습성을 나타내고 있고 염색성도 우수하다.

양모섬유 제품을 구입할 때 소비자는 품질을 판별하기가 어려우므로 국제양모사무국(International Wool Secretary ; IWS)에서 제정한 울 마크(wool mark)를 참고하면 도움이 된다. 국제양모사무국에서는 자체 품질검사 기준을 제정하고 그 검사에 합격한 제품에 대해 울 마크의 사용을 허가하고 있는데 울 마크의 종류에는 순모 마크와 2종류의 모혼방 마크가 있다.

모섬유는 보온성이 우수하여 코트와 양복, 스웨터 등 겨울용 의복 재료로 주로 사용된다.

양모섬유 제품은 드라이클리닝을 해야 하지만 축융방지가공을 한 제품은 물세탁을 해도 수축하지 않으므로 여름용 의류 소재로 많이 사용되고 있다. 다리미질을 할 때는 물을 뿌려가며 옷 위에 천을 덮고 다리는 것이 좋다. 또 양모섬유를 보관할 때는 방충제와 함께 보관하는 것이 좋다.

양모섬유로 짠 옷감으로는 개버딘, 트위드, 헤링본, 서지, 도스킨 등이 있다.

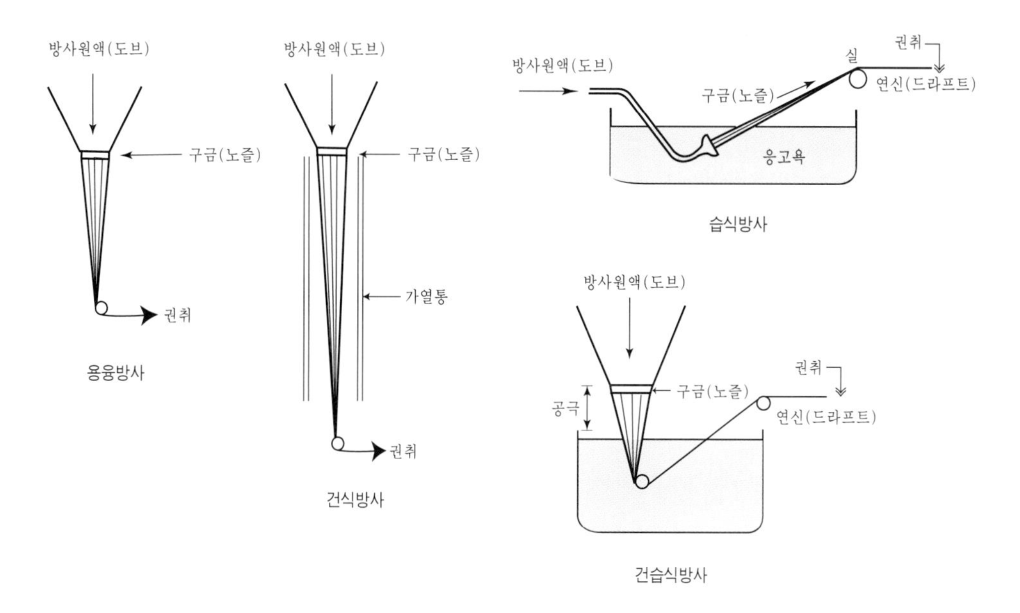

그림 8-20 섬유의 방사과정

2) 인조섬유

1664년 영국의 로버트 후크(Robert Hooke)는 누에가 견사를 토해 내는 것을 보고 사람도 뽕잎을 적당히 처리하면 견섬유를 만들 수 있을 것이라고 제안하였고, 이때부터 사람의 손으로 섬유를 만들고자 하는 시도를 하게 되었다.

여러 가지의 노력 끝에 천연 셀룰로오스를 화학약품으로 처리하여 액체를 만들고 이를 가느다란 구멍을 통하여 섬유를 뽑아내기에 이르렀다. 이렇게 시작한 인조섬유는 나일론의 합성을 시작으로 합성섬유 시대를 열었으며 현재 20여 종류의 섬유가 개발되어 사용되고 있다.

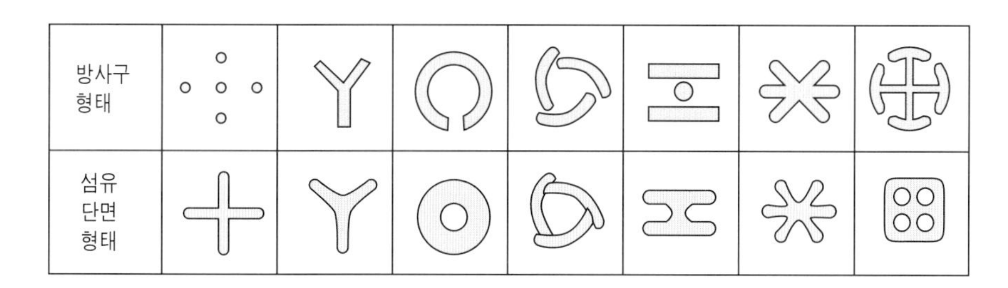

그림 8-21 단면형이 다른 여러 가지 섬유

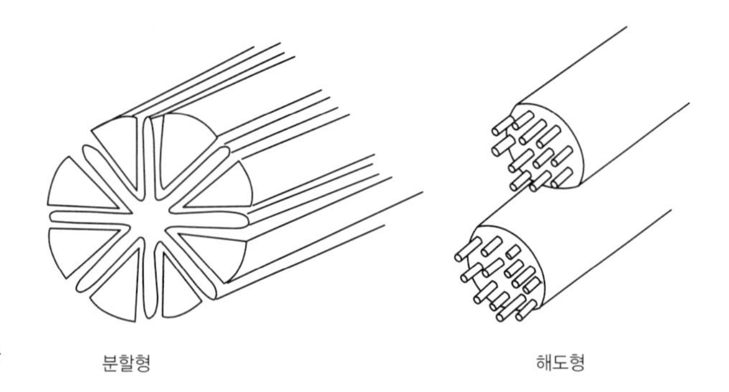

그림 8-22 분할형 극세섬유와 해도형 극세섬유

(1) 인조섬유 개요

인조섬유는 인공적으로 만든 섬유를 말하며 목화씨에 붙어 있는 짧은 털이나 목재 펄프와 같이 천연의 상태로는 섬유로 사용할 수 없는 물질 또는 천연에서 존재하지 않는 합성된 물질을 원료로 한다. 인조섬유의 재료가 섬유로 뽑아내기 전에 천연물질이었는지 또는 합성된 물질인지에 따라 재생섬유와 합성섬유로 나뉜다.

인조섬유의 방사는 원료를 액체로 만들어야 하고 이 액체 원료를 가느다란 구멍을 통해 밀어내어 다시 고체로 만들어 주는 과정이다. 액체상태로 된 원료를 방사원액이라고 하며 방사 후 얻어진 고체 섬유는 약하고 비교적 굵기 때문에 원래 길이보다 길게 늘이면 가늘어지고 강한 성질을 띠며 섬유로서의 특성이 좋아진다. 이 과정을 연신이라고 한다.

천연섬유는 기후와 환경 또는 생장 조건에 따라 품질이 달라지지만 인조섬유는 공장에서 원료를 사람의 손이나 기계로 조작하여 만드는 것이기 때문에 품질을 어느 정도 조정할 수 있고 형태도 원하는 대로 뽑을 수 있다. 즉, 방사원액에 염료나 약품을 넣어 색깔이 있는 섬유나 광택이 없는 섬유를 뽑아내기도 한다.

또 섬유가 뽑아져 나오는 구멍(방사구)의 형태나 크기를 조절하여 섬유의 단면 형태나 굵기를 조절하기도 한다. 뽑아져 나온 섬유는 필라멘트로 그대로 사용하기도 하고 원하는 길이로 잘라 사용할 수 있으며 인공적으로 곱슬거림을 주기도 한다.

섬유는 가늘수록 유연한 성질을 가지므로 최근에는 종래의 섬유 굵기의 1/10-1/100 정도의 초극세섬유가 만들어지고 있는데 이러한 초극세섬유는 안경닦이, 인조 스웨이드, 투습방수포, 여과포 등을 만드는 데에 사용된다.

(2) 재생섬유

재생섬유는 원료가 고분자 물질이지만 그대로는 방적을 할 수 없어 방적을 할 수 있는 조건을 갖춘 섬유로 만든 것이다. 재생섬유에는 셀룰로오스계 재생섬유와 단백질계 재생섬유가 있는데, 주로 섬유소계 재생섬유가 생산 · 사용되고 있으며 단백질계 재생섬유는 극소량만이 생산되고 있다.

■ 레이온

레이온(rayon)은 최초의 인조섬유로, 견섬유와 같은 광택이 있고 필라멘트로 생산되기 때문에 인조견으로 불리다가 후에 레이온이라는 독자적인 이름을 갖게 되었다.

레이온은 면 린터나 목재펄프를 원료로 하여 화학적인 처리를 하여 만든다. 그러나 제조과정이 복잡하고 인체에 치명적인 화학약품을 사용하게 되므로 작업상의 환경문제와 폐수 등의 문제를 안고 있다. 이런 이유로 레이온을 생산하던 업체가 점점 생산을 중단하고 있으며 우리나라도 전량을 수입에 의존하고 있다.

레이온은 면섬유와 꼭 같은 화학구조를 하고 있어 화학적인 성질은 면섬유와 비슷하나 면보다 흡습성이 더 우수하고 부드러워 안감으로 많이 사용되며 다른 섬유와 혼방하여 여성 의류에 많이 사용되고 있다. 그러나 강도가 매우 약하고 젖으면 더욱 약해지기 때문에 취급에 주의해야 한다. 또 구김이 잘 가기 때문에 세탁 후에는 다림질이 필요하다.

표 8-1 면섬유와 레이온의 강도 비교

섬 유	강도(g/d)		신도(%)		습윤* 탄성율	피브릴** 화지수
	건	습	건	습		
비스코스 레이온	2.5~2.9	1.1~1.7	20~25	25~30	3	0.5
구리암모늄 레이온	1.8~2.7	1.1~1.9	10~17	15~27	3	0.5
고습강력 레이온	3.5~4.0	2.3~2.8	13~14	25~30	12	1.0
폴리노직 레이온	3.8~4.1	2.1~2.4	13~15	13~15	21	3.5
감화아세테이트 레이온	6.0~7.0	5.1~6.0	6	6	-	-
리오셀(텐셀)	4.3~4.8	3.9~4.3	14~16	16~18	28	4.0
면	2.3~2.7	2.9~3.4	7~9	12~14	15	1.5

*5% 신장에서 **Lenzing법

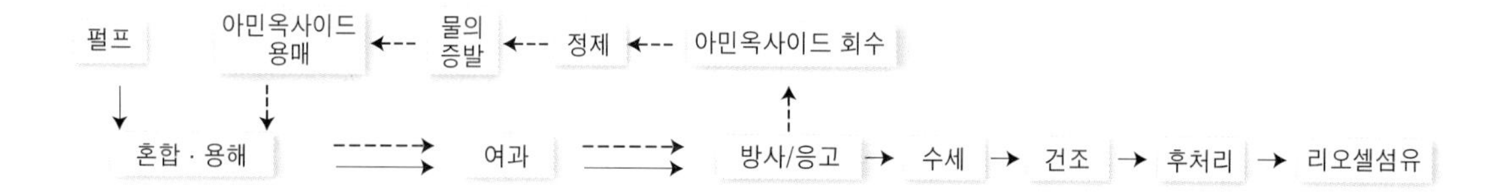

8-23 리오셀섬유의 제조과정

■ 리오셀

리오셀(lyocell)은 레이온이 유해한 화학약품을 많이 사용함으로써 직업병과 환경오염 문제로 생산에 어려움을 겪고 있던 1990년대 초에 개발되어 용매의 독성과 공해문제를 해결함으로써 환경친화적 섬유로써 각광받기 시작하였다.

리오셀은 목재 펄프를 비독성 용제인 산화아민에 용해시키고 직접 섬유로 방사하며 방사할 때에 산화아민을 모두 회수하여 다음 제조에 이용하기 때문에 공해물질을 발생시키지 않는 환경친화적인 섬유이다.

리오셀은 특유의 촉감과 묵직함 및 유연성을 지니고 있어 숙녀복, 청바지, 란제리 등 각종 의류에 사용되고 있다. 레이온에 비해 강도가 크고 젖어도 강도가 심하게 저하되지 않아 취급이 간편하여 레이온의 용도는 물론 면섬유의 용도로 그 영역이 확대되고 있고 혼방 소재로도 개발되고 있다. 현재 우리나라에서는 대부분 수입하여 사용하고 있으나 최근 한일합섬에서 자체적으로 개발한 리오셀섬유의 상업화를 확대하고 있다.

그림 8-24 열고정된 아세테이트 제품

그림 8-25 나일론 개발 당시 나일론 스타킹을 거리에서 신어 보고 있는 여성

■ 아세테이트

아세테이트(acetate)는 레이온이나 리오셀과 마찬가지로 린터나 펄프와 같은 원료를 이용하여 만든다. 그러나 셀룰로오스 분자의 친수성기(-OH)를 소수성인 아세틸기(-OCOCH3)로 바꾸어 줌으로써 아세테이트라는 이름을 갖게 되었고 화학적으로도 변화를 준 점이 레이온이나 리오셀과 다르다.

따라서 친수성의 특성은 사라지고 흡습성이 좋지 않으며 염색도 어렵다. 그러나 부드럽고 가벼워 견섬유 대용으로 많이 사용되며 혼방으로도 이용된다.

아세테이트는 열을 가하여 형태를 잡아주면 낮은 온도에서는 형태가 변하지 않는 열가소성이 있어 열고정을 하기도 한다.

(3) 합성섬유

■ 나일론

1938년 미국의 듀폰(Dupont)사에서 세계 최초로 합성섬유인 나일론(nylon) 섬유를 세상에 만들어냈다. 나일론이라고 이름 붙여진 이 섬유는 '강철보다 강하고 거미줄보다 가늘며 견과 같은 아름다운 광택을 갖는다' 고 사람들 사이에 알려지면서 스타킹의 소재 혁명을 일으켰다.

나일론 스타킹이 처음 출시되었을 당시 이를 사기 위해 백화점에 몰려든 여성 인파로 혼잡을 이루었으며 줄을 서서 기다리는 사람들 때문에 백화점 부근의 교통이 마비되었다고 한다.

나일론이 스타킹 외의 용도가 확대되려고 하던 중에 제2차 세계대전이 발발하고 이어서 미국은 일본과의 전쟁에 돌입하였다. 당시 미국은 일본에서 견섬유를 수입하여 낙하산을 만들었는데 일본으로부터 견섬유의 공급이 끊어지면서 강도

그림 8-26 나일론이 사용된 여러 가지 제품

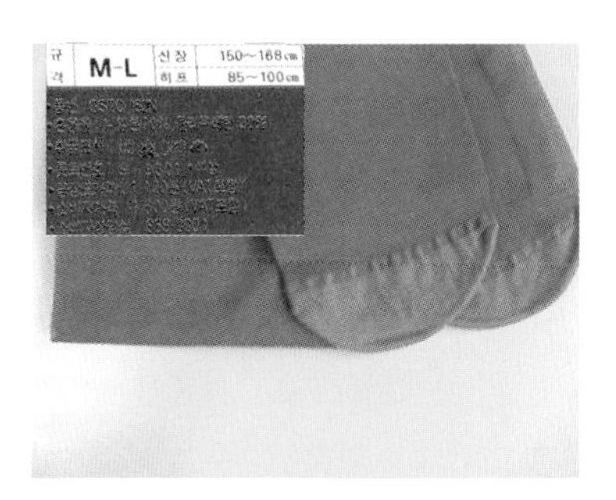

와 탄성이 뛰어난 나일론이 낙하산에 이용되어 매우 요긴하게 쓰이기도 하였다.

나일론은 마모에 대한 저항이 매우 우수하여 아주 가는 실의 경우도 손으로 자를 수 없을 만큼 강도가 크고 구김이 생기지 않는 섬유로서 오늘날 양말, 스타킹을 비롯하여 수영복, 스포츠 웨어 등의 의류용과 카펫, 칫솔, 브러시, 타이어 코드, 어망, 낚싯줄 등의 산업용으로 널리 사용되고 있다.

■ **폴리에스테르**

나일론이 발명된 후 폴리에스테르(polyester)가 등장하면서 혼방에 널리 사용되어 다시 한 번 소재의 변혁을 가져왔다. 순면 와이셔츠는 반드시 풀을 먹이거나 다림질을 해서 입어야 했으나 폴리에스테르는 구김이 생기지 않고 형태안정성이 우수하여 폴리에스테르 65%, 면 35%의 소재가 와이셔츠로서 인기를 모았다. 혼방 와이셔츠는 세탁 후에 가볍게 짜서 말리면 쉽게 마르고 다림질이 필요 없어 손질이 매우 간편하므로 워시 앤 웨어(wash & wear)성 또는 이지 케어(easy care)란 단어가 나오게 되었다.

폴리에스테르섬유는 내구성이 크고 견섬유와 비슷한 정도의 강경한 성질을 가졌기 때문에 의류로 만들었을 경우 형태안정성이 좋고 의복의 태가 난다. 최근에는 이러한 장점을 이용하여 폴리에스테르에 각종 기능성을 부여하거나 태를 개선하여 의류 소재로 널리 이용하고 있다.

이외에도 폴리에스테르는 신도가 낮고 변형이 적어서 자동차 안전벨트, 녹음 테이프, 플라스틱 병을 비롯한 각종 산업용 용도로도 널리 사용되고 있다. 천연섬유와의 혼방에도 가장 많이 사용된다.

그림 8-27 폴리에스테르와 면 혼방제품

그림 8-28 여러 가지 폴리에스테르 섬유 제품

■ 아크릴섬유

아크릴섬유(acylics)는 양모섬유와 흡사한 성질을 가졌을 뿐 아니라 취급하기 쉬운 장점을 지녀 의류용으로 널리 사용되는 3대 합성섬유 중의 하나이다. 우리나라에서는 1950년에 처음 생산되기 시작하였는데, 이 무렵에는 우리나라의 주택의 난방설비가 부실하였기 때문에 겨울철에는 실내에서도 옷을 따뜻하게 입고 지내야만 하였다. 이때 등장한 아크릴섬유는 니트로 짜여져 보온용 내의의 원료로 사용되면서 폭발적인 인기가 있었다. 때를 맞추어 빨간색 내의를 입으면 질병이 오지 않는다는 속설이 생겨나면서 당시 부녀자들에게는 필수품으로까지 여겨지게 되었는데 이때 빨간색 내의의 원료는 모두 아크릴섬유였다.

아크릴섬유는 거의 대부분 방사 후에 짧게 잘라 단섬유로 생산되며 양모섬유와 비슷한 장점을 많이 가지고 있어 모섬유 대용으로 많이 사용되고 있다. 아크릴섬유는 잘 구겨지지 않고 부드러우며 가벼울 뿐 아니라 곱슬거림을 준 섬유는 보온성도 우수하다. 반면 양모섬유와 같은 펠트를 일으키지 않고 해충의 침해를 받지 않아 손질과 보관이 양모보다 훨씬 간편하다. 이러한 장점 때문에 스웨터, 카펫, 담요 등 양모섬유가 사용되는 용도로 많이 사용된다. 또 일광에 대한 저항성이 우수하여 차양, 커튼, 인조 잔디 등에도 사용된다. 그러나 아크릴섬유는 화재가 났을 때 유독한 가스를 발생하므로 공공장소의 실내장식용 소재로 사용될 때는 난연가공을 하여야 한다.

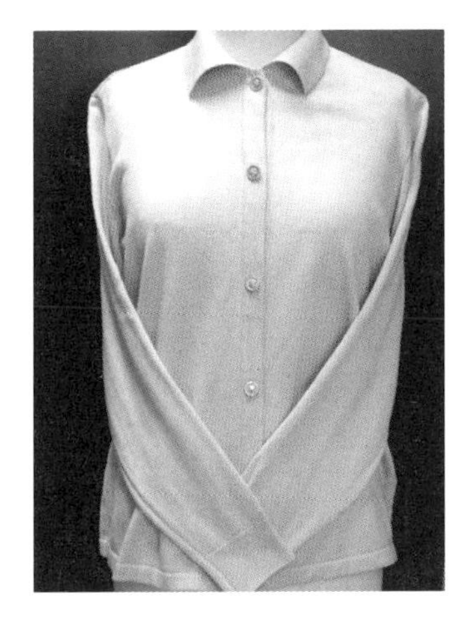

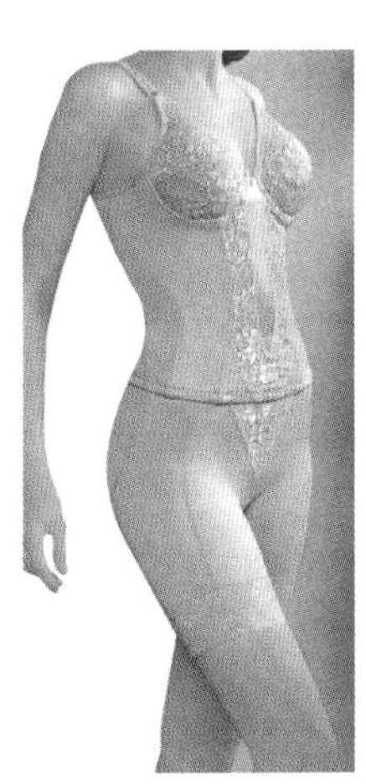

그림 8-29 아크릴섬유 제품

그림 8-30 스판덱스가 사용된 파운데이션

그림 8-31 올레핀섬유로 만든 포장용 끈

■ 탄성섬유

탄성섬유란 자유 자재로 늘릴 수 있고 늘리면 제자리로 돌아오는 힘이 강한 섬유를 말하며 미국의 듀퐁사에서 개발한 스판덱스(spandex)가 탄성섬유의 대명사로 쓰이고 있다. 스판덱스가 개발되기 전에는 고무섬유가 사용되었으나 고무섬유는 가늘게 뽑을 수가 없고 염색도 어려워 스판덱스가 개발되기 시작하면서부터 고무섬유는 거의 사용하지 않는다.

스판덱스는 일반직물에 2~8%만 혼방하여도 높은 신축성을 나타낸다. 수영복, 파운데이션류, 스포츠복은 물론 최근에는 몸에 밀착되는 패션이 유행하면서 스판덱스가 많이 사용되고 있다.

스판덱스는 열과 표백제에 약하므로 세탁할 때는 더운물보다는 미지근한 물이 좋으며 건조할 때 열풍건조를 하면 수축되므로 자연건조하는 것이 좋다.

■ 올레핀섬유

올레핀섬유(olefin)는 폴리프로필렌섬유와 폴리에틸렌섬유가 있는데 매우 가볍고 수분을 전혀 흡수하지 않는 독특한 섬유이다. 이러한 성질 때문에 의류용으로는 적당하지 않다. 폴리프로필렌섬유는 P.P섬유라고도 하는데 가벼워서 섬유상태로 하여 이불, 누비천 등을 만드는 솜으로 많이 사용하며 끈이나 포장지, 건축자재, 부직포의 재료 등에도 사용된다.

■ 기타 비닐계 섬유

위에 열거한 이외에도 우리 생활에서는 앞서 제시한 아크릴 외에 바이날, 비니온, 비닐론, 사란 등 여러 가지 비닐계 섬유가 사용되고 있다.

바이날은 PVA를 원료로 하여 만들어지는데 원래는 수용성으로 물에 녹여 합성 풀을 만드는 데에도 사용되는 것이며 우리나라의 이승기 박사에 의해 불용성

그림 8-32 비닐계 섬유 제품

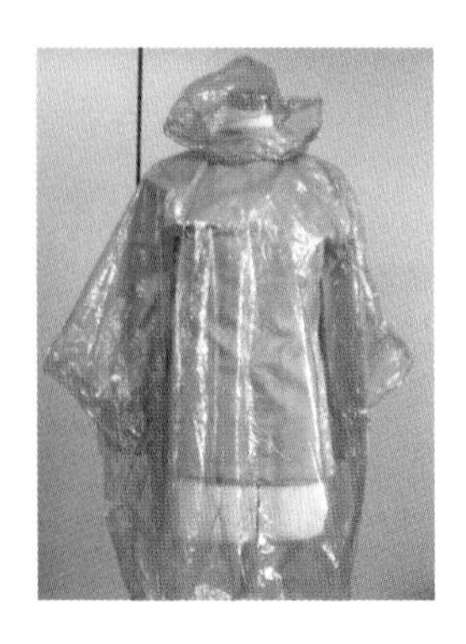

표 8-2 여러 가지 섬유의 성능

섬 유	강도 (g/d)	신도 (%)	탄성회 복율(%)	비중	내연성 (LOD)	수분율 (%)	안전 다림질 온도(℃)
면	3.0~4.9	3~7	75	1.54	18.4	7	218
마	6.5~6.3	1.5~2.3	65	1.5	-	7~10	232
견	3.0~4.0	15~25	92	1.33~1.45	23.6	9	149
양모	10.~1.7	25~35	99	1.32	23.8	16	149
레이온	1.7~2.3	18~24	82~95	1.50~1.52	18.2	12~14	191
아세테이트	1.2~1.4	25~35	94	1.32	18.0	6~7	177
나일론	4.8~6.4	28~45	100	1.14	21.2	3.5~5.0	149
폴리에스테르	4.3~6.0	20~40	85~100	1.38	208	0.4~0.5	163
아크릴	2.5~5.0	25~50	80~99	1.14~1.17	18.0	1.2~2.0	149~176
스판덱스	0.6~1.2	450~800	100	1.0~1.3	-	0.4~1.3	149

의 섬유로 뽑을 수 있게 된 것이다. 이 외의 비닐계 섬유들은 비중이 너무 높거나 용융점이 너무 낮은 등 의류용으로는 적합하지 않아 주로 산업용으로 사용된다. 식품 포장용 랩(wrap)은 사란의 원료인 비닐리덴 클로라이드로부터 만든 것이다.

3. 실

섬유가 옷감이 되기 위해서는 실로 만들어져야 한다. 실은 직물, 편성물, 레이스 등 패션에 사용되는 소재를 짜기 위한 기본 재료로 실의 굵기나 꼬임 등에 따라 소재의 특성이 달라진다.

1) 실의 종류와 특성

(1) 방적사와 필라멘트사

실은 사용된 섬유의 길이에 따라 방적사와 필라멘트사로 나뉜다. 방적사는 원

래 길이가 짧은 면, 모, 마섬유 그리고 길이가 긴 필라멘트섬유를 짧게 자른 인조 스테이플섬유로 만든다. 짧은 섬유를 모아 만들었기 때문에 실의 표면에는 섬유의 끝이 밖으로 나와 잔털이 나 있어 이 실로 짠 소재도 표면에 부드러운 잔털이 있어 포근한 느낌을 준다. 필라멘트사는 무한히 긴 견섬유 또는 인조 필라멘트섬유를 몇 가닥 합해 만든 것으로 표면에 잔털이 없고 매끄러운 표면을 하고 있어 필라멘트사로 짠 소재는 다른 옷과 겹쳐 입었을 때 잘 미끄러지는 이점이 있다.

(2) 단사와 합사

방적사를 만들 때 섬유를 가지런히 하여 잡아 늘려 가늘게 한 다음 꼬임을 주어 실을 완성한다. 이렇게 만든 실을 단사라고 하며 여러 가지 옷감을 짜는 원료로 주로 사용된다.

단사를 두 가닥 이상 합하여 꼬아 만든 것을 합사라 하는데, 합사는 재봉사, 수편사 등이 이에 해당하며 직물을 짤 때에 합사를 사용하는 경우도 많이 있다.

(3) 장식사

보통 실은 균일하게 만들지만 군데군데에 섬유가 뭉쳐 있거나 루프가 있는 장식사로 만들기도 한다. 장식사로 짠 소재는 표면에 독특한 촉감과 시각적 효과를 가지므로 디자인을 더욱 돋보이게 할 수 있어 패션 소재로 자주 사용된다.

2) 실의 굵기와 꼬임

실은 최종 용도로서 재봉이나 수편, 자수 등에도 사용되지만 주로 옷감을 짜

그림 8-33 직물 원료로 사용되는 여러 가지 실

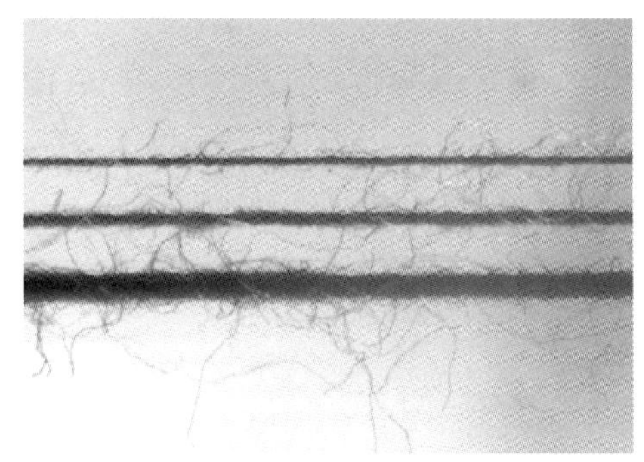

그림 8-34 굵기가 다른 방적사

는 원료로 더 많이 사용된다. 옷감을 짤 때 사용된 실의 굵기와 꼬임 정도에 따라 옷감의 특성이 많이 달라지므로 옷감의 용도에 따라 실의 선택은 매우 중요하다.

실을 만들 때는 꼬임을 주게 되는데 꼬임이 적으면 약하지만 부드러워 편성물용으로 많이 사용되고 꼬임이 많으면 질기고 까슬까슬한 촉감을 가지므로 여름용 소재로 많이 사용된다.

실의 굵기는 실의 무게와 길이의 비율로 나타내는데, 번수법과 데니어법, 또는 텍스법이 사용된다.

방적사의 경우 1파운드의 섬유로 몇 타래(1타래 = 840야드)의 실을 만들었는가를 나타내는 단위로 번수를 사용하며 단위가 클수록 가는 실임을 뜻한다.

필라멘트사의 경우는 9,000m의 실이 몇 g인지를 나타내는 단위로 데니어를 사용하는데, 단위가 클수록 굵은 실임을 뜻한다.

텍스법은 1km의 실이 몇 g인지를 나타내는 방법이며 방적사와 필라멘트사의 굵기를 나타내는 단위이다.

4. 옷감

옷감은 의복의 소재로 사용되어 디자인에 따라 실루엣을 나타내며 다른 사람들에게 옷의 느낌을 전달하는 중요한 요소이다. 옷감을 짜는 방법을 대부분 실로 엮어 직물이나 편성물로 짜는데 용도에 따라 섬유로부터 직접 만든 부직포와 인조섬유의 원료로부터 필름상태로 뽑은 것도 있다.

1) 직물

직물(woven fabrics)은 경사(씨실)와 위사(날실)가 직각으로 교차되게 엮어 만든 것이다. 실의 교차방법에 따라 평직, 능직, 수자직이 있는데, 조직을 혼합할 수가 있고 변화시킬 수도 있어 매우 다양한 옷

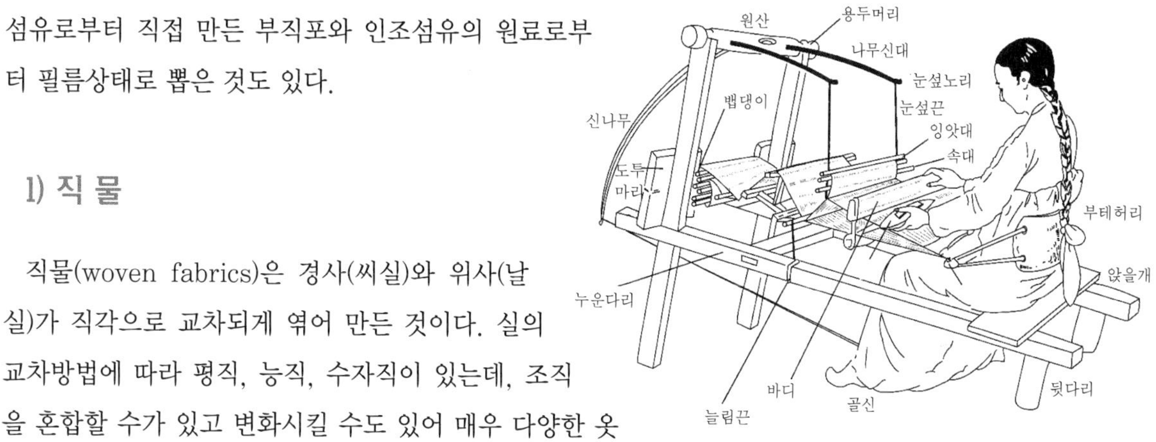

그림 8-35 베틀

감을 짤 수 있다.

직물을 짜는 기계를 직기라 하는데 필요한 경사를 준비하여 직기에 걸고 위사를 투입시킴으로써 직물이 짜여진다. 제직 초기에는 사람의 손으로 직물을 짰으나 영국의 산업혁명 때에 동력을 이용한 역직기가 발명되어 대량으로 직물이 공급되기 시작하였다. 이 후 직기는 많은 발전을 하여 요즈음에는 컴퓨터를 이용한 무늬 짜기, 실 잇기, 색사 공급 등이 자동으로 행해지고 있어 많은 인력을 필요로 하지 않게 되었다.

(1) 평 직

평직은 경사와 위사가 서로 한올씩 교대로 교차하면서 엮어지는 가장 간단한 조직이다. 다른 조직에 비해 밀도가 적어도 튼튼한 옷감이 되며 얇게 짤 수 있어 여름용 옷감은 대부분 평직으로 짠다.

예전에 우리나라에서는 베틀에 실을 걸어 평직물을 짰는데 베틀은 사람이 위사를 공급하기 때문에 30cm 정도 이상의 넓은 폭 직물을 짜기 어려웠다. 그러다가 1917년 우리나라에 처음으로 방직공장이 세워지면서 동력을 사용한 역직기가 들어왔는데, 90cm폭 면 평직물을 생산하였다. 이때 생산된 면직물이 폭이 넓다 하여 광목(廣木)이라 부르기 시작하였고 지금도 그 명칭을 그대로 사용한다.

그림 8-36 평직 조직도

그림 8-37 여러 가지 평직 직물

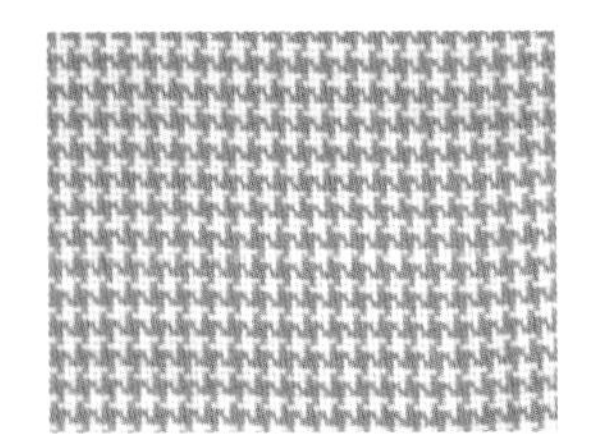
크로스풋

깅엄

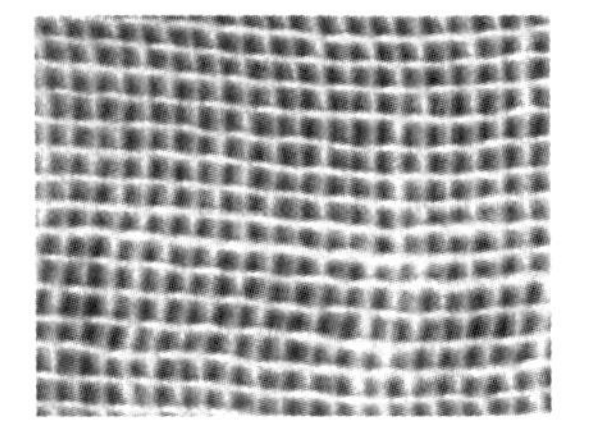
거즈

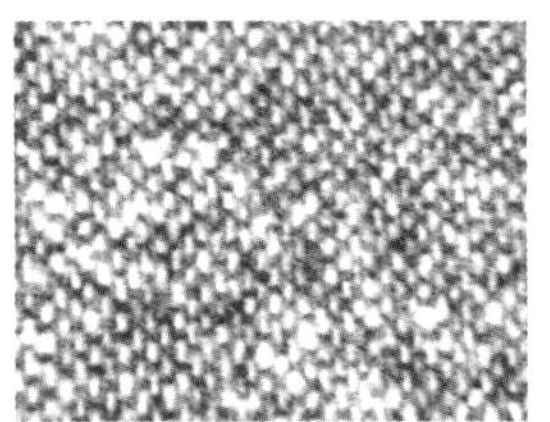
홈스펀

평직은 의류의 소재로 가장 많이 사용되는데, 단조로워서 색사를 배열하여 줄무늬 또는 체크무늬로 짜기도 하고, 흰색으로 짠 것은 무늬를 프린트하는 소재로 가장 많이 사용되는데 이를 프린트클로드(printcloth)라고 부른다.

평직으로 짜여진 옷감에는 광목과 프린트클로드 외에도 우리나라 전통 면직물로 옥양목, 당목, 소창 그리고 마직물인 모시와 삼베 그리고 견사로 짠 명주가 있다.

(2) 능 직

능직은 경사와 위사의 교차점이 사선방향으로 연결되도록 하여 옷감 표면에 사선이 나타나는 것이 특징이다.

경사와 위사가 한 올마다 교차하는 평직과 달리 두 올 이상씩 건너뛰어서 교차하므로 평직보다 부드럽고 밀도를 크게 짤 수도 있어 두꺼운 직물을 만들 수 있다.

능직의 대표적인 것으로 청바지에 많이 사용되는 데님(denim)이 있다. 데님은 경사에는 청색으로 염색한 색사를 배열하고 위사에는 흰색을 사용하여 표면에 경사가 많이 보이게 짠 것으로, 청바지를 오래 착용하면 표면의 실이 닳아 흰색의 위사가 많이 드러나게 된다. 진(jean)은 데님과 같은 조직이지만 흰색 실

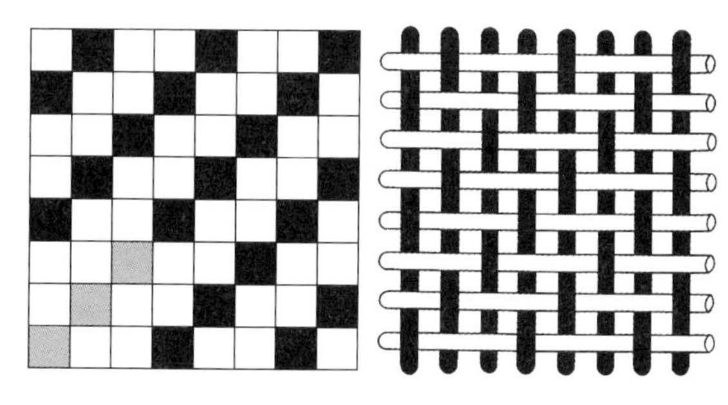

그림 8-38 능직 조직도(1/2 능직)

그림 8-39 여러 가지 능직 직물

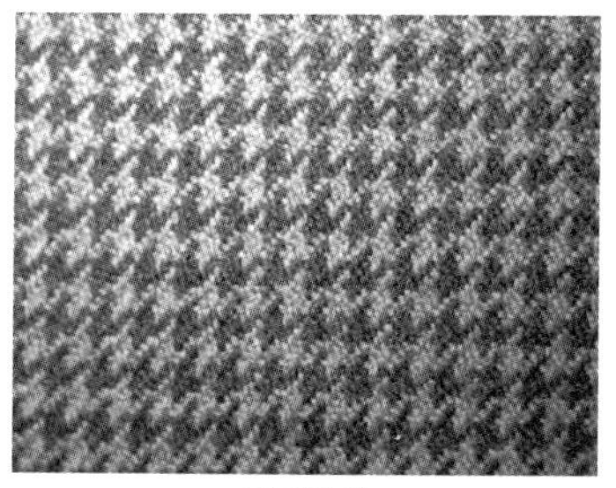

도그즈투스

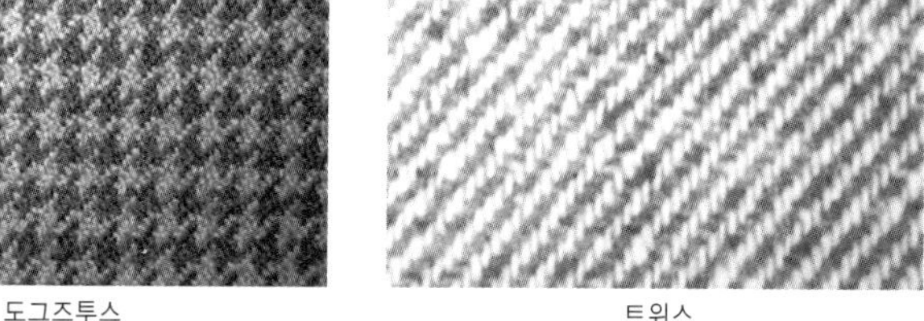

트위스

헤링본

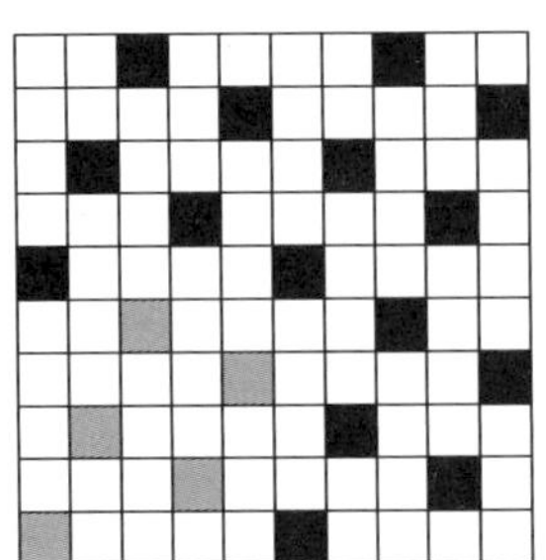

그림 8-40 수자직 조직도

그림 8-41 수자직물(주야 수자직)

로 짠 후 염색한 것으로 사용 중에 닳아도 흰색이 드러나 보이지 않는다.

(3) 수자직

수자직은 경사나 위사 중 한쪽이 길게 떠서 나타나므로 옷감 표면이 경사나 위사 만으로 덮여 있는 것 같이 보이는 것이다.

한쪽 실만 길게 떠 있으므로 표면이 매끄럽고 광택이 좋으며 필라멘트사로 꼬임이 적은 실을 사용하면 더욱 광택이 좋은 직물을 얻을 수 있다. 또 능직보다 더욱 밀도를 높게 할 수가 있고 두꺼운 직물을 만들 수 있다. 밀도를 낮게 짜면 올이 밀려 좋지 않다.

수자직물로는 필라멘트사로 짠 공단(satin), 꼬임이 적은 모사로 짜서 털을 긁어 세운 도스킨(doskin), 이면조직을 크레이프로 짠 크레이프 백 새틴(crepe back satin), 경수자와 위수자가 바둑판무늬를 나타내는 주야수자직 등이 있다.

(4) 기타 직물

직물에는 삼원조직 직물 외에도 무늬를 나타낸 도비(dobby)직물과 자카드(Jacquard)직물 그리고 올록볼록한 무늬를 나타낸 와플직물이 있으며 표면에

그림 7-42 여러 가지 기타 직물들

자카드직물

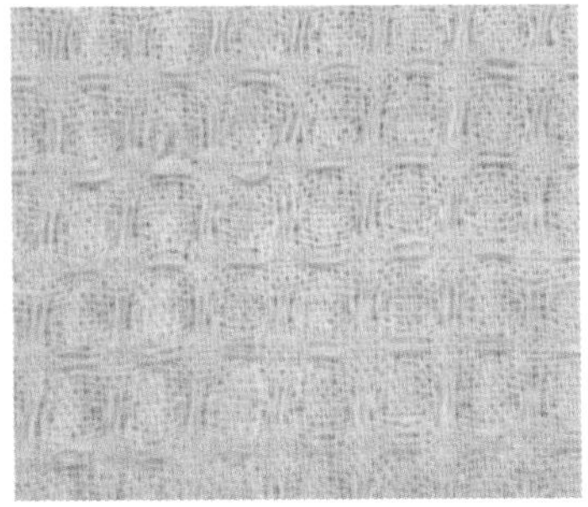
와플직물

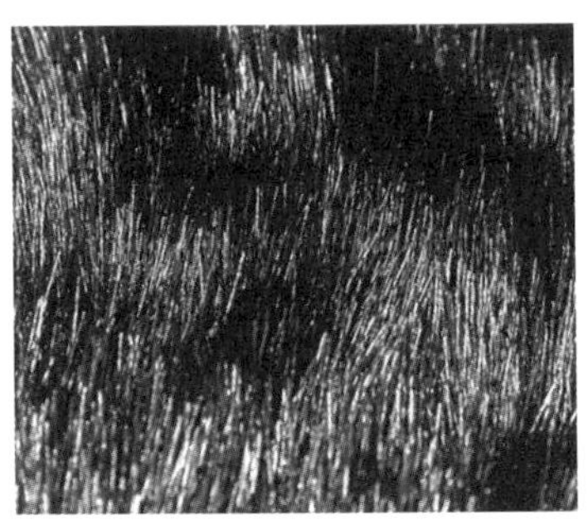
파일직물(인조모피)

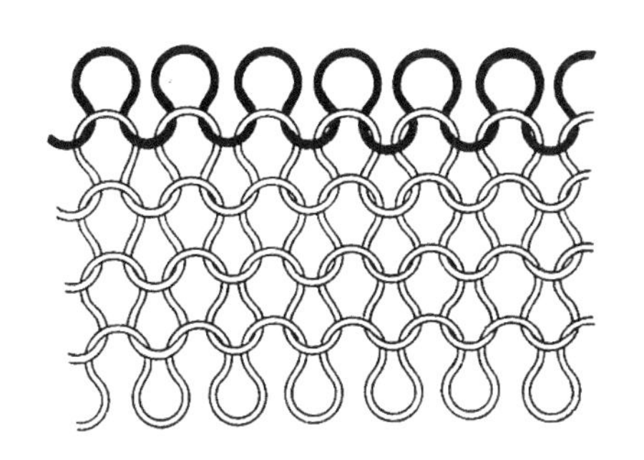
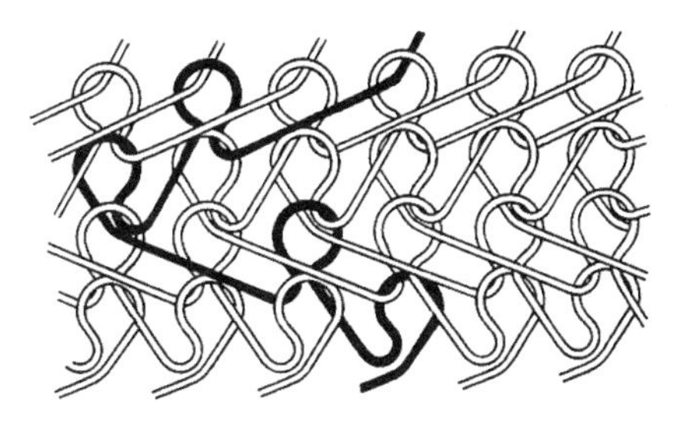

그림 8-43 위편성 조직(왼쪽)과 경편성(오른쪽) 조직

수직으로 실 또는 섬유가 심어져 있는 파일직물 등이 있다.

2) 편성물

편성물은 한 올의 실로 고리를 만들고 이 고리에 다시 고리를 만드는 방법으로 만든 옷감을 말하며 니트(knit)라고도 한다.

니트는 직물에 비해 신축성이 커서 몸의 움직임을 자유롭게 해주며 보온성도 우수하고 구김이 잘 생기지 않는다. 이러한 장점 때문에 속옷으로 니트가 주로 사용되고 몸의 굴곡을 구김이 없이 나타내주는 수영복, 파운데이션류, 양말과 장갑, 스웨터 등 캐주얼복이나 스포츠복으로 많이 사용되고 있다.

니트는 편성 방법에 따라 위편과 경편으로 나뉘며 기계 종류에 따라 장갑이나 양말과 같이 이음새가 없는 완제품으로 생산되기도 하고 옷감으로 생산되기도 하는데 완제품으로 생산되는 제품은 위편성 방법으로 만들어진다.

최근에는 편성기에 컴퓨터가 도입되어 색사와 무늬와 형태를 자유 자재로 구사할 수 있어 다양한 패션제품이 생산되고 있다.

(1) 위편성물

그림 8-44 편성물 제품

위편성물은 집에서 손뜨개하는 방법과 같은 원리로 만들어지며 고리 하나가 끊어지면 연속적으로 고리가 빠져 올이 풀리는데 이것을 전선(running)이라 한다. 또 형태안정성이 낮아 세탁할 때 비틀어 짜면 모양이 변하기 때문에 세탁할 때 주의해야 한다.

위편성물에는 평편, 고무편, 펄편, 인터록편이 있다.

평편은 저지라고도 하는데 앞면과 뒷면의 구조가 다르며 내의, 장갑과 양말, 스웨터 등에서 많이 볼 수 있다.

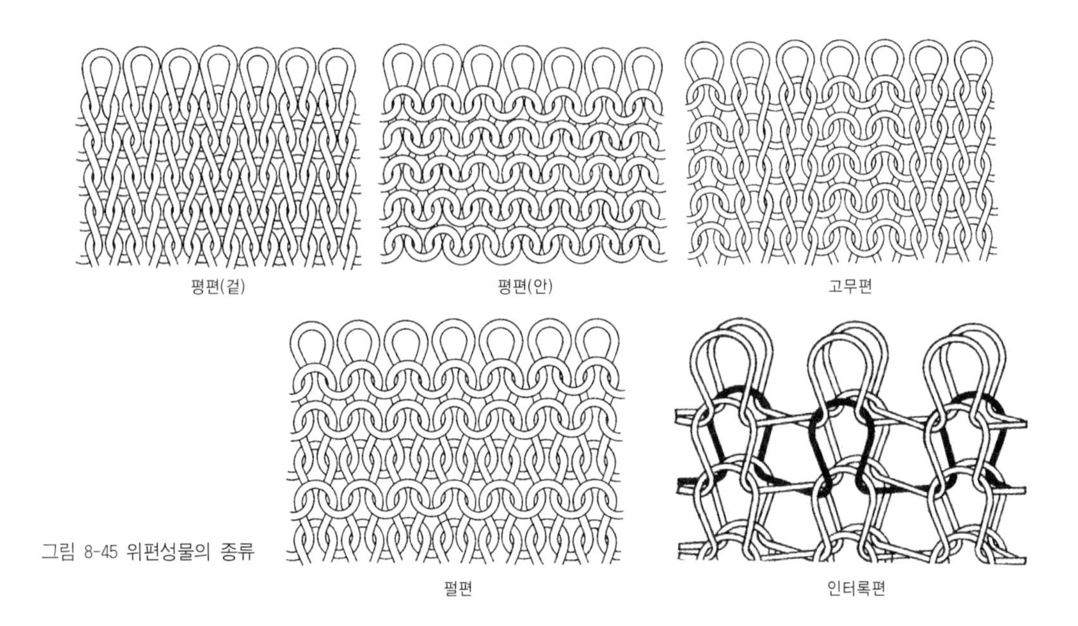

그림 8-45 위편성물의 종류

고무편은 앞면구조와 뒷면구조가 이웃하여 위, 아래로 연결되어 있다. 폭 방향의 신축성이 커서 스웨터의 손목둘레나 목둘레 등에 이용된다.

펄편은 옆으로 연결된 앞면구조와 뒷면구조가 위, 아래로 교대로 나타나 있다. 길이 방향의 신축성이 커서 목도리에 많이 이용된다.

인터록편은 한쪽 면의 평편의 뒤가 뒷면의 평편의 뒤로 연결이 되어 양쪽 면이 모두 앞면구조를 하고 있다. 두껍고 전선이 생기지 않아 티셔츠와 내의 등에 많이 이용된다.

(2) 경편성물

그림 8-46 라셀 망과 라셀 레이스

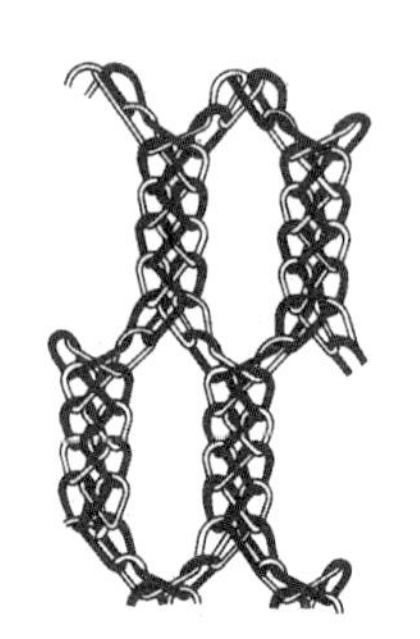

경편성물은 경사가 준비되고 이 경사 각각이 니트 바늘에 연결되어 바늘이 좌우로 움직이면서 옆의 경사를 걸어 고리를 만들어 가는 방법으로 짜여진다. 생산 속도가 매우 빠르고 위편성물과 같은 전선이 생기지 않으며 형태안정성이 우수하다. 그러나 신축성은 위편성물에 비해 떨어진다.

경편성물에는 트리코(tricot), 라셀(raschel) 등이 있다.

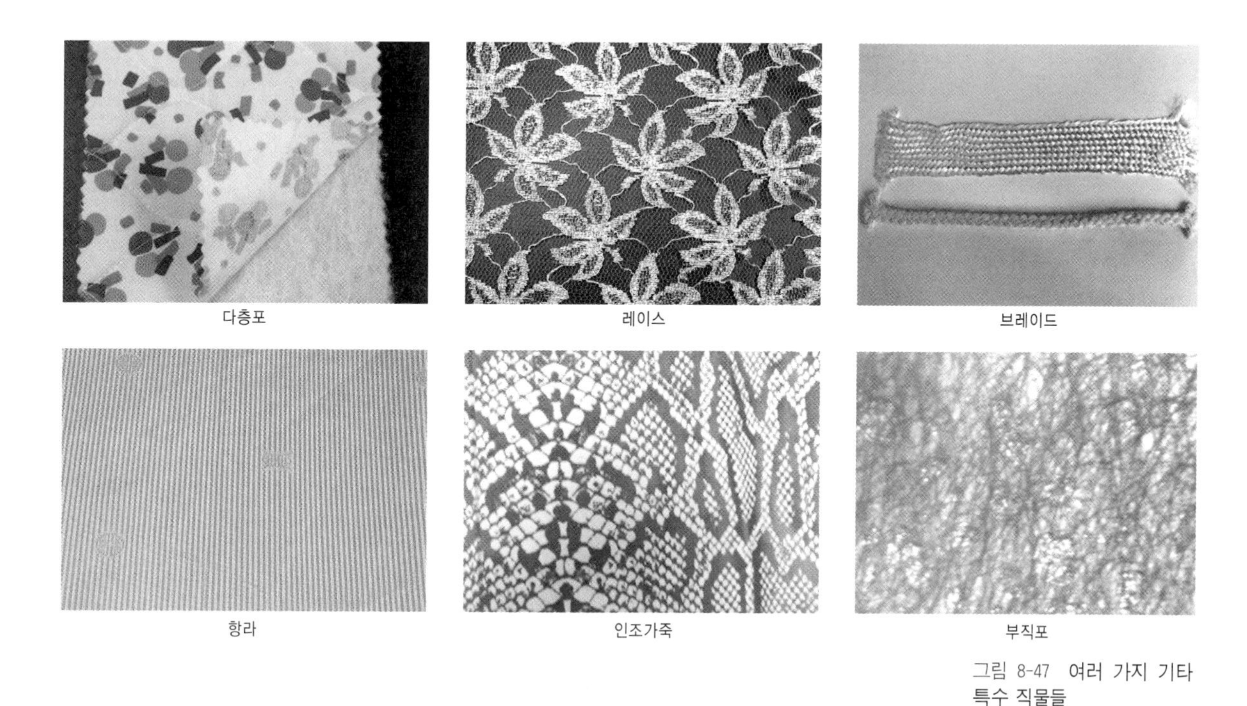

그림 8-47 여러 가지 기타 특수 직물들

3) 기타 특수 직물

대부분의 의류 소재로 직물 또는 편성물이 사용되지만 그 외에도 브레이드와 레이스, 부직포와 필름, 다층포 그리고 가죽과 모피 등이 있다. 이들은 의류의 부자재로 사용되기도 하고 특별한 옷을 만드는 소재로 이용되기도 한다.

가죽과 모피는 동물의 표피를 가공한 포로 털을 제거하고 가공한 것을 가죽이라 하며 털을 제거하지 않은 것을 모피라 하는데, 생산과 관리에 많은 비용이 들고 수질오염을 일으킨다. 따라서 값이 싸고 생산과 관리가 쉬운 인조가죽이나 인조모피가 천연가죽이나 천연모피의 대용으로 많이 사용되고 있다.

5. 의류의 손상과 관리

1) 의류의 손상

우리가 의복을 사용하는 동안 착용이나 세탁, 보관에 의해서 의복에 크고 작은 손상이 일어날 수 있다. 이러한 손상들 중에는 간단히 관리에 의해서 회복되

는 것도 있지만 영구히 회복되지 않는 것들도 있다. 회복이 가능한 손상이라 할지라도 오랜 시간이 경과하면 회복되지 못할 정도로 발전할 수 있으므로 일단 손상이 되면 가능한 한 빠른 시간 안에 회복시키는 것이 바람직하다. 또한 손상의 원인을 알고 적절한 방법으로 취급하여야 본래의 성능을 회복할 수 있다.

(1) 치수 변화

착용이나 세탁을 반복하면 옷이 부분적으로 줄어들거나 늘어날 수 있다.

수축은 세탁이나 열에 의해 옷이 줄어드는 것을 말한다. 세탁에 의해 가장 수축을 많이 하는 섬유는 레이온과 양모제품이다. 레이온은 팽윤을 하면서 수축하고 양모섬유는 표면의 스케일 때문에 축융이 일어나면서 수축하는 것이다. 이렇게 세탁에 의해 수축하는 섬유제품은 드라이클리닝을 하는 것이 좋다.

같은 섬유로 된 옷감이라도 옷감의 구성방법에 따라서 수축성이 달라질 수 있다. 직물보다는 편성물이 수축을 더 많이 하며 느슨하게 짠 옷감의 경우는 치밀하게 짠 것보다 더 수축한다. 또 합성섬유는 뜨거운 물로 자주 세탁하거나 고온으로 건조하면 수축하므로 주의하여야 한다.

의복은 또 사용 중에 부분적으로 늘어날 수 있는데, 니트류는 신장으로 인한 형태 변형이 가장 많이 일어나는 섬유제품이다. 니트류를 착용하는 동안 신장으로 팔꿈치나 무릎, 엉덩이 부위의 늘어짐이 생길 수 있고 굵은 실로 편성된 니트의 경우는 자체 무게에 의해 제 형태를 유지하지 못하고 밑으로 늘어지는 일이 있다. 이 현상은 세탁 후에 무게가 더해져서 더 심하게 늘어지므로 니트류를 세탁하여 건조할 때는 평평한 곳에 뉘어 놓고 물기를 충분히 뺀 후에 널도록 한다.

(2) 외관 변형

의복에 생긴 구김이나 보풀, 퍼커링 등은 옷의 외관을 해칠 수 있다. 이중 구김은 비교적 쉽게 제거할 수 있으나 보풀은 한 번 생기면 제거하기가 매우 어렵고 헌 옷과 같은 외관을 갖게 한다.

옷의 구성 섬유가 폴리에스테르, 나일론, 양모 등 탄성회복률이 큰 섬유로 구성된 옷은 구김이 잘 생기지 않고 구김이 생기더라도 회복이 잘 되지만 탄성회복률이 작은 면, 마, 레이온 등으로 구성된 것은 구김이 잘 생긴다.

옷감이 구김에 대해 저항하는 정도를 방추도라 하며, 건조된 상태에서의 방추

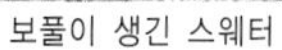

보풀이 생긴 스웨터

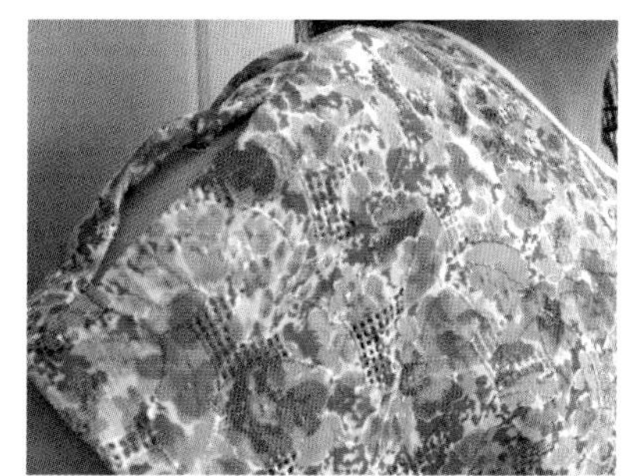

솔기가 뜯어진 블라우스

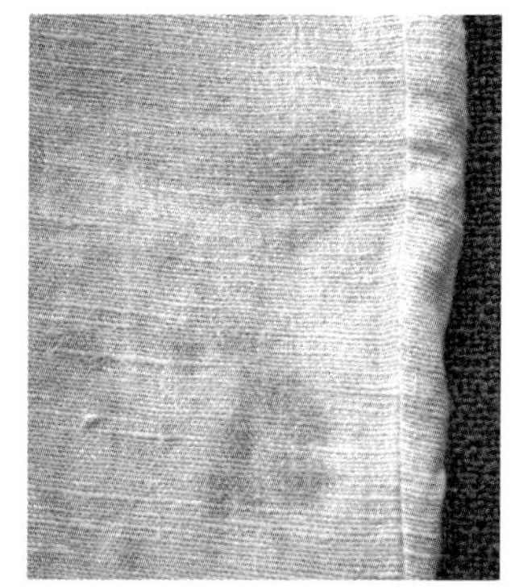

얼룩이 생긴 바지

탈색된 스커트

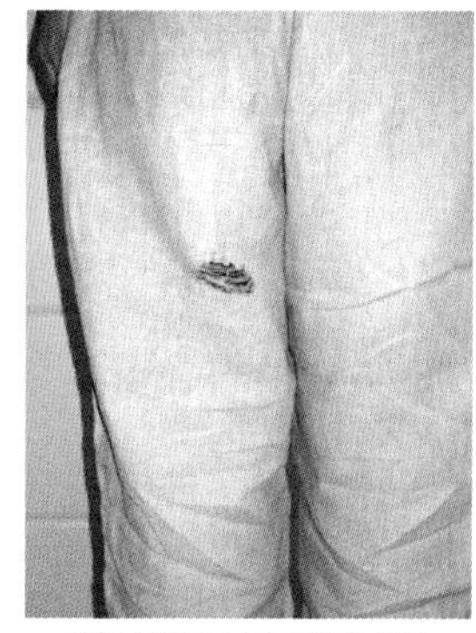

닳아 구멍이 나고 구겨진 바지

그림 8-48 여러 가지 원인으로 손상된 의류

도를 건방추도, 젖은 상태에서의 방추도를 습방추도라 한다. 건방추도가 좋은 옷감은 착용 중에 구김이 적어 단정하며, 습방추도가 좋은 옷감은 세탁한 후 다림질을 하지 않고도 그대로 입을 수 있다. 예를 들어 나일론은 건방추도가 좋아 착용 중에는 구겨지지 않으나, 습방추도가 좋지 않아 물세탁에 의해 구겨지므로 세탁 후에는 다림질이 필요하다. 그러나 폴리에스테르는 건방추도와 습방추도가 모두 좋기 때문에 착용할 때 뿐 아니라 물세탁 후에도 다림질하지 않고 구김 없이 그대로 착용할 수 있다. 이러한 성질을 폴리에스테르의 워시 앤 웨어(wash & wear)성이라 한다.

또 옷의 착용 중에 보풀이 생기기도 하는데, 보풀현상은 착용이나 세탁 중 마찰에 의해 섬유가 옷감의 표면에서 빠져나와 뭉쳐서 작은 덩어리를 형성하는 것이다. 보풀이 생기면 외관과 촉감이 나빠지며, 세탁기로 세탁을 한 경우 다른 색 옷에서 떨어져 나온 섬유와 같이 뭉쳐 다른 색상의 보풀이 생길 수 있는데 이런 경우는 보풀의 색상이 두드러져 더욱 보기 흉하게 된다.

옷을 자주 착용하면 표면이 닳아 번들거리게 되고, 옷감의 표면이 닳아 원하

지 않는 광택이 생겨나기도 한다. 견직물은 물세탁을 반복하면 우아한 광택이 손상되므로 드라이클리닝을 하는 것이 안전하다.

(3) 색상 변화

옷은 세탁이나 보관에 의해 흰색 의류가 누렇게 변하거나 염색된 의류의 색상이 퇴색, 변색되는 경우가 있다. 흰색 의류가 누렇게 되는 현상을 황변이라 하는데, 더러워진 옷을 오랫 동안 세탁을 하지 않거나 세탁 후에도 오염이 남아 있는 경우에 생긴다. 이러한 옷을 햇볕을 쪼이면 더욱 심한 황변이 일어나며 다림질에 의해서도 심해진다.

양모나 견, 나일론을 표백하기 위해 염소계 표백제를 사용하면 오히려 더 심하게 황변되며 이 황변은 다시 돌이킬 수 없으므로 주의하여야 한다.

염색된 옷은 착용이나 보관 중에 땀, 물, 세제, 산과 알칼리, 열, 일광 등에 의해 색상이 옅어지거나 다른 색상으로 변하는 경우도 있다. 섬유제품이 견고하게 색을 유지하는 성질을 견뢰도라고 하는데 모든 의류제품은 땀이나 세탁에 대해 어느 정도의 견뢰도를 지녀야 한다.

(4) 섬유 성능의 손상

의복의 착용 중에 오염이 묻게 되면 섬유의 표면을 오염이 덮어 흡습성을 저하시킨다. 또 촉감도 나빠지며 보온성, 통기성에도 영향을 미치므로 오염이 묻으면 빨리 제거해야 한다.

또 반복되는 착용과 세탁으로 인해 촉감에 변화를 가져올 수 있다. 일반적으로 합성섬유는 세탁에 의해 촉감의 변화가 거의 없으나 대부분의 천연섬유는 뻣뻣해지는데 세탁 후에 유연제 처리를 하면 부드러운 촉감을 되살릴 수 있다.

2) 품질 표시와 소비자 보호

(1) 품질 표시

의류에 사용되는 섬유가 매우 다양해지면서 소비자는 의류에 사용된 섬유의 종류나 성질을 잘 이해해야 섬유제품을 손상 없이 잘 취급할 수가 있다.

정부는 소비자와 생산자의 공동 이익을 보호하기 위해 품질경영촉진법을 제정하고 섬유제품에 대한 상품별 품질표시제도를 규정하고 있다. 그 내용에 따르면 제조업자 또는 수입업자는 제품의 성분, 성능, 규격, 용도, 취급에 관한 사항과 사용상 주의사항을 표시 기준에 따르며 소비자가 상품의 내용을 충분히 이해하고 상품 선택을 할 수 있도록 표시해야 한다.

각 의류제품에 대한 품질 표시로는 옷의 크기를 나타내는 호칭, 사용된 섬유의 종류를 나타내는 섬유의 혼용율, 그리고 관리할 때 지켜야 할 취급상의 주의 등을 잘 볼 수 있도록 표기해야 하며 제조회사의 이름과 연락처를 명기해야 한다.

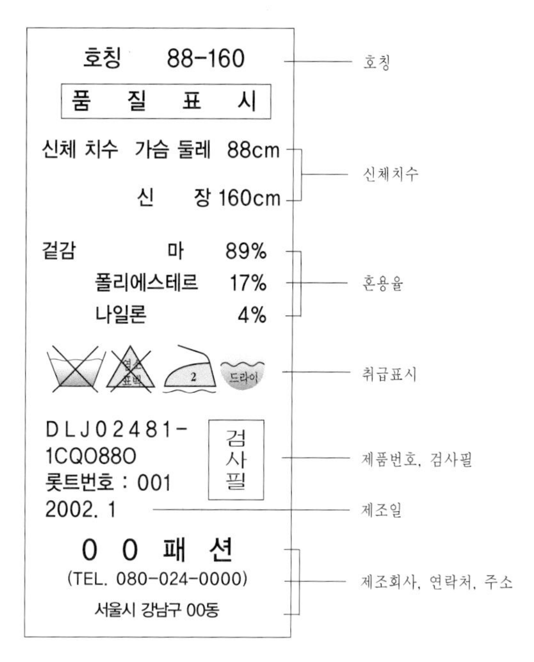

그림 8-49 레이블에 나타내는 품질 표시의 예

품질 표시 이외에도 소비자에게 제품의 품질을 보증하는 공인된 표시가 있다. 이 표시는 단체나 협회에서 규정한 품질 기준에 합격한 제품에 한하여 표시를 인정하는 것으로 이러한 표시가 붙어 있는 제품은 품질의 우수성을 신뢰할 수 있으므로 소비자가 믿고 구입하는 데에 도움이 된다.

(2) 소비자 보호

세탁 전문업소에 맡긴 의류도 관리하는 중에 여러 가지 손상이 일어날 수 있다. 의복의 손상이란 수축, 처짐, 구김, 부풀, 탈색 및 변색, 재봉선 부분의 미어짐 등이 생겨나는 것을 말하는데, 이러한 손상이 심할 경우 소비자 불만으로 이어진다. 이 과정에서 세탁업자, 직물생산업자, 의류제조업자 등과 소비자간의 책임소재 문제로 마찰이 일어나기 쉽다.

세탁 및 의류사고가 발생했을 때 제조업자 과실인 경우에는 보증기간 1년 이내에는 구입가 전액의 환불이나 교환이 가능하며 보증기간이 지났을 때는 각 옷의 내용연수를 기준으로 입은 것만큼 감가상각하여 무상 수선, 교환, 환불의 순서로 배상받을 수 있다.

세탁업자 과실인 경우 다시 세탁하여 회복이 가능하면 원상회복시켜 주고 재

생이 안 되는 경우에는 옷의 내용연수를 기준으로 구입시부터 세탁을 맡겼을 때까지의 기간을 감가상각하여 최고 95%부터 20%까지 배상받을 수 있다. 따라서 소비자가 세탁물을 맡길 때는 세탁업자와 함께 옷의 이상 유무를 확인해야 한다.

이러한 문제를 일으키지 않기 위해 소비자는 제품의 디자인이나 색상에만 너무 치우치지 말고 소재의 특성이나 취급의 용이성 등을 고려한 현명한 제품의 선택과 적절한 세탁 및 관리가 필요하다.

3) 의류의 성능 유지

(1) 의류의 세탁

세탁이란 의류제품을 사용하는 동안 더러워진 오염을 제거하여 의류의 기능을 회복시켜 주는 과정이다. 오염을 제거하는 방법으로 옷을 만들고 있는 구성섬유의 종류에 따라 물세탁을 하는 방법과 유기용매로 오염을 제거하는 드라이클리닝 방법이 있다. 옷에 부착된 레이블에는 올바른 취급방법을 제시하고 있으므로 이를 잘 따라야 옷을 손상시키지 않고 오염을 제거할 수 있다.

오염은 물이나 드라이클리닝 용제만으로는 충분히 제거하기 어려우므로 세제를 사용한다.

■ 세 제

고대 사람들은 짚이나 나무를 태운 재를 물 속에 우려내어 그 잿물을 사용하여 세탁을 하였으며 우리나라에서도 잿물을 사용하여 흐르는 냇물에 방망이로 두들겨 세탁을 하였다. 제1차 세계대전 중에는 비누의 원료인 동·식물성 기름이 부족하여 인공적으로 합성한 원료를 사용하기 시작하였고 이것이 합성세제의 시작이다.

손세탁을 주로 하던 때에는 세탁비누가 많이 사용되었지만 오늘날에는 세탁기 사용이 늘면서 점차 합성세제의 사용이 증가하여 전 세제사용량의 80%를 차지하고 있다.

세제는 지방산과 알칼리를 원료로 만들어진다. 기름과 잿물을 합하여 끓이면 다음과 같은 구조의 화합물이 생기는데 이를 계면활성제라 한다.

지금은 잿물 대신 여러 종류의 알칼리가 사용되며 소수기(疎水基)의 종류도

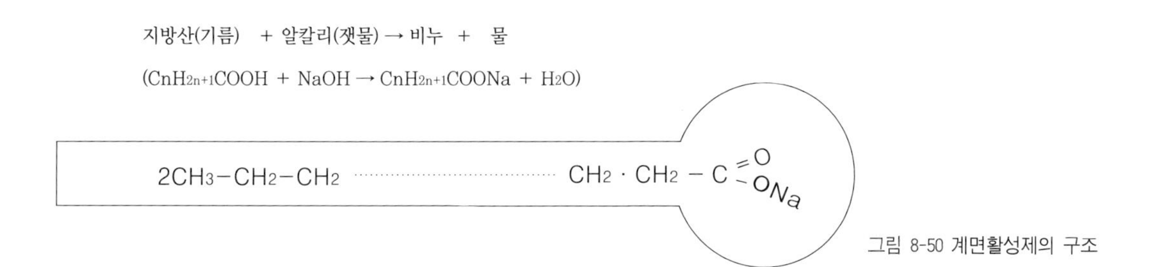

그림 8-50 계면활성제의 구조

용도에 따라 다양하게 합성하여 사용하고 있다.

계면활성제가 물 속에 들어가면 친수기(親水基)가 해리하는데, 음이온을 나타내는 것을 음이온계 계면활성제라 하고 양이온을 나타내는 것을 양이온계 계면활성제라 한다. 물 속에서 해리하지 않는 것도 있는데 이를 비이온계 계면활성제라 한다.

세탁에 사용되는 것은 음이온계와 비이온계이며 양이온계 계면활성제는 주로 섬유유연제, 모발용 린스의 원료로 사용된다.

■ 세 탁

면이나 마섬유 그리고 대부분의 합성섬유는 물세탁으로 오염을 제거하며, 물에 의해 섬유가 손상될 수 있는 레이온, 견, 모섬유 등은 드라이클리닝을 하는 것이 일반적이다.

세탁에 사용되는 물은 찬물보다는 따뜻한 물이 세탁 효과가 좋다. 겨울에는 따뜻한 물에 세제를 풀어 세탁을 하고 헹구기는 찬물로 하는 경우가 있는데, 이 경우에는 헹구기가 충분히 이루어지지 않는다. 세탁 후에 헹구기는 세탁과 같은 온도로 하거나 더 높은 온도로 해주어야 헹구기가 잘 이루어질 수 있다.

원심탈수기를 사용하는 경우에는 탈수를 오래 하면 세탁물에 구김이 남기 쉬

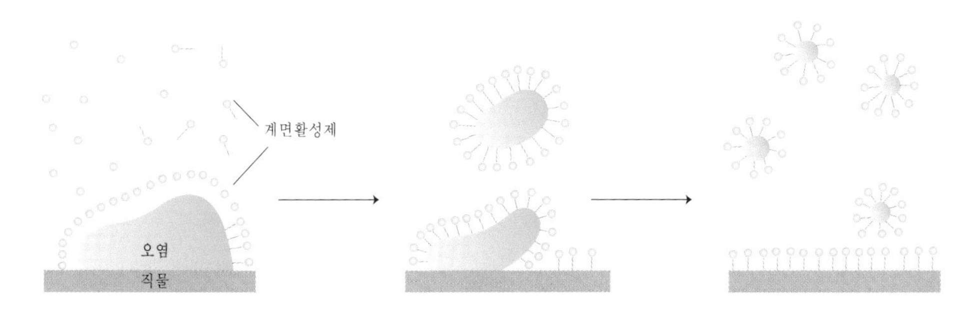

그림 8-51 세탁과정에서의 계면활성제 역할

표 8-3 얼룩의 종류와 얼룩빼기

성분	얼룩 종류	처리 방법
식품 얼룩	간장이나 과즙	물세탁, 세제액을 묻히고 면봉으로 닦아낸다.
	단백질 식품	응고하기 전에 세제액으로 처리하고, 응고 후에는 말린 후 떨어낸다.
	지방 식품	종이로 닦아 낸 후 휘발유나 벤젠을 묻혀 면봉으로 닦아낸다.
분비물 얼룩	땀, 오줌 등의 배설물	물세탁, 세제액으로 닦아낸다. 찌든 경우 흰색의 천은 옥살산 용액으로 표백 후 묽은 암모니아수로 중화시킨다.
	혈액	세제액으로 닦아낸다. 색이 남을 경우 암모니아수로 닦아낸 후 세제액으로 세탁한다.
문방구, 화장품 얼룩	볼펜 잉크, 매직 잉크	휘발유로 닦아내고 세제액으로 처리한다.
	립스틱, 파운데이션 등	휘발유로 닦고 세제액으로 씻어낸다.
기타 · 불용성 얼룩	흙	마른 후 떨어내고 세제액으로 처리한다.
	껌	차게 하여 떼어 내고 남은 것은 아세톤으로 닦아낸다.

* 처리 후에 색이 남을 경우 표백제를 사용하면 유색천인 경우 탈색으로 인한 얼룩이 생기므로 세심한 주의가 필요하다.

우므로 5분 미만으로 끝내는 것이 좋다. 편성물은 그물망에 넣어 세탁하는 것이 좋고 자연 건조시키면 물의 무게 때문에 늘어져서 형태의 변형을 가져오므로 펴서 뉘어 말리는 방법을 사용하는 것이 좋다.

열풍건조기를 사용하는 경우 구성섬유에 따라 열에 의해 수축 또는 경화현상이 일어날 수도 있으므로 주의하여야 한다.

얼룩이 묻으면 묻은 즉시 제거해 주어야 깨끗하게 회복할 수 있으며 얼룩의 종류와 구성섬유, 색 등을 고려하여 처리하도록 한다. 원인을 알 수 없는 얼룩이나 가정에서 제거하기 어려운 얼룩은 세탁전문가에게 맡기는 것이 안전하다.

(2) 특수 제품의 관리

가죽제품은 드라이클리닝을 하면 염료가 빠지기 쉽고 유지성분이 빠져 뻣뻣해지며, 물세탁하면 부분적으로 수축과 신장이 달라 형태 변형을 일으킨다. 그러므로 가죽제품은 청결을 유지하도록 하여 가능한 한 세탁횟수를 줄이는 것이 좋다.

가죽제품은 습기가 있는 곳에서는 쉽게 곰팡이가 나고 변형되기 쉬우므로 비에 젖으면 즉시 마른 수건으로 닦아내고 통풍이 잘 되는 그늘에서 옷걸이에 걸어 말린다. 말린 후 부드러운 천으로 닦아주고 마지막으로 클린싱 크림이나 올리브유를 발라 주면 좋다.

모피는 착용 중 비나 눈에 젖었을 때는 가볍게 물기를 없앤 다음 바닥에 마른 타월을 깔고 그 위에 모피제품을 펴서 자연 건조한다. 외출 전, 후 모피제품을 거꾸로 하여 잘 흔들어 털이 원래의 상태로 되돌아가게 해주면 좋다. 모피는 고가의 제품이므로 전문세탁소에 맡길 경우 상태를 꼼꼼히 점검하여 확인해 두어야 세탁 후에 발생되는 세탁사고에 대한 보상을 받을 수 있다.

다운(down) 제품은 물세탁 후 누빈 부분에 얼룩이 발생하기 쉬운데 이는 세탁 후에 잔류하고 있던 세제액이 빠져나가지 못하고 건조할 때 오염 및 세제가 집중되어 생기는 것이다. 따라서 세탁할 때는 세제 농도를 낮추고 충분히 헹구기를 하여야 한다.

최근 패션 경향으로 신축성 소재가 많이 사용되고 있는데 신축성 소재에 혼방되어 있는 스판덱스는 열에 의해 수축되기 쉬우므로 고온세탁이나 열풍건조를 피하여야 한다.

제9장 패션 코디네이트

1. 코디네이트의 기본 요소
2. 코디네이트 기법

제9장 패션 코디네이트

1. 코디네이트의 기본 요소

코디네이트란 '통합한다', '조정한다' 등의 의미로, 패션 용어로는 둘 이상의 아이템들을 서로 어울리게 조화시키는 것을 말한다. 이 용어가 사용된 것은 1960~1970년대부터이다. 특히 1973년 석유파동 이래로 소비자의 생활방식이나 구매형태가 변화하면서 캐주얼 웨어와 레이어드 룩(layered look)[1]의 유행을 낳았고, 그 영향으로 블라우스, 셔츠, 스웨터 등의 단품(單品)[2]을 색채, 소재, 액세서리, 헤어스타일, 메이크업 등과 어울리게 조화시킨다는 코디네이션 의식이 일반화하였다.

패션 코디네이트의 목적은 패션 경향과 자신의 개성에 맞추어 옷차림 전체에 통일된 미를 만들어 내는 데 있다. 코디네이트라 하면 의복만을 생각하기 쉬우나 최근은 그 의미가 확대되어 단순히 의복만이 아니라 착용자의 라이프 스타일과 취향에 알맞은 토털 스타일을 창조하는 것까지 포함한다. 즉 착용자의 머리부터 발끝까지 모든 요소들이 개성에 맞추어 미적으로 잘 조화되어 있는 것을 의미한다. 그 요소는 워드로브(wardrobe), 액세서리, 헤어스타일과 메이크업, 바디 셰이프(body shape) 등의 네 가지로 간추려 볼 수 있다.

보다 창의적인 코디네이트로 자신을 연출하기 위해서는 각 요소에 대한 폭 넓은 지식은 물론, 시대를 바라보는 미적 감각, 그리고 그것을 분석하여 재창조하는 능력이 필요하다. 여기서는 각 요소별로 그 예를 그림과 함께 제시하였다(그림 9-1 참조).

1) 레이어드 룩 : 층이 있는 모양이라는 뜻으로 여러 가지 길이의 옷들을 겹쳐 입은 것을 말한다. 1970년대에 유행하였다.

2) 단품 : 셔츠, 블라우스, 스커트, 재킷, 스웨터 등처럼 다른 옷과 함께 입어야 하는 옷을 총칭하는 말이다. 그 반대로는 수트, 원피스와 같이 한 벌 개념의 옷이 있다.

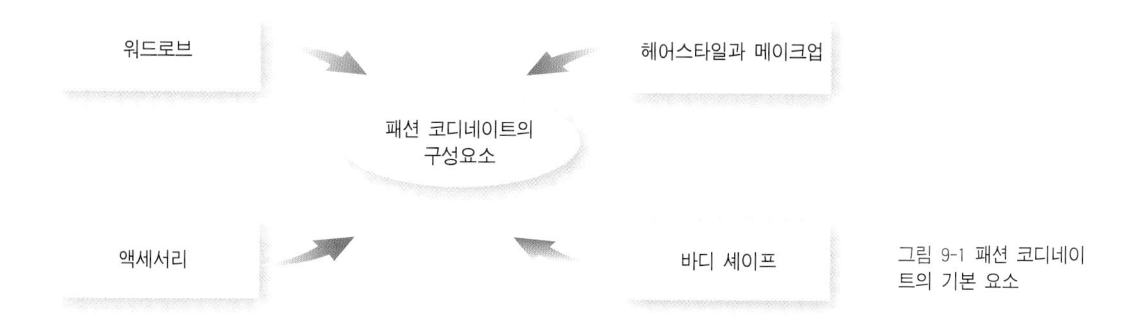

그림 9-1 패션 코디네이트의 기본 요소

1) 워드로브

코디네이트의 첫 번째 요소는 워드로브이다. 원래 워드로브란 '의복을 넣는 옷장', '의복을 정리하는 방' 등의 뜻이다. 그러나 패션 용어로서 워드로브란 어느 한 사람이 갖고 있는 의복들을 적절히 코디네이트시키고, 앞으로 무엇을 갖추어야 하는지 계획하는 것을 의미한다.

최근 소비자들은 원피스나 수트와 같은 한 벌 개념의 옷보다도 여러 아이템들을 서로 조화시키는 방법으로 패션을 즐기는 경향이 두드러진다. 그러면 수없이 많은 의복들을 어떻게 조화시키고 개성을 창조해 낼 것인가, 보다 매력적으로 코디네이트하기 위해서는 우선 수없이 많은 의복들 중에서 가장 기본이 되는 아이템에 대해 잘 알아야 한다. 기본 아이템이란 항상 변화하는 패션의 흐름 속에서도 유행에 관계없이 옷차림의 기본으로 애용되어 온 의복들을 가리킨다. 그 후 자신의 피부색과 얼굴 윤곽, 체형을 충분히 고려하면서 자신에게 알맞은 의복들을 선택하여 조화시켜 나간다. 그때 패션잡지나 쇼윈도, 길거리 등에서 자신에게 어울리는 예를 항상 주시하여 참고한다면 코디네이트 감각을 높이는 데 도움이 될 것이다. 그 기본 아이템들을 소개하면 다음과 같다.

(1) 셔츠와 블라우스

블라우스는 여성과 어린이가 입는 여유 있는 옷으로, 대체적으로 허리나 힙 정도의 길이이며 가볍고 부드러운 소재의 소프트한 디자인이 많다. 셔츠는 남성복을 기본으로 하여 셔츠 칼라와 커프스가 달린 것이 특징이다. 셔츠는 원래 평상시나 사적인 장소를 제외하고는 수트 안에 입었으나 최근 패션이 캐주얼화되면서 오버블라우스(overblouse)와 겉옷 감각으로 입을 수 있는 것이 인기를 얻고 있다.

버튼 다운 셔츠(button down shirts)

드레스 셔츠(dress shirts)

클레릭 셔츠(cleric shirts)

아이비 셔츠(Ivy shirts)

알로하 셔츠(Aloha shirts)

웨스턴 셔츠(western shirts)

오버 블라우스(overblouse)

페플럼 블라우스(peplum blouse)

T-셔츠(T-shirts)

폴로 셔츠(polo shirts)

탱크 톱(tank top)

트레이닝(스웨트) 셔츠
(training(sweat) shirts)

그림 9-2 셔츠와 블라우스의 종류

(2) 니트와 스웨터

니트는 편직(編織)된 의복류의 총칭으로, 흔히 머리를 통과해서 입는 풀오버(pullover) 타입의 것을 가리키나 카디건(cardigan)과 베스트도 이에 포함된다. 신축성이 있으며 가볍고 보온성과 통기성이 뛰어난 것이 특징이다.

그림 9-3 니트와 스웨터의 종류

(3) 스커트

하반신을 덮는 의복으로 일부의 예를 제외하고는 두 다리가 분리되어 있지 않은 것을 총칭한다. 스코틀랜드의 민속의상으로 남성이 착용하는 경우를 제외하면 여성과 여아용 의복이지만 최근 아방가르드한 옷차림을 지향하는 일부의 남성들이 착용하는 경우도 있다. 실루엣과 길이의 변화가 유행을 결정할 정도로 중요한 아이템이라 할 수 있다.

그림 9-4 스커트의 종류

(4) 팬 츠

판탈롱(pantaloons)의 약칭으로 두 다리가 분리되어 있는 하의를 말한다. 원래 남성과 남아용 아이템으로 여성의 정식 옷차림으로는 인정되지 않았다. 그러나 1968년 이브 생 로랑이 시티 팬츠(city pants)를 발표한 이래, 정장으로 입을 수 있는 팬츠 수트(pants suit)가 등장하여 여성용 아이템으로 정착하였다.

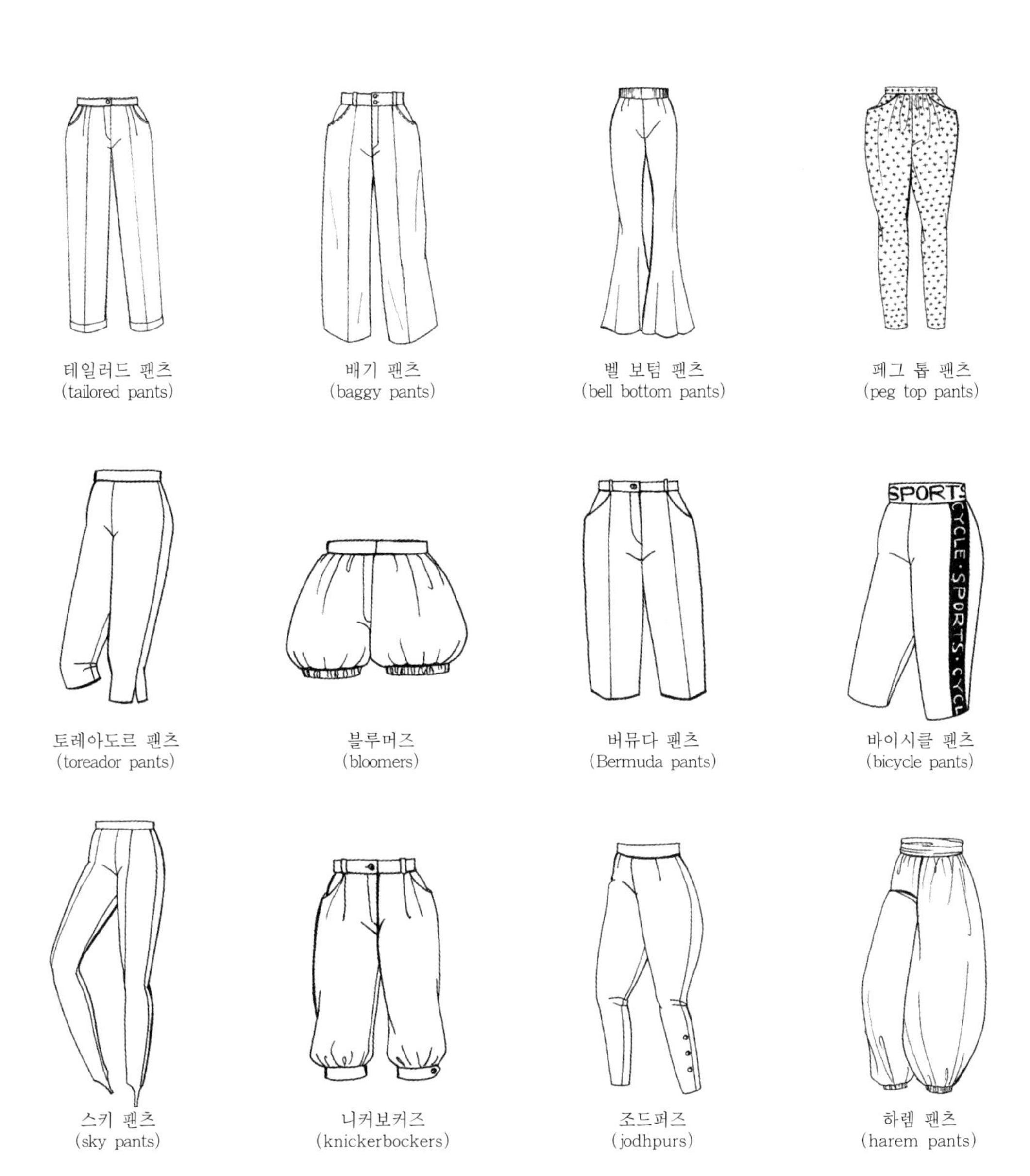

그림 9-5 팬츠의 종류

(5) 재 킷

재킷은 길이가 짧은 겉옷으로 원래 앞이 트이고 소매가 있으며 힙을 덮는 정도의 길이이다. 흔히 트레디셔널 타입, 캐주얼 타입, 엘레강트 타입으로 나뉜다. 그 중 작업복과 운동복의 기능성을 중시한 것을 점퍼(jumper), 점퍼에 패션성을 가미한 것을 블루종(blouson)이라 한다. 재킷과 하의가 같은 옷감으로 된 것을 수트(suit)라 하는데, 외출복이나 공식장소를 위한 정장으로 주로 입는다.

그림 9-6 재킷의 종류

(6) 원피스

상의와 스커트 부분이 붙어 있는 여성과 여아용의 의복을 말한다. 정확히 원피스 드레스라고 하며 정식 옷차림이라는 의미로 드레스라 하기도 한다. 여성복 중 가장 여성스러움을 나타내는 것으로 실루엣이 중시된다. 최근에는 타운 웨어로 입을 수 있는 가볍고 캐주얼한 원피스가 등장하고 있다.

그림 9-7 원피스의 종류

(7) 코 트

추위, 더위, 비, 바람, 먼지를 막거나 멋을 위해 의복의 가장 바깥에 입는 의복을 총칭한다. 다른 의복들과 달리 실외에서만 착용한다는 점이 특징이다. 특히 추위를 막기 위한 것을 오버 코트, 비를 막기 위한 것을 레인 코트, 먼지를 막기 위한 것을 더스터 코트(duster coat)라 한다. 최근에는 자가용이 보급되고 건물마다 냉난방이 완비되어 있어 무엇보다 패션성과 착용감을 중시하는 경향이 늘고 있다.

그림 9-8 코트의 종류

2) 액세서리

코디네이트 두 번째 요소는 액세서리이다. 원래 액세서리는 부속품이란 의미로 어떤 것에 종속적으로 부가되는 것을 가리켰다. 그러나 현재 패션에서 말하는 액세서리란 옷차림을 보다 완벽하고 아름답게 꾸미기 위해 보조하는 것을 의미한다. 흔히 액세서리는 장신구와 같은 뜻으로 사용되는 경우가 많으나, 장신구는 오로지 장식성에만 중점을 두는 데 반해 액세서리는 크게 실용적인 액세서리와 장식적인 액세서리로 나뉜다. 전자는 단추, 벨트, 모자, 장갑, 양말, 스타킹, 구두, 손수건, 가방 등이 포함되는데, 이것이 없이는 외출 시 활동이 불가능할 정도로 기능적이고 실용적인 특성을 지닌다. 또한 후자에는 목걸리, 귀고리, 브로치, 팔찌, 반지, 코사지(corsage), 머리 장식 등이 있으며, 이것은 옷차림을 보다 아름답게 완성시키는 역할을 한다.

액세서리를 사용하는 데 있어 주의해야 할 것은 아무리 아름다운 것이라 하더라도 액세서리만 눈에 띄는 것은 좋지 않다는 점이다. 사용하는 사람의 개성과 의복과의 조화, 또한 사용하는 시간과 장소 등을 고려한 선택이 필요하다. 최근은 유명 브랜드나 디자인 감각이 높은 액세서리가 인기를 모으고 있어 패션 코디네이트에 있어 액세서리의 중요성은 날로 커지고 있다. 또한 옷차림에 맞추어 안경을 바꾸거나 선글라스를 소품으로 사용하는 경우도 있어 안경도 패션 액세서리로서 중요한 아이템이 되고 있다.

(1) 신발과 모자

신발의 종류에는 여러 가지가 있다. 그 중 발등 부분을 끈으로 묶는 단화(短靴) 타입의 것을 옥스퍼드 슈즈(Oxford shoes), 발등 부분을 크게 노출시킨 것을 펌프스(pumps), 밑창이 고무로 된 운동화 타입의 것을 스니커(sneakers), 발을 넣는 부분이 복사뼈 보다 위로 올라오는 것을 부츠(boots)라 한다. 굽 높이에 따라 굽이 3cm 이하의 것을 로 힐(low heel), 7cm 이상의 것을 하이 힐(high heel)이라 한다.

모자는 머리에 쓰는 것의 총칭으로 추위와 더위, 비와 바람 등을 막기 위한 기능적인 목적과 장식적인 목적으로 착용한다. 구조상 크라운(crown)과 테 또는 차양이 있는 것을 해트(hat), 없는 것을 캡(cap)이라 부르며, 그 외에도 형태와 용도에 따라 다양하게 구분한다.

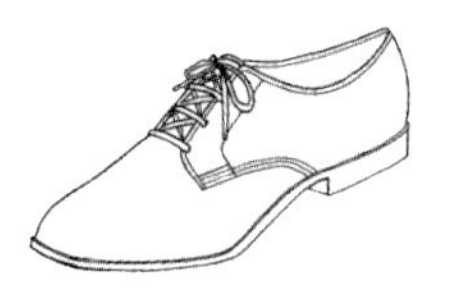

옥스퍼드 슈즈(Oxford shoes)

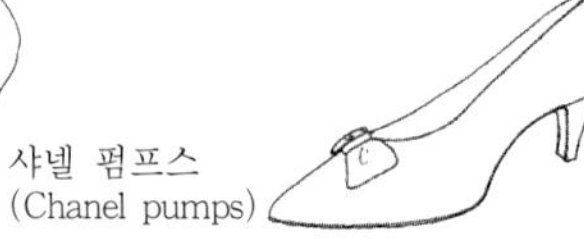

샤넬 펌프스
(Chanel pumps)

원 포인트 슈즈
(one-point shoes)

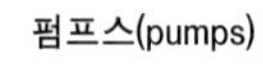

펌프스(pumps)

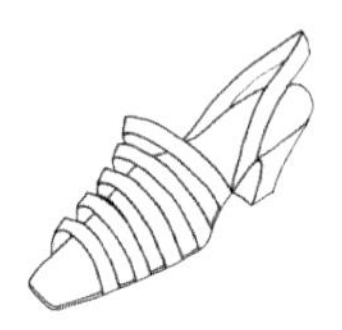

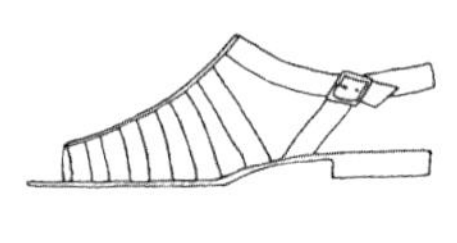

비치샌들
(beach sandal)

샌들(sandal)

트레이닝 슈즈
(training shoes)

테니스 슈즈
(tennis shoes)

하이테크 스포츠 슈즈
(hightech sports shoes)

스니커(sneakers)

워크 부츠
(work boots)

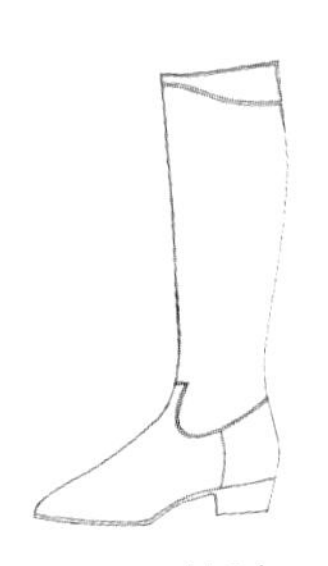

롱부츠
(long boots)

웨스턴 부츠
(western boots)

부츠(boots)

그림 9-9 신발의 종류

실크 해트
(silk hat)

클로슈
(cloche)

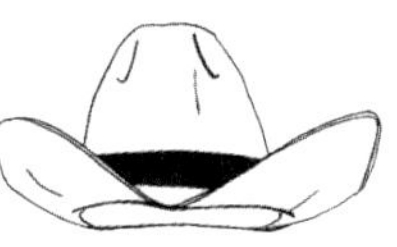

카우보이 해트
(cowboy hat)

해트(hat)

야구 모자
(baseball cap)

헌팅 캡
(hunting cap)

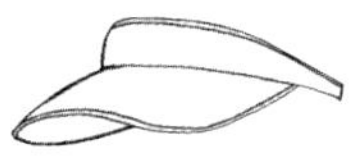

선 바이저
(sun visor)

캡(cap)

그림 9-10 모자의 종류

(2) 가 방

가방이란 소품이나 귀중품을 넣어 손에 들거나 손목에 걸치고 다니는 것의 총칭으로 주머니나 박스형, 지갑류 등이 있다. 소재는 천연, 합성피혁, 금속, 옷감, 아크릴 수지, 비즈 등 실로 다양하다. 용도와 디자인에 따라 포멀용, 타운용, 스포츠용, 여행용, 그리고 남성들의 비즈니스용 등으로 나눈다.

그림 9-11 가방의 종류

(3) 넥타이 및 남성소품

넥타이의 무늬는 격자무늬, 줄무늬, 크레스트(crest)가 기본이며 그 외 꽃무늬, 페이즐리, 물방울무늬 등이 있다. 종류에는 가장 일반적인 포인핸드 타이(four-in-hand tie) 외에 애스콧 타이(ascot tie), 리본 타이(ribbon tie), 보타이(bow tie) 등이 있다. 묶는 방법은 문화와 개인에 따라 다양하나 플레인 노트(plain knot), 윈저 노트(windsor kont), 세미윈저 노트(semi-windsor knot)가 가장 일반적이다.

체크 (check)

크레스트 (crest)

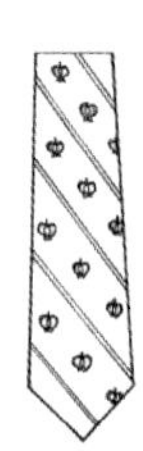
로열 크레스트 (royal crest)

레지멘탈 (regimental)

스트라이프 (stripe)

원 포인트 (one point)

에스닉 (ethnic)

플로랄 (floral)

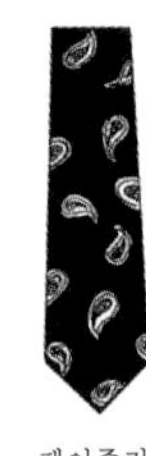
페이즐리 (pasely)

도트 (dot)

그림 9-12 넥타이의 기본 무늬

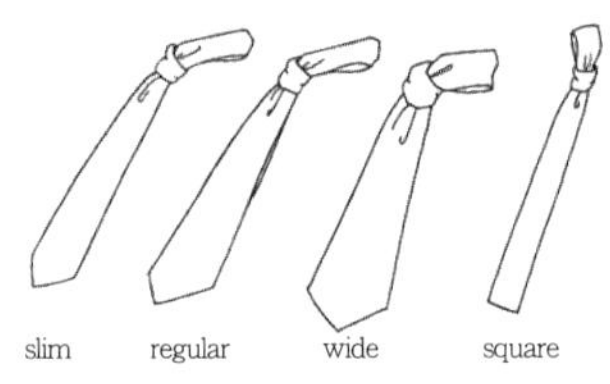

포인핸드 타이(four-in-hand tie)

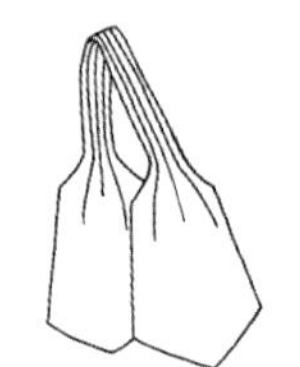
애스콧 타이(ascot tie)

리본 타이(ribbon tie)

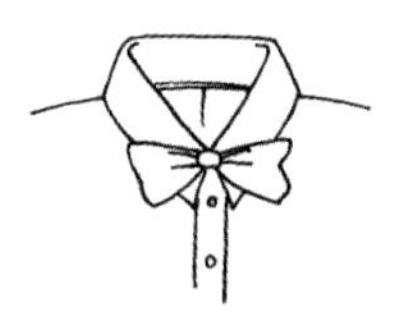
보 타이(bow tie)

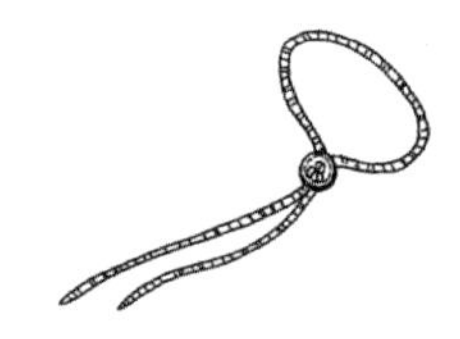
스트링(웨스턴) 타이(string(western)tie)

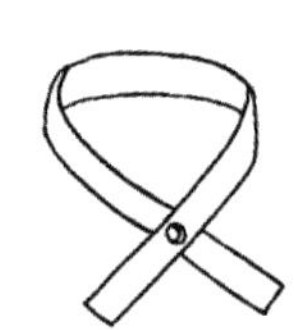
콘티넨탈 타이(continental tie)

타이 택(tie tack)

타이 클립(tie clip)

타이 핀(tie pin)

그림 9-13 넥타이 및 소품 종류

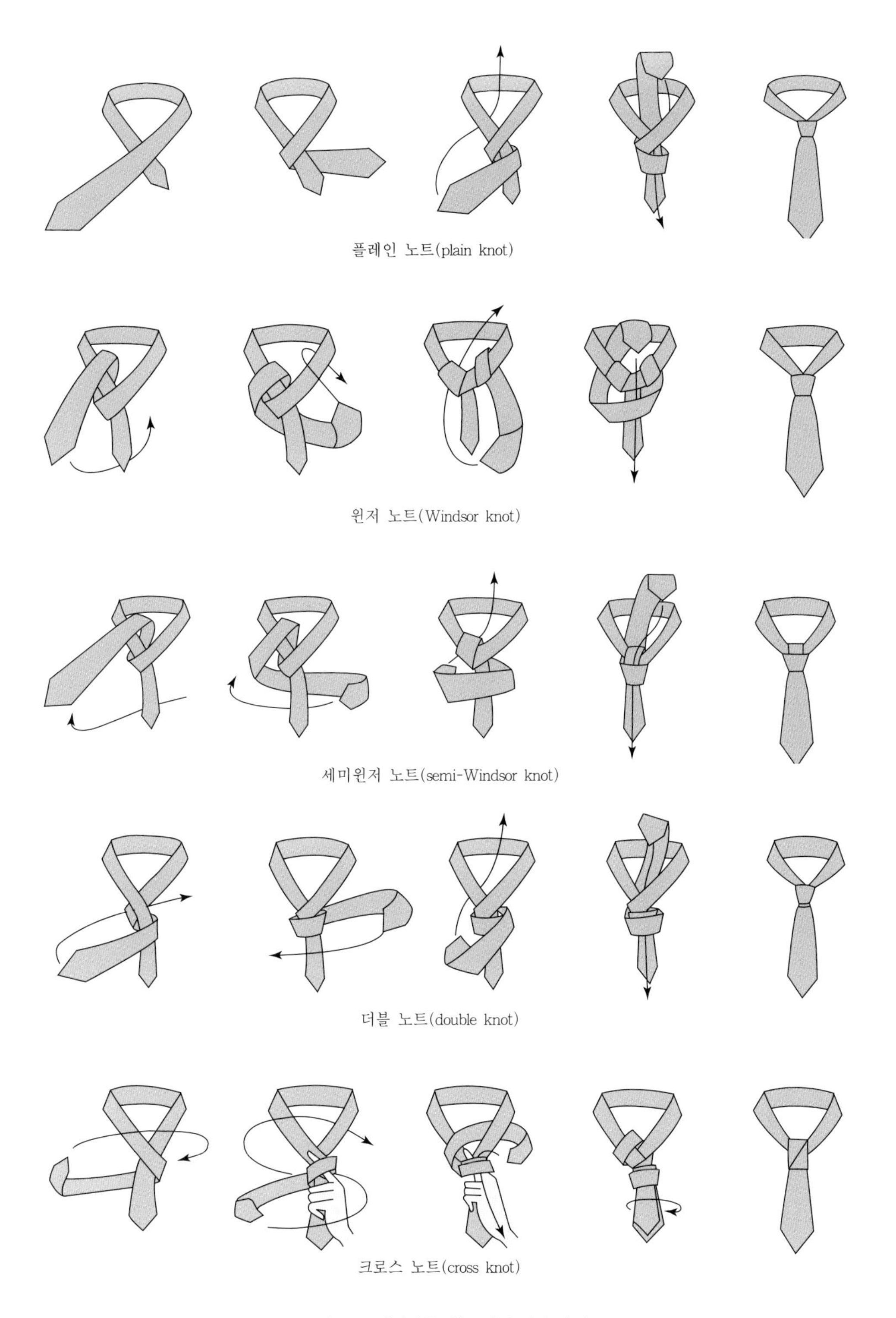

그림 9-14 넥타이를 매는 여러 가지 방법

3) 헤어스타일 및 메이크업

코디네이트의 세 번째 요소는 헤어스타일 및 메이크업이다. 여성이 공식적으로 화장하는 풍습이 정착한 것은 매스 미디어가 일반화하면서부터이다. 특히 TV나 신문 잡지를 통해 화장품 회사가 대대적으로 광고를 하기 시작한 것을 계기로 하여 일반 여성들도 화장품을 널리 사용하게 되었다.

또한 직장에 출근하는 여성들이 늘어난 것도 화장품이 보급된 하나의 요인이라 할 수 있다. 직장 내에서 청결한 차림이 요구되면서 매일 출근 전에 화장한다는 습관이 침투하게 된 것이다. 그리고 현재는 단순히 청결한 차림을 위해서가 아니라 패션 하나의 요소로서 헤어스타일과 메이크업은 빼놓을 수 없는 것이 되었다.

최근에는 여성에 한하지 않고 남성들 사이에서도 옷차림에 맞추어 헤어스타일을 변화시키거나 눈썹을 정리하는 등 헤어스타일과 메이크업의 관심이 높아지고 있다. 또한 패션과 장소에 맞추어 향수를 바꾸어 사용하는 사람들도 증가하고 있어 앞으로는 향수도 코디네이트의 범주에 포함하여 생각해야 할 것이다.

(1) 헤어스타일의 기초지식

헤어 미용법은 크게 두피(頭皮)와 두발(頭髮)을 건강하게 유지하기 위한 손질

쇼트 헤어(short hair)

원 랭스(one length)

포니 테일(pony tail)

업 스타일(up style)

세미업 스타일(semi-up style)

새비지(savage)

레이어드(layered)

브레이디드 번치 (braided bunch)

드레드 락스(dread locks)

아프로(Afro)

그림 9-15 헤어스타일의 종류

법과 머리를 아름답게 꾸미기 위한 스타일링(styling)으로 나눈다. 헤어스타일을 보다 효과적으로 완성하기 위해서는 머리의 형태뿐만 아니라 헤어 액세서리와 염색도 고려하여 목적과 장소에 따라 그 사람의 개성을 살리는 스타일을 구상해야 할 것이다.

헤어스타일은 길이에 따라 쇼트 스타일, 미디엄 스타일, 롱 스타일로 나누며, 질감에 따라 스트레이트 스타일과 웨이브 스타일로 나눈다.

표 9-1 얼굴형에 따른 헤어스타일의 분류

얼굴형	특 징	이미지
달걀형	달걀을 거꾸로 한 듯한 얼굴	어른스러운 고상한
둥근형	볼에서 턱까지 볼륨이 있는 얼굴	귀여운 건강한 젊은 친근한
장방형	길고 갸름한 얼굴	침착한 부드러운 조용한
사각형	이마가 넓고 턱이 퍼져 있으며 볼의 선이 직선적인 얼굴	쾌활한 활동적인 건강한 지적인
역삼각형	이마의 폭이 넓고 턱이 좁은 얼굴	섬세한 지적인 청순한
삼각형	이마가 좁고 턱에 볼륨이 있는 얼굴	넉넉한 여성스러운 부드러운
다이아몬드형	광대뼈가 나오고 턱이 좁은 얼굴	섬세한 지적인 도시적인

(2) 메이크업의 기초지식

메이크업이란 표정이 있는 사람의 얼굴에 화장을 하는 기술이다. 화장의 목적에 따라 그 기술과 방법은 다르나, 무엇보다 얼굴의 특징과 내면적인 면을 고려하여 그 사람만의 개성을 보다 매력적으로 표현하는 것이 중요하다. 이를 위해서는 우선 얼굴의 특징을 잘 파악하고 그에 따른 메이크업의 지식과 기술을 익혀 두어야 한다. 그리고 피부의 조직과 타입, 손질법 등에 대한 지식을 기초로 하여 전체 메이크업의 이미지를 생각하면서 눈썹, 아이라인, 볼 터치, 립스틱의 선과 색채 등과 같은 세부적 사항을 결정해야 한다.

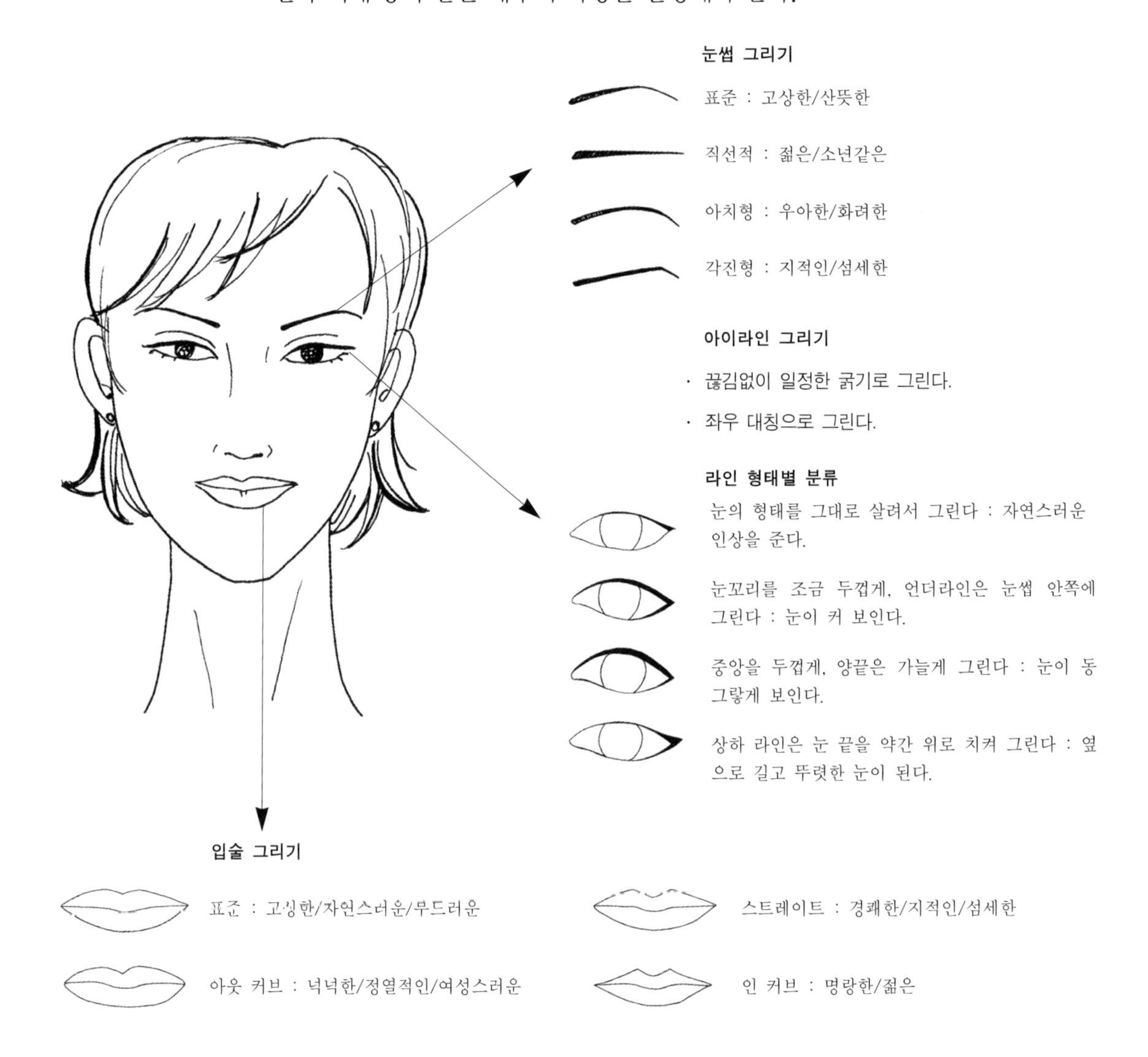

그림 9-16 메이크업의 기초지식

4) 바디 셰이프

코디네이트의 네 번째 요소는 바디 셰이프이다. 실제 입는 의복 아이템으로는 이너 웨어(inner wear)를 가리키나, 다이어트를 중심으로 한 식이요법과 셰이프 업(shape up), 피트니스(fitness) 등의 운동을 통한 체중조절까지 포함한다.

이너 웨어는 아우터(outer), 즉 겉옷과 반대되는 말로 원래 땀을 흡수하고 보온을 하며, 겉옷의 실루엣을 아름답게 보정하는 등의 기능을 지니는 의복이다. 최근에는 이너 웨어에도 자신만의 멋과 감성이 요구되면서 보이기 위한 속옷, 혹은 속옷의 겉옷화 현상이 나타나고 있다.

이너 웨어를 착용 목적으로 분류하면 신체 선을 아름답게 보정해 주는 파운데이션(foundation), 겉옷을 보다 쉽게 입고 벗을 수 있게 하고 실루엣을 아름답게 표현해 주는 란제리(lingerie), 땀을 흡수하고 보온기능을 지니는 언더웨어(underwear) 등으로 나눌 수 있다.

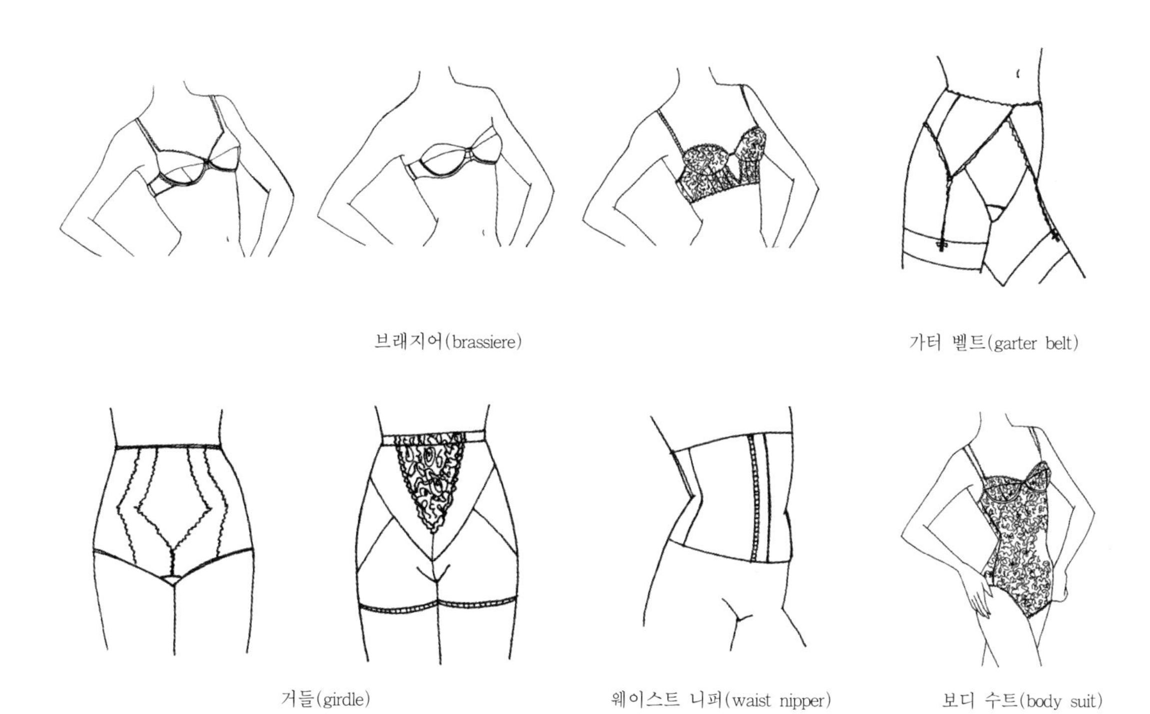

그림 9-17 파운데이션의 종류

그림 9-18 언더웨어의 종류

그림 9-19 란제리의 종류

2. 코디네이트 기법

최근의 패션은 코디네이트에 의해 각 시즌마다의 스타일을 새롭게 창조하며 그것은 곧 개인의 개성으로 직결되는 경향이 있다. 수많은 아이템을 어떻게 조화시키고 연출해야 하는지 그 방법을 알기 위해서는 항상 관심을 갖고 정보를 수집하거나 주위의 예를 살펴서 자신만의 감각을 키우는 것이 중요하다.

1) 이미지에 따른 패션 코디네이트

패션 디자인의 주요 요소는 실루엣, 디테일, 색채, 소재 이 있지만 옷을 입는다는 관점에서 보면 의복 외에도 액세서리와 소품, 헤어스타일, 메이크업 등을 포함한 종합적인 이미지가 필요하다. 패션 이미지란 옷차림의 분위기 혹은 개성이란 의미로 그것을 입는 사람의 취향과 미의식이 표면화된 것이다. 각 개인마다 선호하는 패션 이미지가 다르므로 그 종류는 매우 다양하다. 그러나 흔히 8가지 이미지를 구분하며 각각의 특징은 표 9-2와 같다.

표 9-2 이미지에 따른 패션 코디네이트 기법

이미지명	전체적 특징	키워드	아이템	색	소 재
클래식 이미지 코디네이트	고전적, 전통적이란 의미로 패션에서는 유행에 좌우되지 않고 긴 시간동안 애용되어 온 차림을 말한다.	· 기본적인 · 정통적인 · 전통적인 · 진품지향의 · 신사적인	· 테일러드 수트 · 트랜치 코트 · 샤넬 수트 · 스웨터와 카디건의 앙상블	· 다크 톤 · 디프 톤 · 네이비 · 와인레드 · 그린	· 개버딘 · 캐시미어 · 하운드투스 · 타탄체크 · 펜슬스트라이프
엘레강트 이미지 코디네이트	세련된, 우아한, 기품있는 등의 의미로 패션에서는 성인 여성의 섬세하고 고상한 이미지를 가리킨다.	· 상류사회의 · 오트쿠튀르 · 귀부인 · 다이애나비 · 그레이스 켈리 왕비	· 샤넬 수트 · 크리스티앙 디오르의 뉴 룩 · 이브닝 드레스	· 라이트그레이시 톤 · 그레이시 톤 · 뉴트럴 톤	· 태피터 · 벨벳 · 조젯 등 얇고 비치는 소재 · 새틴, 라메 등 광택 소재
페미닌 이미지 코디네이트	여성스러운, 아름다운 등의 의미로 패션에서는 여성적인 섬세함과 부드러움을 표현한 스타일을 말한다. 소녀와 같은 귀여운 이미지, 섹시하고 대담한 이미지 등 다양하다.	· 로맨틱한 · 공상적인 · 감미로운 · 귀여운 · 순진무구한 · 섹시한	· 프릴, 개더, 자수 장식된 블라우스, 원피스, 스커트 · 슬립 원피스 · 코사지, 리본 장식	· 라이트 톤 · 라이트그레이시 톤 · 빨강, 분홍, 주황 등 난색계열	· 레이스, 오간자, 보일 등 얇고 비치는 소재 · 물방울무늬 · 꽃무늬
에스닉 이미지 코디네이트	민족적인, 이방인의, 이교도의 등의 의미로 패션에서는 도시문명과 반대되는 소박하고 전원적인 민족문화를 도입한 자연의 온기가 느껴지는 스타일을 말한다.	· 에콜로지 · 원시적인 · 자연적인 · 오리엔탈의	· 차이니즈 드레스, 기모노, 사리 등 각국의 민족복에서 아이디어를 얻은 아이템 · 나뭇잎, 조개, 동물뼈 등의 액세서리	· 차이니즈 블루와 레드 · 나무, 모래, 바다 등 자연의 색 · 인디고 블루 등 천연염색	· 면, 마, 모 등 천연 소재 · 이캇, 사라사 등 각국의 전통적인 무늬 · 나뭇잎, 조개 등 자연조형무늬
아방가르드 이미지 코디네이트	군대의 전위부대를 가리키나 유럽에서 일어난 혁신적인 예술운동의 총칭이다. 패션에서는 격식과 전통에 구애받지 않은 독창적이고 기발한, 유행의 첨단을 걷는 스타일을 말한다.	· 초현실주의 · 반체제 · 모즈 룩 · 펑크 룩 · 누더기 룩 · 앤드로지너스 · 해체주의	· 안전핀, 체인, 징 등을 장식한 가죽 재킷 · 비대칭, 누더기, 깁기 등을 이용한 디자인 · 여성성과 남성성을 무시하거나 교차시킨 디자인	· 뉴트럴 톤 · 금색과 은색 · 네온사인과 같은 인공적인 색	· 가죽, 합성피혁 · 금속제 · 비닐소재 · 그물소재
스포티브 이미지 코디네이트	유희적인, 스포츠를 좋아하는 등의 의미이다. 패션에서는 테니스, 골프, 스키 등 스포츠 웨어가 갖는 기능성과 편안함을 일반 의복에 도입한 활동적이고 간편한 스타일을 가리킨다.	· 올림픽 · 월드컵 · 에어로빅 · 헬스클럽	· 다운 파카 · 점프 수트 · 사파리 재킷 · 밀리터리 재킷 · 트레이닝 웨어	· 비비드 톤 · 스트롱 톤 · 브라이트 톤 · 흰색과 파랑의 배색 · 카키색	· 스웨트 소재 · 니트, 저지, 폴리우레탄 등 신축 소재 · 패딩 소재 · 데님 · 방추, 발수가공 소재
매니시 이미지 코디네이드	남성적인이란 의미로 패션에서는 여성적인 차림에 남성적 요소를 주어 기존에 없던 새로운 여성스러움을 표현한 스타일이다.	· 남성적인 · 앤드로지너스 · 댄디즘 · 보이시 · 밀리터리	· 판탈롱 수트 · 밀리터리 재킷 · 넥타이 · 화이트 셔츠	· 다크 톤 · 회색 · 브라운 · 네이비 · 베이지 · 카키색	· 도스킨 · 개버딘 · 서지 · 마 · 목면
모던 이미지 코디네이트	현대적인, 근대적인이란 의미로 패션에서는 여분의 장식을 생략한 날카롭고 세련된 감성을 표현한다.	· 도시적 · 합리주의 · 하이테크 · 미니멀리즘 · 기능주의 · 미래주의	· 우주복 룩 · 단순 명쾌한 직선과 곡선이 중심이 된 디자인	· 뉴트럴 톤 · 청록, 파랑, 청자 등의 한색 계열 · 은색과 금색	· 빳빳한 느낌의 소재 · 금속감각의 소재 · 광택소재 · 가죽 · 비닐소재

그림 9-20 클래식 이미지 코디네이트

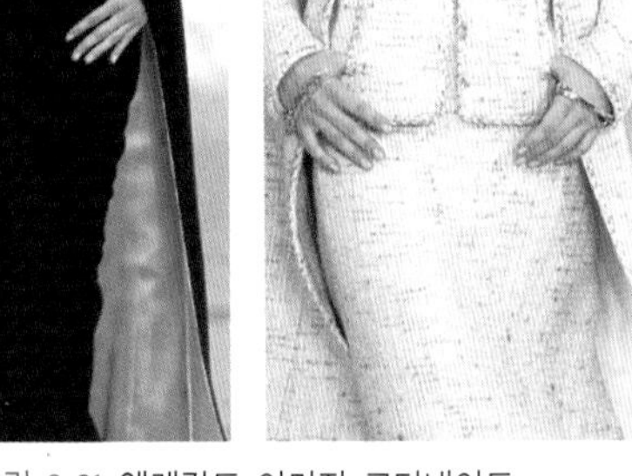

그림 9-21 엘레강트 이미지 코디네이트

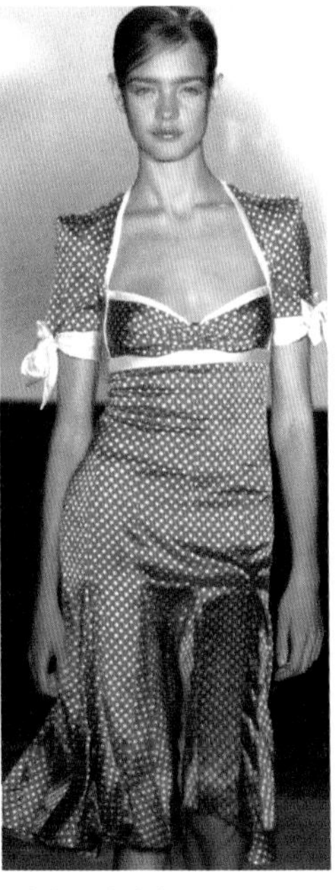
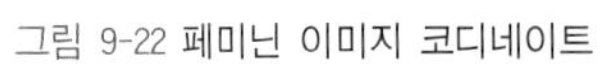

그림 9-22 페미닌 이미지 코디네이트

그림 9-23 에스닉 이미지 코디네이트

그림 9-24 아방가르드 이미지 코디네이트

그림 9-25 스포티브 이미지 코디네이트

그림 9-26 매니시 이미지 코디네이트

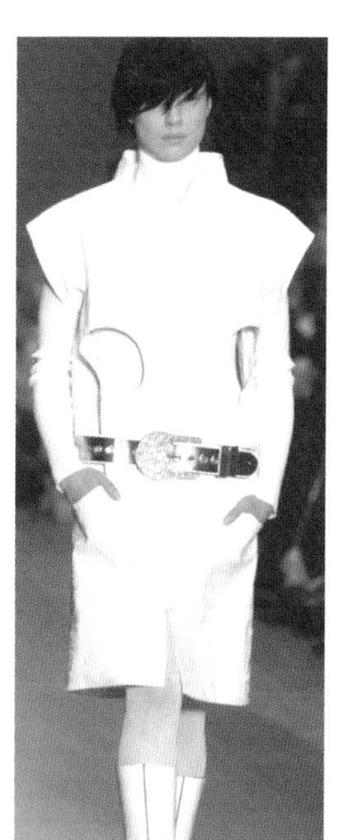

그림 9-27 모던 이미지 코디네이트

2) 장소에 따른 패션 코디네이트

최근 일 이외에 취미와 여가 시간을 중시하는 경향이 두드러지면서 개인생활에 따라 패션이 세분화되고 있다. 이는 다양한 장소별로 각자의 개성을 더욱 매력적으로 연출함과 동시에 그 장소를 돋보이게 함으로써 보다 충실한 시간을 보내게 한다는 점에서 매우 중요하다.

그림 9-28 홈파티를 위한 코디네이트

(1) 가정생활을 위한 패션 코디네이트

고도로 발달된 산업화 · 정보화 사회 속에서 우리를 둘러싼 사회환경은 나날이 복잡해지고 있다. 거리를 가득 메운 사람들, 늘어선 자동차의 행렬과 소음, 기계화에 따른 인간관계의 변화 등 스트레스의 원인도 다양하다. 가정은 축적된 스트레스를 치유하고 심신을 원래의 상태로 되돌리기 위한 장소로서 최근 가정생활을 담은 산업 형태가 주목받고 있다. 예를 들면 커튼, 벽지, 의자 등의 인테리어 용품이나 욕실용품, 식기류와 같은 잡화 등이 인기를 모으고, 홈 파티를 위한 요리와 테이블 세팅 등이 화제에 오르는 것이 그것이다.

가정생활을 위한 패션은 사실 일정한 규칙이 없으며 개인의 감정이나 생활방식 등에 따라 자유롭게 결정할 수 있다. 가사노동을 하거나 근처에 장보러 나갈 때를 위한 워킹 웨어(working wear), 소위 휴양복이라 부르는 라운지 웨어(lounge wear) 등이 있다.

그림 9-29 골프 웨어의 코디네이트

(2) 스포츠를 위한 패션 코디네이트

골프, 스키에서부터 조깅, 에어로빅에 이르기까지 최근 도시생활의 피로를 회복하고 여가를 즐기기 위해 스포츠 인구는 계속 늘어나고 있다.

스포츠를 위한 코디네이트는 신체를 움직이는 만큼 신축성, 내구성, 견뢰성, 보온성, 흡습성, 통기성 등 각 스포츠의 특성에 알맞은 기능성이 부여되어야 한다. 또한 패션성과 유희성을 도입한 코디네이트로 즐거움을 주는 것도 좋다.

그림 9-30 아웃도어 룩의 코디네이트

(3) 레저 생활을 위한 패션 코디네이트

레저란 휴가, 여가의 뜻으로 전체 생활에서 기초생활에 필요한 시간과 일하는 시간을 빼고 남은 시간을 가리킨다. 이 시간은 자유롭게 사용할 수 있는 자기 개발, 자기 실현을 위한 귀중한 시간이라 할 수 있다. 최근에는 건강 지향, 스트레스 해소, 자연 회귀 등의 요인으로 스포츠, 독서, 여행, 창작 활동, 모임 등이 레저의 수단이 되고 있다.

특히 의복과 관련해 보면 스포츠 웨어를 제외한 나머지를 레저 웨어라 하는데, 구체적으로는 트래블 웨어(travel wear), 아웃도어 웨어(out door wear), 리조트 웨어(resort wear) 등이 포함된다. 대개 여유있는 실루엣, 쾌적성, 트렌드와 유희 감각 등이 특징이다.

(4) 비즈니스를 위한 패션 코디네이트

비즈니스 웨어란 여러 작업복들 중 특히 사무계통의 의복을 따로 지칭하는 말이다. 남성복에서 비즈니스 웨어라 하면 테일러드 수트(tailored suit), 즉 양복이 기본이며 이를 비즈니스 수트라 한다. 여성복의 비즈니스 웨어 역시 남성복의 테일러드 수트를 기본으로 한다.

최근 사회생활을 하는 여성들이 늘고 있으며, 그 영역도 다양화되고 있다. 따라서 패션도 다양한

그림 9-31 개성을 강조한 비즈니스 웨어의 코디네이트

그림 9-32 세미 포멀웨어의 코디네이트

목적과 장소에 따라 개성을 살리는 것이 좋다. 또한 주 5일 근무제의 도입과 컴퓨터, 방송, 디자인 등 자유직 종사자들이 늘어나면서 남성복의 경우에도 기존의 딱딱한 이미지에서 벗어나 캐주얼하게 입을 수 있는 비즈니스 웨어가 늘어나고 있는 추세이다.

(5) 격식 있는 장소를 위한 패션 코디네이트

격식 있는 장소란 관혼상제(冠婚喪祭)와 그 외 엄숙한 예식, 파티 등을 말하며 이때 입는 의복을 포멀 웨어라 한다. 원래 포멀웨어는 서양 상류층들의 생활 관습에서 유래하는 것이 대부분으로 나라와 시대에 따라 그 기준은 각각 다르다. 특히 우리나라는 예복으로 한복을 입는 경우가 많기 때문에 서양의 예복 문화는 다소 생소한 감이 있다. 그러나 포멀 웨어의 기본 특징 정도 익혀두는 것은 국제화 시대를 맞이한 우리들의 상식이라 하겠다.

■ 포멀 웨어

포멀 웨어(formal wear)는 가장 격식 있는 장소를 위한 의복으로 현재 우리나라의 경우 결혼식의 신랑 신부의 옷차림이 그 대표적인 예이다. 시간에 따라 그 종류가 구분되는데 밤의 경우 여성들은 이브닝 드레스, 남성들은 연미복[3](燕尾服)을 입는다. 그에 비해 낮에는 여성의 경우 애프터눈 드레스(afternoon dress)[4], 남성들은 모닝 코트(morning coat)[5]를 입는다.

■ 세미포멀 웨어

세미포멀 웨어(semi-formal wear)는 정식 예복을 단순화시킨 복장이지만 품위와 격식을 갖춘 차림으로 각종 기념식, 결혼 피로연 등에 착용된다. 역시 밤과 낮으로 구분하는데, 밤의 경우 여성은 세미 이브닝 드레스, 남성은 턱시도(tuxedo)를 입고, 낮의 경우 여성은 세미 애프터눈 드레스[6], 남성은 디렉터즈 수트(director' s suit)[7], 혹은 블랙 수트를 입는다.

---

3) 연미복은 남성들 최고의 정장차림으로 상의 뒷부분이 제비꼬리처럼 늘어진 형태이다. 반드시 흰색 보 타이를 함께 맨다.

4) 애프터눈 드레스는 오후의 연회를 위한 드레스로 때와 장소에 따라 다양하나 이브닝 드레스처럼 특별한 격식은 필요없다. 대개 이브닝 드레스에 비해 길이를 약간 짧게 하거나 너무 화려한 보석은 피하는 것이 좋다.

5) 모닝 코트는 남자들이 낮에 착용하는 세미 포멀이었으나 현재는 포멀 웨어로 사용된다. 상의와 조끼의 천은 거의 검정색 도스킨이며, 상의 앞자락의 단추는 하나이고 길이는 무릎 위까지 오며 하의는 줄무늬를 사용하는 경우가 많다.

6) 세미 애프터눈 드레스는 원피스, 수트, 앙상블 등의 아이템에 패션성과 개성을 가미한 것으로 다양한 용도에 맞추어 변화 가능하다.

7) 디렉터즈 수트는 검정색의 곁여밈된 재킷과 검정색 혹은 회색의 스트라이프 팬츠로 이루어졌다.

■ 뉴 포멀 웨어

뉴 포멀 웨어(new formal wear) 란 각종 파티나 음악회 등과 같은 모임에서 계절별 트렌드와 개성을 표현하면서 즐겁게 자신을 연출하는 옷차림을 말한다. 현대인의 생활양식과 취향에 따라 그 연출법도 다양하다.

그림 9-33 뉴 포멀 웨어의 코디네이트

3) 체형에 따른 패션 코디네이트

누구나 한번쯤은 패션 잡지나 패션쇼에 나오는 모델을 보고 '나도 이러한 체형이라면 얼마나 좋을까' 생각한 적이 있을 것이다. 최근에는 팔 다리가 길고 늘씬한 서구형 체형의 사람들이 늘어났다고는 하지만 누구나 자신의 체형에 불만을 갖고 있는 것 또한 사실이다. 특히 나이가 들어갈수록 몸의 균형이 깨지면서 자신의 체형에 불만을 갖는 사람이 늘어난다. 그러면 모델과 같은 몸매가 아니면 옷을 멋지게 입을 수 없는 것일까? 답은 물론 아니다. 좋은 옷차림이란 의복만이 멋있게 보이는 것은 아니다. 자신만의 개성을 이끌어내는 옷을 입는 것이 좋은 옷차림인 것이다.

체형도 그 사람만의 개성이라 한다면 자신의 체형이 갖고 있는 장단점을 잘 파악하고 그에 알맞은 코디네이트 기법을 익혀 두는 것이 중요하다. 체형의 불만과 희망사항은 실로 다양하다. 그 중 가장 많은 것이 '키가 작기 때문에 커 보이고 싶다' 든지 '뚱뚱하기 때문에 말라 보이고 싶다' 는 희망이다. 그 외에도 '힙이 크기 때문에 작게 보이고 싶다', '가슴이 작기 때문에 크게 보이고 싶다' 는 부분적인 체형의 불만과 희망을 갖고 있는 사람도 있다. 또한 불만도 하나가 아니라 '키가 작고 힙이 크기 때문에 전체적으로 늘씬하게 보이면서 힙도 작게 보이고 싶다' 는 등 몇 가지가 겹쳐 있는 경우도 있다. 그러나 궁극적인 목적은 각자의 매력을 최대한 이끌어내는 것에 있으므로 모든 불만을 완벽하게 해소하려 하기보다는 가장 커다란 불만을 약화시킬 수 있는 코디네이트로 자신의 개성을 표현해야 할 것이다.

전체적 체형 극복과 부분적 체형 극복을 위한 코디네이트 기법의 예를 설명하면 다음과 같다.

(1) 전체적 체형 극복을 위한 패션 코디네이트

■ 키가 커 보이는 코디네이트

① 상·하의를 같은 색으로 하거나 몸에 꼭 맞는 디자인으로 직선의 느낌을 준다.

② 하의를 진한 색으로 하고 상의에 볼륨감을 주어 원추형의 실루엣으로 만든다.

③ 길이가 긴 의복의 경우 하이 웨이스트로 하여 시선을 위로 유도한다.

④ 목 부분에 액센트를 주어 시선을 위로 유도한다.

⑤ 머리를 묶어 작게 보이게 한다.

■ 키가 작아 보이는 코디네이트

① 볼륨 있는 하의를 입는다.

② 진한 색의 상의, 연한 색의 하의를 입어 위쪽에 무게를 준다.

③ 하의 밑자락에 액센트를 주어 시선을 낮춘다.

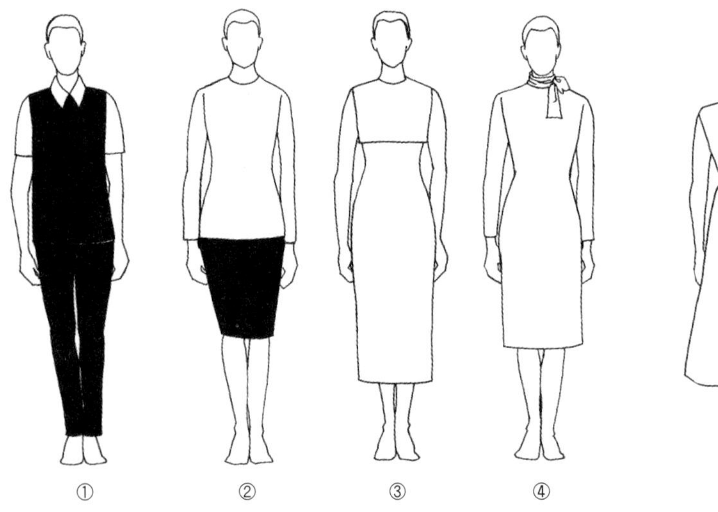

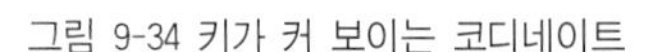
그림 9-34 키가 커 보이는 코디네이트

그림 9-35 키가 작아 보이는 코디네이트

■ 날씬해 보이는 코디네이트

① 눈에 띄는 색의 단추나 선을 이용하여 세로 선을 강조한다.

② 재킷 안에 입는 아이템과 하의를 진한 색으로 하고 그 위에 연한 색의 재킷을 입어 중심의 색을 통일시키고 세로 선을 강조한다.

③ 진한 색의 줄무늬로 시선을 세로로 이동시키거나 사선을 이용한다.

■ 통통해 보이는 코디네이트

① 모헤어와 같은 소재나 오목 볼록감이 있는 소재로 볼륨감을 준다.

② 전체를 연한 색으로 하며, 소매와 하의가 진한 색의 경우는 중심 부분을 연한 색으로 하면 팽창되어 보인다.

③ 연한 색의 스트라이프와 커다란 체크를 전체에 배치한다. 스트레이트 실루엣인 경우는 스트라이프로 시선을 옆으로 이동시킨다.

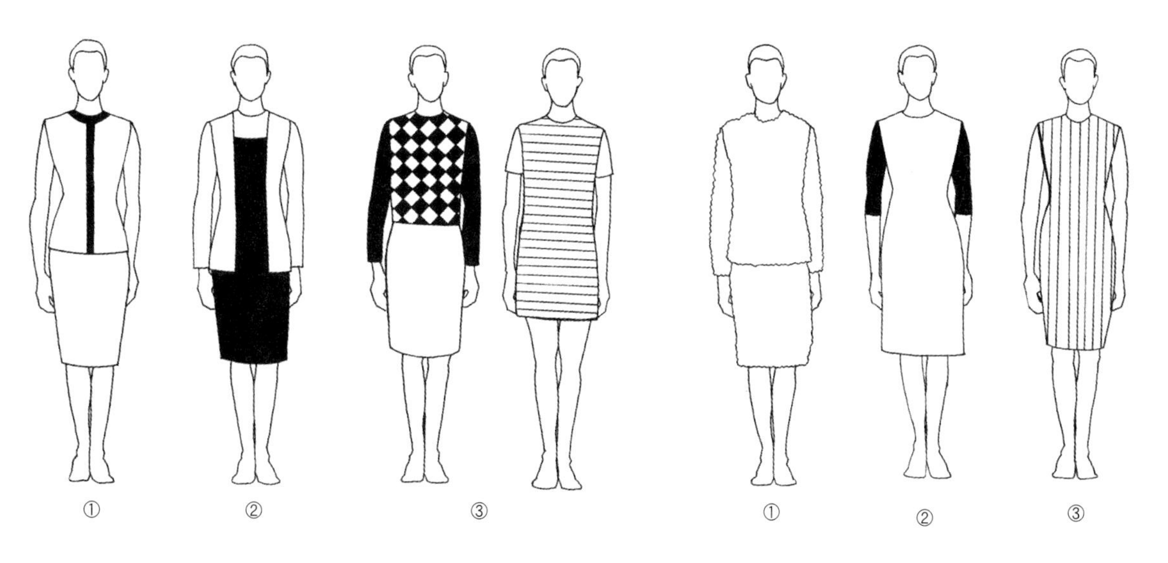

그림 9-36 날씬해 보이는 코디네이트

그림 9-37 통통해 보이는 코디네이트

(2) 부분적 체형 극복을 위한 패션 코디네이트

■ 목이 길어 보이는 코디네이트

① V 네크라인 등 샤프한 선이 들어가는 상의를 입는다.

② 하이 네크라인이나 라운드 네크라인의 경우 긴 목걸이나 펜던트(pendant)가 달린 목걸이 등으로 샤프한 선을 만든다.

③ 하이 칼라의 경우 좁은 폭의 차이니스 칼라나 목에 달라붙지 않은 타입의 것을 입는다.

■ 가슴이 작아 보이는 코디네이트

① 신체 중심을 향해 화살표 무늬와 같은 사선이 들어간 상의를 입는다.

② 네크라인에 포인트가 서로 다른 V 존(zone)을 배치하여 시선을 이동시킨다.

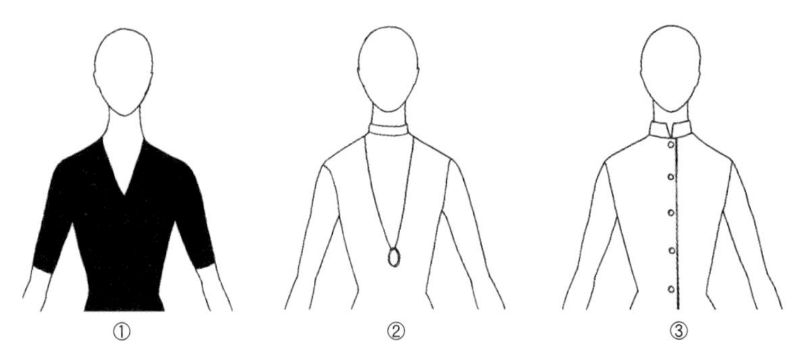

그림 9-38 목이 길어 보이는 코디네이트

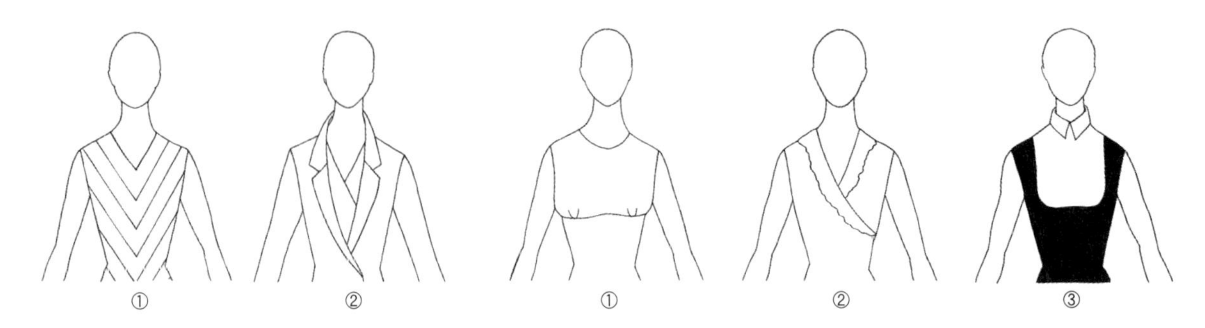

그림 9-39 가슴이 작아 보이는 코디네이트

그림 9-40 가슴이 커 보이는 코디네이트

■ 가슴이 커 보이는 코디네이트

① 언더 바스트와 가슴 부분에 절개선을 넣고 개더와 턱으로 볼륨감을 준 상의를 입는다.

② 플라운스, 프릴 등 네크라인에 볼륨감을 준 상의를 입는다.

③ 가슴 부분에 색과 무늬로 커다란 절개선을 넣은 상의를 입는다.

■ 허리가 날씬해 보이는 코디네이트

① 액센트가 되는 배색과 밸트 등으로 허리를 강조한다.

② 허리보다 약간 높은 위치에 샤프한 선을 넣는다.

③ 골반 부분에 페플럼(peplum)을 주거나 피트 앤 플레어(fit & flare) 라인으로 하의에 볼륨감을 준다.

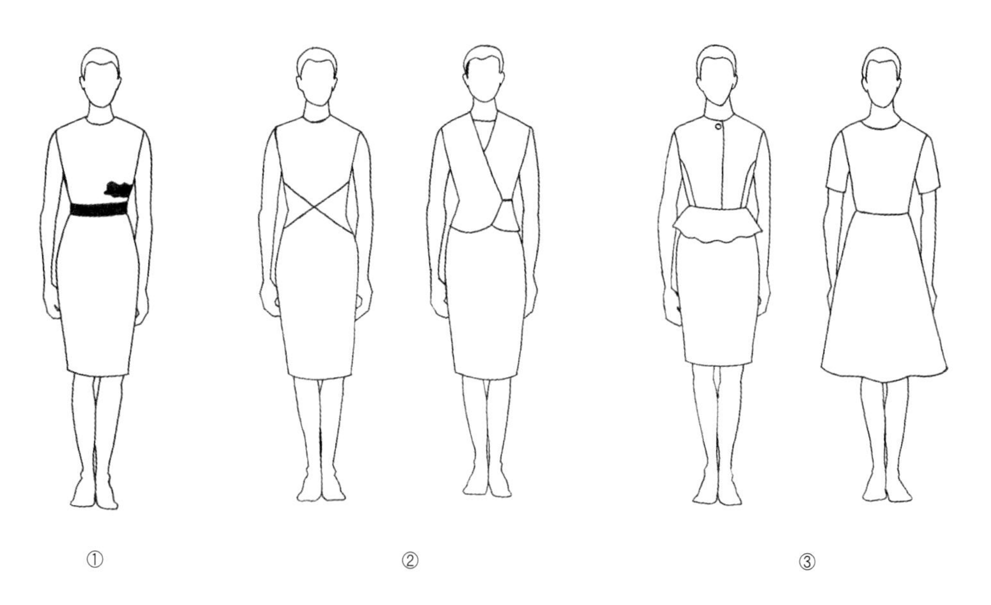

그림 9-41 허리가 날씬해 보이는 코디네이트

■ 골반과 힙의 볼륨을 감추는 코디네이트

① 상의 밑자락에 샤프한 커팅 선이 들어간 것을 입는다.

② 시선을 세로로 이동시키는 절개선이나 색으로 액센트를 준다.

③ 샤프한 사선의 무늬로 액센트를 준다.

④ 긴 재킷이나 셔츠를 골반의 가장 넓은 부위보다 조금 밑까지 내려오게 하고 하의는 진한 색으로 한다.

⑤ 허리보다 약간 높은 위치에 포켓 등으로 포인트를 주어 시선을 이동시킨다.

그림 9-42 골반과 힙의 볼륨을 감추는 코디네이트

제10장 패션 상품과 시장

1. 패션 상품
2. 패션 시장

제10장 패션 상품과 시장

1. 패션 상품

과학기술의 발달에 따라 다양한 가격대와 디자인의 패션 상품이 대량생산되고 있다. 패션 상품은 물리적 상품 이외에 포장, 배달 서비스, 대금 지불 방법, 점포 분위기 등을 폭넓게 포함한다. 대표적인 패션 상품인 의복은 '무성의 언어'로 착용자의 생활 수준, 지위, 미적 감각, 개성, 가치관, 자아개념, 욕구 등을 잘 나타내는 상징적 도구로 사용될 수 있다.

1) 패션 상품의 특성

소비자는 자신에게 알맞는 패션 상품을 골라서 구입하기 때문에 다른 소비재와 달리 패션 상품의 특성을 알아야 원활한 마케팅 활동을 할 수 있다.

(1) 짧은 수명주기

패션 상품은 상품 수명주기(product life cycle)가 아주 짧다. 패션 주기가 점차 짧아짐에 따라 패션 상품의 수명주기가 단축되고 있다. 그러므로 패션업체에서는 유행 변화에 맞춰 새로운 상품을 개발하여 공급해야 한다. 패션 상품의 소개기에는 소량생산되므로 희귀하고 독점성이 강하다. 그러나 패션 상품의 수요가 증가되는 상승기에는 복제 상품이 대량생산되므로 상품의 부가가치가 감소하여 가격이 내려간다. 패션 상품의 수요가 적어지는 하강기에 접어들면 상품은 더 이상 생산되지 않고 상품의 가치는 상실된다.

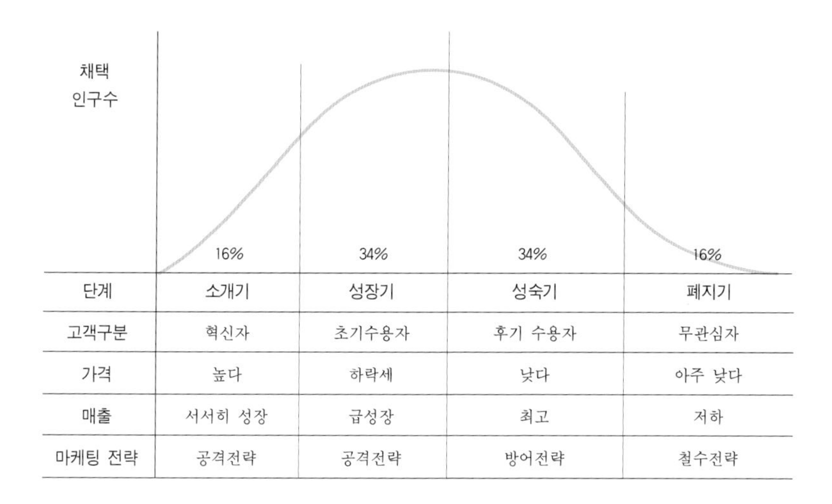

단계	소개기	성장기	성숙기	폐지기
고객구분	혁신자	초기수용자	후기 수용자	무관심자
가격	높다	하락세	낮다	아주 낮다
매출	서서히 성장	급성장	최고	저하
마케팅 전략	공격전략	공격전략	방어전략	철수전략

그림 10-1 **상품 수명주기와 패션 주기의 단계별 특성**

(2) 독특한 수요곡선

패션 상품은 소비자들 사이의 상호작용효과가 크고 소비자의 주관적 판단을 기초로 선택이 이루어지므로 전통적 수요곡선이 적용되지 않는다. 예를 들면, 고가의 패션 상품은 가격이 상승해도 수요가 증가하는 편승효과(band wagon effect)[1]를 보이기도 한다. 편승효과는 패션 주기의 초기에 패션 선도자들 사이에서 패션 상품의 가격이 비싸도 구매가 이루어지는 현상으로 관찰된다(그림 10-2 참조).

1) 편승효과는 다른 사람들이 그 상품을 사용하기 때문에 개인 수요가 증가하는 현상으로 유행을 따르고자 하는 소비자의 동조욕구에 의해 형성된다.

(3) 독점적 경쟁 상품

독점적 경쟁 상품이란 패션 상품의 가격이 높으면 특수 계층에서 독점적으로

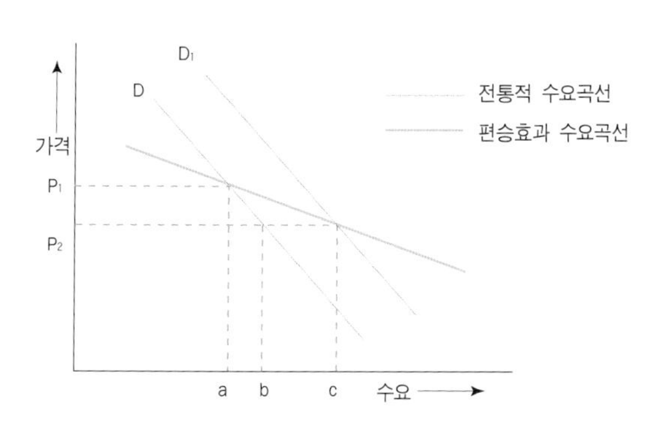

그림 10-2 **편승효과**

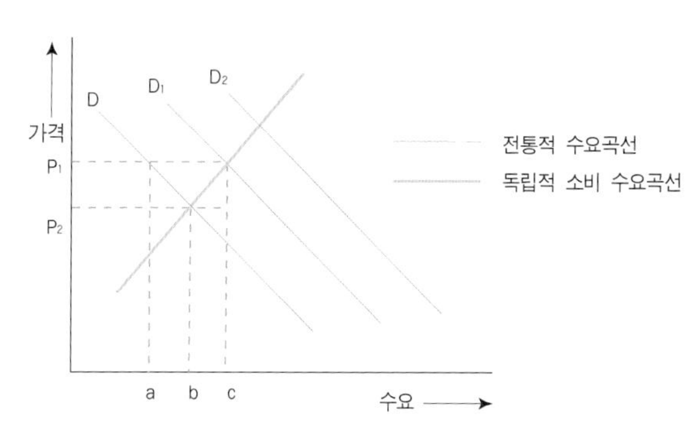

그림 10-3 **독점적 경쟁상품**

신분상징을 위하여 사용할 수 있기 때문에 수요가 증가되는 과시적 소비효과이다. 패션 상품은 계절마다 패션 트렌드에 맞춰 비슷한 스타일이 생산되는 것 같이 보이나, 업체마다 상품을 차별화하여 생산하기 때문에 유사성과 독특성을 동시에 갖는다. 패션 상품의 경우 가격이 높으면 특수 계층에서 독점적으로 사용하고 타계층에서는 모방이 어려워 신분 상징성이 강해지기 때문에 수요가 증가할 수 있다(그림 10-3 참조). 즉 사회경제적 지위를 과시하고자 하는 욕구 때문에 소비가 약간 증가한다.

(4) 사회 · 심리적 기준에 맞는 선택

소비자는 패션 상품을 선택할 때 실용적 기능보다는 스타일, 색상, 사회적 수용 여부, 자기 만족, 신분 상징성과 같은 사회 · 심리적 기준에 맞춰 선택한다. 패션 상품은 기능이나 실용적 가치가 남아 있어도 시간이 지나 유행이 지나면 부가가치가 현저히 떨어진다. 또 소비자는 자신의 기호나 취향에 맞는 패션 상품을 구입하기 때문에 패션 업체에서는 표적 고객의 취향을 파악하고 패션을 이끌어가는 사회 · 문화적 추세를 이해해야 한다.

2) 패션 상품의 분류

패션 상품은 나이, 용도, 구매습관, 사용기간, 관여도, 상품 특성, 가격, 상품 구성, 유행성과 같은 요인을 기준으로 분류된다.

(1) 연령별 분류

착용자의 연령에 따라 영아복, 유아복, 아동복, 청소년복, 숙녀복, 남성복, 부인복, 노인복 등으로 분류되며, 사용되는 옷감의 종류나 디자인이 다르다.

영아복이나 유아복은 보온성, 세탁성, 편안함 등이 중요하며, 화재로부터 이들을 보호하기 위하여 방염가공된 옷감을 사용하기도 한다. 청소년들은 의복의 동조성을 중요시하는 데 반하여 숙녀복에서는 개성이 중요하다.

(2) 용도별 분류

의복의 용도에 따라 정장, 캐주얼 웨어, 스포츠 웨어, 예복, 유니폼, 속옷 등으로 분류된다.

(3) 구매습관별 분류

패션 상품은 소비자의 구매습관에 따라 편의품, 선매품, 전문품으로 구분된다.

편의품은 소비자가 자주 구매하고 손쉽게 적은 노력과 시간으로 구매하는 품목으로 가격이 싸다. 소비자는 상품에 대한 사전 지식이 충분히 있기 때문에 구매 전에 탐색활동을 적게 한다. 간단한 속옷, 양말, 스타킹, 값싼 액세서리 등이 편의품에 속한다. 편의품은 패션 점포뿐 아니라 생필품을 판매하는 점포에서도 구매할 수 있다.

선매품은 소비자가 여러 개의 비슷한 상품 중에서 스타일, 품질, 가격 등을 사전에 비교한 후 구매하는 품목으로 편의품보다 가격이 높다. 대량생산된 중저가 의류가 선매품에 속한다. 소비자는 광고를 보거나 점포를 방문하여 상품을 비교 검토한 후 구매의사를 결정한다.

전문품은 명품이라고도 하며, 소비자는 우수한 품질, 독특한 디자인, 상표나 점포의 신용과 명성 등에 따라 구매한다. 소비자는 특정 점포나 상표에 대한 충성도가 높기 때문에 다른 상표의 상품과 비교 검토하지 않고 구매한다. 고가 모피 코트나 세계적 유명 디자이너의 의류가 포함된다.

그림 10-4 구매습관에 따른 패션 상품 분류

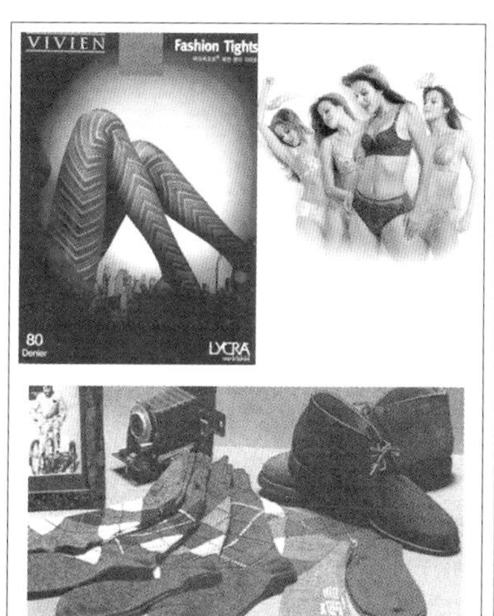

편의품

선매품

전문품

(4) 사용기간별 분류

패션 상품은 소비자가 상품을 구매하는 빈도와 사용기간을 기준으로 내구재와 비내구재로 구분된다.

내구재는 한 번 구매하면 오랫동안 사용하는 고가 의류로 오래 입을 수 있기 때문에 인적 판매와 서비스가 중요한 품목이다. 그러나 비내구재는 1회 또는 몇 회 사용한 후 폐기되므로 구매 빈도가 높고, 소매기간도 짧다. 양말, 스타킹, 일회용 의류, 값싼 티셔츠 등이 있으며 가격이 낮다.

(5) 관여도별 분류

소비자가 상품을 구매할 때 구매과정에 많은 시간과 노력을 투입하며 깊게 관여하는 고관여 상품과 별다른 생각없이 신속하게 구매결정을 하는 저관여 상품이 있다. 고관여 상품은 가격이 높고, 스타일이 독특하고 신분상징성이 높은 의류를 포함한다. 저관여 상품은 가격이 낮으나 실용성이 높은 규격화된 스타일의 대량생산된 의류가 많다.

(6) 유행성별 분류

패션 상품의 유행성에 따라 베이식 상품과 트렌디 상품으로 분류된다.

베이식 상품은 스타일이 잘 변하지 않고, 유행의 영향을 거의 받지 않아 오래 입을 수 있으므로 수요가 꾸준하다. 예를 들면, 티셔츠, 양말, 흰색 내의를 비롯한 클래식 스타일의 기본 품목이 이에 속한다.

트렌디 상품은 유행 경향을 잘 반영하기 때문에 새로운 것을 추구하는 소비자 욕구를 잘 충족시키는 독특한 스타일, 색상, 디자인의 품목이다. 트렌디 상품은 패션 매장의 쇼윈도에 전시되어 고객의 관심을 끌어들인다.

(7) 가격별 분류

패션 상품은 소비자의 생활수준, 소비수준, 가격을 기준으로 최고가 명품(prestige), 고가(better), 중고가(volume better), 중저가(volume), 저가(budget)로 분류된다.

최고가 명품에는 세계적 유명 디자이너의 이미지 중심의 고급 맞춤복(haute couture)이나 고급 기성복(prêt-à-porter)이 포함되며, 가격은 중저가 의류의

그림 10-5 오트쿠튀르 컬렉션과 프레타포르테 컬렉션

3배 정도이다. 고가는 유명 디자이너의 세컨드 브랜드로 조금 저렴한 소재와 장식을 사용하여 제작된 의류가 포함된다. 예를 들면, 조지오 아르마니의 'Armani X', 도나 카란의 'DKNY', 베르사체의 'Versus' 등이 있으며, 가격은 중저가 의류의 2배 정도이다. 중고가에는 내셔널 브랜드 의류가 포함되며, 가격은 중저가 의류의 1.5배 정도이다. 중저가에는 합리적인 가격의 패션 유통업체의 중간상 상표(private brand)가 포함되며 예를 들면, 이랜드(E-land)나 제이빔(J-Beam)이 있다. 저가에는 남대문시장과 같은 재래시장이나 할인매장에서 판매되는 의류가 포함되며 가격은 중저가 의류의 1/2 정도이다.

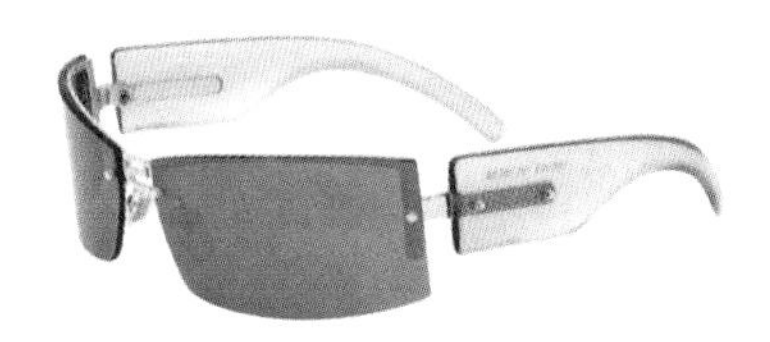

그림 10-6 베르사체의 명품과 세컨드 브랜드 Versus

2. 패션 시장

패션 업체에서 소비자 만족도를 높이기 위하여 패션 시장을 나누어 세분집단의 욕구와 취향에 맞는 패션 상품을 생산하는 다품종 소량생산 체제로 재정비하고 있다. 또한 패션 상품은 다양한 유통경로를 통하여 소비자에게 전달되므로

유통경로의 특성과 판매되는 패션 상품에 대한 이해가 요구된다.

1) 패션 시장의 의미

패션 시장은 소비자의 수요, 사람, 시간, 장소, 특정 상품 등을 지칭한다. 패션 상품은 특정 고객을 대상으로 생산되기 때문에 패션 업체에서는 소비자의 특성을 기준으로 패션 시장을 나누어 접근할 필요성이 커지고 있다.

(1) 패션 시장의 정의

시장은 서울지역, 부산지역, 전주지역 등과 같은 어떤 교환행위가 일어나는 장소를 의미하기도 하며, 소비재시장, 산업재시장, 정부시장과 같은 거래제도의 틀이나 실체를 지칭하기도 한다. 또 모자시장, 정장시장, 캐주얼웨어 시장, 양말 시장 등과 같은 일정한 상품을 지칭하기도 하며, 유아용품 시장, 청소년용품 시장, 성인여성용품 시장 등과 같은 일정 고객집단을 일컫기도 한다. 이상과 같이 시장이란 용어는 사용된 내용에 따라 (장소, 거래제도, 상품, 고객집단 등) 그 의미가 달라진다. 보편적으로 시장은 '어떤 상품이나 서비스에 대한 예상 구매자의 총체적 수요'를 의미한다.

패션 시장이란 '패션 상품이나 서비스를 구매할 수 있는 경제적 능력과 욕구가 있는 소비자 전체'를 의미한다고 할 수 있다. 우리나라의 패션 시장은 경제적 풍요로움 속에서 양적으로 팽창하는 단계를 넘어 질적으로 성숙해야 할 단계에 있다. 성숙 단계에서의 패션 소비자 욕구는 분명하기 때문에 패션 업체에서는 소비자의 욕구에 꼭 맞는 패션 상품을 생산해야 한다.

(2) 패션 시장의 유형

제도적 차원에서 패션 시장은 소비자시장, 산업재시장, 재판매업자시장, 정부시장, 국제시장 등 5가지로 분류된다.

소비자시장은 자신이나 가족이 사용하기 위하여 패션 상품을 구매하는 소비자들로 구성된다. 패션 업체에서는 비슷한 기호나 취향을 지니고 있는 소비자 하위집단이나 세분집단을 표적으로 마케팅 활동을 전개한다.

산업재시장은 다른 패션 상품이나 서비스를 생산할 목적으로 상품이나 서비스를 구매한다. 즉 산업재시장에서 만들어진 상품이나 서비스는 다른 패션 업체

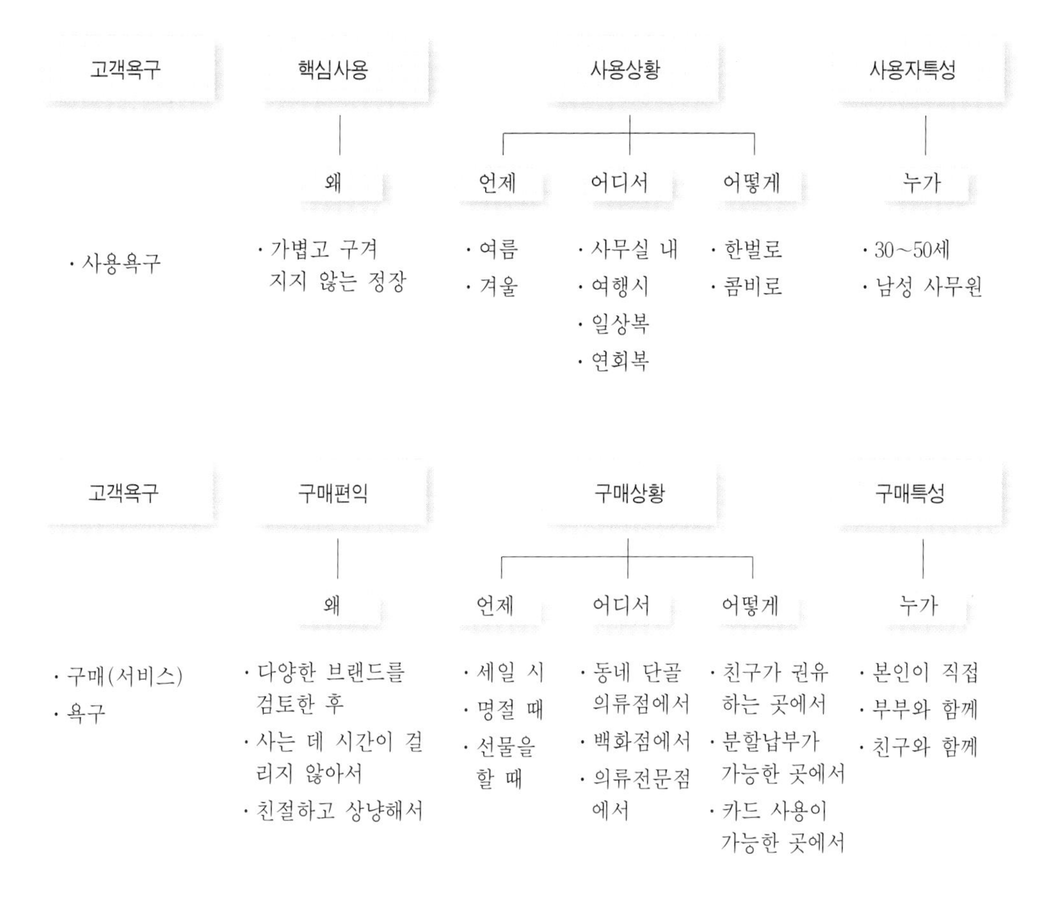

그림 10-7 남성 정장시장 개념 정립

에 공급된다. 예를 들면, 삼성패션연구소에서는 패션 업체에 패션 경향을 분석하고 옷감정보를 제공하기 위하여 외국에서 패션 정보를 입수하여 분석한다. LG패션, 코오롱, 제일모직 등 패션 업체에서는 기성복을 대량생산하여 도매상이나 소매상에 공급하므로 산업재시장이다.

재판매업자시장은 도매상이나 소매상과 같이 상품을 구매하여 이것을 다른 시장에 판매하는 패션 유통업자로 이루어졌다. 이들은 저장, 배달, 촉진 등의 기능을 할 뿐, 패션 상품에 물리적 또는 기능적 변화를 가하지 않는다. 백화점, 전문점, 대리점, 할인매장 등에서는 패션 상품을 구매하여 소비자에게 전달해 주는 재판매업자시장이다.

정부시장은 중앙정부나 지방자치단체로 구성되어 있으며, 이들은 국민과 패

션 업체에 봉사하기 위한 자체 용도와 국방을 위하여 상품이나 서비스를 구매한다. 우리나라의 경우 국방의 의무를 수행하는 군인복의 수요는 엄청나게 크며, 의사결정과정은 복잡하다.

국제시장은 소비자, 생산자, 재판매업자, 정부 등이 외국인이거나 외국정부로 구성되어 있다. 국제시장은 크기가 크기 때문에 잠재적 수익성이 크나, 상대국의 통관법과 같은 사회경제적 문제와 정부규제 때문에 복잡하다. 우리나라에서 독일을 비롯한 유럽 국가로 수출하는 섬유제품에 대하여 사용된 염료는 환경오염을 일으켜서는 안 된다.

2) 패션 시장의 세분화

시장 세분화란 다양한 욕구의 소비자 시장을 기업의 마케팅 전략이 접근할 수 있는 비교적 동질적인 욕구를 가진 소비자 집단으로 구분하는 것이다. 패션 업체에서는 소비자 특성에 따라 소집단으로 나누는 시장 세분화가 필요하다.

(1) 필요성

패션 산업은 양적 성장이 둔화된 성숙기에 접어들어 소비자 욕구가 구체적이며 뚜렷해졌다. 그러므로 패션 업체에서는 소비자의 다양한 욕구를 정확하게 충족시킬 수 있는 패션 상품을 생산해야 하며, 이를 효과적으로 실행하기 위해서는 이질적인 소비자들을 동질적인 소집단으로 군집화해야 한다. 시장 세분화는 패션업체에서 마케팅을 정확하게 실행하기 위하여 행하는 작업으로 세분화된 여러 시장 중 적절한 표적 시장을 선정하기 위한 기초 단계이다.

시장 세분화는 전통적으로 소비자 세분화를 지칭하였으나, 상품 시장을 세분화하는 방법도 있다. 또 틈새시장(niche market)[2]이나 세포시장(cell market)[3]은 시장 세분화에서 자원이 적은 중소기업에서 파고들어 가기 쉬운 새로운 기회를 제공해 준다.

2) 틈새시장은 규모가 너무 작거나 시장형성 요소가 특수하여 기존 상품으로는 소비자 욕구를 충족시킬 수 없는 시장이다.

3) 세포시장은 틈새 시장보다 규모가 더 작으며, 많은 패션 업체에서는 고객 데이터 베이스를 구축을 통하여 파악할 수 있다.

(2) 세분화 기준

소비자는 다양한 성, 나이, 체형, 가족생활주기, 라이프 스타일, 취향, 욕구를 갖고 있기 때문에 전체 소비자를 만족시킬 수 있는 상품을 생산하기 어렵다. 시장

그림 10-8 커플 티

그림 10-9 청소년의 동조성이 강한 옷차림

세분화의 기준에는 인구통계적 특성, 사회경제적 특성, 심리적 특성 등이 있다.

■ 인구통계적 특성

패션 시장은 소비자의 성, 나이, 체형 등에 따라 세분화될 수 있다.

성

성에 따라 착용하는 의복 스타일과 체형이 다르므로 상품기획단계에서부터 시장 세분화가 이루어진다. 그러나 스포츠 웨어, 티셔츠, 점퍼와 같은 남녀 공용 의류는 예외이다.

나 이

나이는 패션 시장 세분화에서 가장 기본적이고 중요한 기준이다. 소비자는 나이에 따라 패션 상품에 대한 요구도와 구매력이 다르다. 예를 들면, 초등학생들은 활동적이고 또래집단과 비슷한 의복을 좋아하나, 20대는 동료와 다른 차별화된 의복을 좋아한다.

그림 10-10 임산부용 옷

체 형

표준 체형인 경우 시장 세분화가 필요없으나, 특수 체형인 경우에는 필요하다. 키가 큰 체형(tall), 키가 작고 미성숙한 체형(petite), 뚱뚱한 체형(half size), 아주 마른 체형(slim), 임산부(maternity) 등을 위한 패션 상품이 필요하다.

■ 사회경제적 특성

패션 상품은 착용자의 신분 상징성이 높고, 자유민주주의 체제에서는 사회경제적 계층간 이동이 가능하기 때문에, 사회경제적 특성은 패션 상품 세분화에 중요한 기준이 된다. 사회경제적 계층은 직업, 소득, 교육수준, 재산 등에 따라 상층, 중층, 하층으로 구분한 후 각 집단을 상과 하로 나눈다.

최상층

최상층은 전체 인구의 약 1%를 차지한다. 이들은 사회적으로 성공한 최고 엘리트 집단이며 대대로 부유한 집안 출신이다. 이들의 교육수준은 매우 높고, 사회봉사에 관심이 크다. 가격에 구애받지 않고 최고급 품질의 의류를 구매하여 오랫동안 즐겨 입는다. 예를 들면, 최고급 밍크 코트나 유명 디자이너 의류를 구입하여 대물림하여 입는 것을 볼 수 있다.

상 · 하층

상 · 하층은 전체 인구의 약 2%를 차지하며, 당대에 재물을 모은 신흥부자나 사회적으로 상당히 출세한 전문직 종사자나 주요 조직의 간부로 최상층보다 더 많은 재산을 소유하고 있는 경우도 있다. 이들은 과시적 소비경향을 많이 나타내어 유명 디자이너의 최고급 의류를 구매하며, 의복비 지출이 제일 많은 계층이다.

중 · 상층

중 · 상층은 전체 인구의 약 12%를 차지하며, 품위있는 생활에 관심이 크고 상류층으로 올라가고 싶은 욕구가 크다. 소득이 많으나 사고 싶은 것을 모두 살 수 없으므로 이들은 주로 할인판매기간에 고급 패션 상품을 구매한다. 그러므로 이들은 할인기간 중 고급 의류의 표적고객이다.

중 · 하층

중 · 하층은 전체 인구의 약 30%를 차지하며, 월급을 받는 사무직 종사자나 소규모 기업 소유주로 체면치레를 아주 중요시하고 자녀 교육열이 높다. 이들은 중 · 상층과 달리 패션 상품 구매 시 가격을 고려하며 패션을 그리 중요시하지 않는다. 이들은 기획상품이나 할인판매되는 상품을 구매한다.

하 · 상층

하 · 상층은 전체 인구의 약 35%를 차지하며 집단 크기가 제일 크다. 이들은 교육수준이 낮은 임금을 받는 육체 노동자들로 할인매장에서 실용적인 패션 상품을 주로 구매한다.

최하층

최하층은 전체 인구의 약 20%를 차지하며, 교육수준이 제일 낮고 고정 수입이 없는 실업자, 빈민촌 거주자, 사회복지 혜택자들이다. 이들은 생존의 욕구를 만족시킬 여유가 없으므로 패션 상품에 거의 관심이 없다.

■ 심리적 특성

시장 세분화에 사용되는 심리적 특성에는 라이프 스타일, 개성, 가치관 등이 있으나 라이프 스타일이 시장 세분화에 제일 많이 이용된다.

라이프 스타일이란 '사람들이 살아가는 방식으로 이들의 활동, 관심, 의견 등을 포함하는 복합적인 생활의 틀'을 의미한다. 라이프 스타일은 소비자의 패션 상품구매에 반영되기 때문에 많은 패션 업체에서는 시장 세분화 기준으로 사용하고 있다. 예를 들면, 우리나라에서는 토요 휴무제가 도입되고 금요일에 캐주얼 의류를 허용하는 직장이 늘어가면서 남성복 시장에서 캐주얼 의류가 차지하는 비중이 커지고 있다.

우리나라 중상류층 주부들의 라이프 스타일 요인으로 여가활용, 외모지향성, 자신감, 전통적 가정지향성, 절약, 물질지향성 등을 들 수 있고, 이를 기준으로 성취추구형 집단, 여가활용형 집단, 물질추구형 집단, 보수절약형 집단, 소극침체형 집단으로 세분화된다. 성취추구형 집단은 신분 상징성과 유행성이 높은 정장류 의복 구매를 많이 하나, 보수절약형 집단과 소극침체형 집단은 패션 상품구매량이 적고 실용적이고 경제적인 바지나 티셔츠 또는 블라우스와 같은 단품을 주로 구매한다.

그림 10-11 라이프 스타일에 맞는 패션 상품의 선택

또 여대생들의 라이프 스타일 요인에는 외모관심도, 양성평등의식, 경제성, 이성관심도, 학업충실도, 개방적 적극성, 현실성, 보수

성 등이 있으며, 이를 기준으로 건전한 자기개발집단, 현실적 유행추구집단, 외향적 활동집단, 쾌락추구집단, 소극침체집단 등으로 구분된다.

3) 표적시장

패션 업체에서는 시장 규모, 시장 성장률, 현재 경쟁사와 잠재적 경쟁사, 그리고 적합성 등을 분석하여 세분시장의 매력도를 평가한 뒤, 자사에게 가장 적합한 세분시장을 골라 표적으로 하여 패션 상품을 기획하고 마케팅 활동을 전개한다.

(1) 표적시장 설정

표적시장을 설정하려면 먼저 잠재시장을 발견하고 차별화 전략으로 접근하여야 한다.

잠재시장(potential market)을 찾아내려면 시장을 분석하여 기존 상품으로 충족되지 못하는 미충족시장(unoccupied market) 또는 틈새시장을 찾아내야 한다. 잠재시장으로 보이는 집단이 있을 경우 이들 집단의 고객(customer), 경쟁사(competitor), 자사(company) 등 '3C'를 고려하여 매력도, 기호, 요구, 실체성, 구매력 등을 평가한다.

잠재시장을 성공적으로 발견했던 예로 중저가 의류시장, '미시(missy)' 시장, '실버(silver)' 시장을 들 수 있다. 1980년대 이랜드에서는 고가와 저가로 이분화된 의류시장에 중저가 의류를 제공하여 막대한 이익을 얻었다. 미시시장은 1970년대 영(young)시장에서 벗어나 결혼한 소비자들을 대상으로 이들의 새로운 요구에 맞는 패션 상품을 개발하여 크게 성공하였고, 또 고령화사회로 접어든 우리나라에서 경제력이 있는 노인들은 신체적으로 편안한 패션 상품을 요구하게 되었다.

잠재시장이 항상 존재하는 것은 아니고 발견하기 어렵기 때문에 기존의 시장 중에서 하나의 세분시장을 규정하여 이들을 표적시장으로 삼아 차별화된 패션 상품을 제공할 수 있다. 예를 들면, 개성을 추구하며 혁신적이고 현대적인 20대 미혼 여성을 표직시장으로 삼을 경우 이들을 위한 경쟁 상품이 이미 많이 개발되어 있다. 그러므로 기존 패션 상품과 다른 차별화된 이미지, 스타일, 유행감각, 가격, 점포 입지, 촉진활동 등을 구사하여 성공을 거둘 수 있다. 미국의 캘빈 클라인(Calvin Klein)사는 품질을 중요시하는 16~35세의 젊고 키가 크며 세련된 여성을 표적으로 상품을 개발하여 성공적으로 운영하고 있다. 모든 젊은 여성이 값이 비싼 캘빈 클라인사의 옷을 사서 입을 수 없다.

(2) 포지셔닝

포지셔닝이란 패션 업체에서 의도하는 패션 상품의 개념과 포지션을 고객의 마음 속에 위치를 설정하는 작업으로 위상정립작업이라고도 한다.

패션 업체에서 자사 상품을 포지셔닝할 때 그 상품의 기능, 감각적 속성, 사용 상황, 착용자, 경쟁상품 등을 활용한다. 예를 들면, 제일제당에서 생산되는 세제 '비트' 나 LG화학의 '한스푼' 은 세척력이 강하기 때문에 적은 양만 사용해도 세탁효과를 높일 수 있다고 소비자들에게 상품의 기능으로 접근한다. 고급 의류나 화장품을 포지셔닝할 때 그 상품의 고급 이미지와 같은 감각적 속성으로 소비자에게 접근한다. LG화학의 '랑데부' 샴푸는 아침 바쁜 출근준비 시간에 맞벌이 부부가 '랑데부' 샴푸를 사용함으로써 시간을 벌 수 있는 상품으로 포지셔닝에 성공하여 상품 사용자 집단에 의하여 포지셔닝을 시도한 예이다. 최근 출시된 '나노테라피' 나 '엘라스틴' 샴푸도 제품 명칭이 주는 첨단과학기술의 산물로서

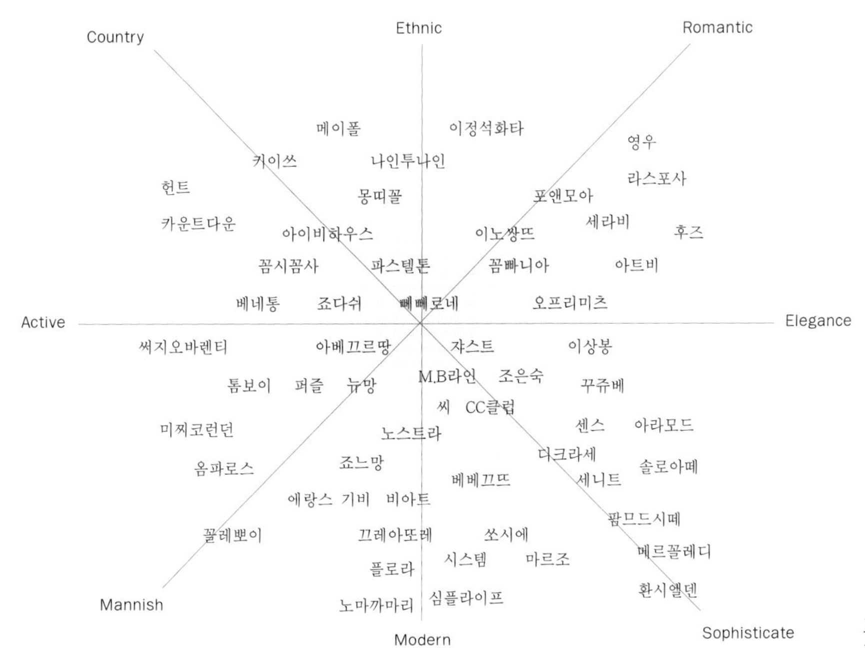

그림 10-12 20대를 위한 브랜드 포지셔닝 맵

의 이미지나 헤어도 피부와 같게 취급되어야 한다는 이미지로 각각 소비자에게 소구하여 성공하였다. 또 캐주얼 구두 '영에이지'는 경쟁상품인 '랜드로바' 보다 캐주얼 구두시장에 늦게 진입하였으나, 20대 후반 또는 그 이상의 소비자가 신을 수 있는 상품으로 포지셔닝을 하기 위하여 20대 후반의 친근한 이미지를 갖는 유명 광고 모델을 기용하고 시장점유율을 넓혀 나갔다.

(3) 재포지셔닝

소비자의 기호가 변화하거나 강력한 경쟁상품이 진입하여 기존의 포지션에서 경쟁력을 잃게 되거나 시장점유율을 높여 나가기 어려운 경우 철저한 시장 및 소비자 조사를 거쳐 재포지셔닝 또는 위상재정립작업을 해야 한다. 그러나 대부분의 패션 업체에서 소비자들의 머리 속에 각인된 그 상품의 이미지를 바꾸기 어렵기 때문에 재포지셔닝하는 대신 신상품을 개발하는 경우가 많으나, 재포지셔닝하여 성공한 경우도 있다. 예를 들면, 150년 전통의 영국 대표 브랜드인 버버리는 1990년대 중반 매출이 바닥에 떨어졌으나 새로 취임한 전문경영인 로즈마리 브라보는 이미지 쇄신작업을 시도하였다. 그 결과 새로운 버버리 상품은 패셔너블해졌고, 주고객층의 나이가 젊어졌으며, 매출은 크게 증가하였다. 닥스도 재포지셔닝을 통하여 표적고객층의 나이가 젊은층으로 내려 갔으며 매출도 증가하였다.

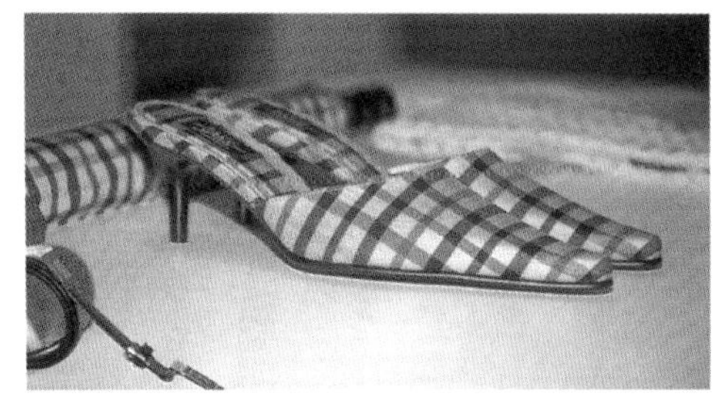

그림 10-13 재포지셔닝하여 이미지 쇄신에 성공한 닥스

제11장 패션 산업과 소매상

1. 패션 산업의 개념
2. 패션 산업의 발달
3. 세계의 패션 산업
4. 패션 소매상

제11장 패션 산업과 소매상

1. 패션 산업의 개념

패션 산업은 섬유, 실, 옷감, 의류, 및 유통 등을 포함하는 포괄적 개념이다. 즉 의류를 생산하는 데 필요한 원 · 부자재 단계부터 유통업자를 거쳐 소비자에게 이르는 과정 전체를 포함하므로 패션 산업은 고부가가치를 창출하는 기술집약산업 또는 지식집약산업이라 할 수 있다.

1) 패션 산업의 의미

패션 산업이란 패션 상품을 생산하여 소비자에게 판매하는 데 관련된 모든 산업으로, 섬유 및 옷감의 생산, 의류 및 부자재의 제조 및 판매업, 액세서리 관련업, 패션 광고나 출판업, 패션 교육관련 사업, 패션 스페셜리스트, 패션 컨설턴트와 같은 보조관련업 등을 포함한다.

섬유 및 소재 생산업체를 업스트림(up stream) 또는 제1차 산업, 최종 소비재인 의류생산업체를 미드스트림(mid stream) 또는 제2차 산업, 소비자와 직접 접촉하면서 판매를 담당하는 유통업체를 다운스트림(down stream) 또는 제3차 산업이라 한다(그림 11-1 참조).

2) 패션 산업의 특성

소비자 욕구는 다양해지고 전문화되어 가므로, 이에 대응하여 새로운 옷감과 부자재, 색상, 디자인 등을 개발해야 한다.

패션 산업의 특성은 다음과 같다.

첫째, 패션 산업은 부가가치가 높다. 상품의 부가가치란 물리적 효용가치에 부가된 심리적 효용가치를 의미한다. 심리적 효용가치란 상품 자체가 지닌 물리적 가치 이외에 패션 이미지, 패션 선도력, 판매방법과 서비스, 가격 및 상품구성 등에 의하여 결정된다. 즉 패션 산업은 디자인, 의류용 옷감이나 부자재 개발, 마케팅력 등을 바탕으로 고부가가치를 창출할 수 있으므로, 패션 선진국에서는 국가 차원에서 패션 산업을 보호 · 육성하고 있다.

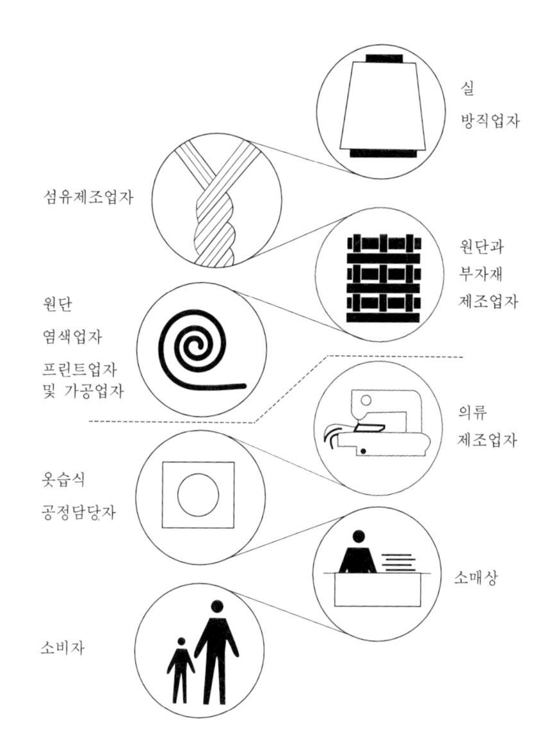

그림 11-1 패션 산업의 구조

둘째, 패션 산업은 노동집약산업인 동시에 기술과 지식집약산업이다. 풍부한 자본력을 바탕으로 고도의 기술과 감각, 좋은 시설, 패션 전문가, 합리적 경영 등 지식의 집약을 전재로 이루어진다.

셋째, 패션은 정보의 가치가 중요한 정보산업이다. 패션은 시간이 지남에 따라 진부해지므로 패션 정보와 소비자 정보를 긴급하게 입수하여 정확하고 빨리 분석하여 활용하는 것이 중요하다. 그러므로 많은 패션 업체에서는 전자정보교환(Electric data exchange ; EDI)이나 신속대응 시스템(Quick response system ; QR)과 같은 통합적 정보 시스템을 구축하고, 기업간 전자상거래(Business to business electric commerce ; B2B EC) 정보를 긴급하게 입수하여 분석 및 활용해야 한다.

넷째, 패션 산업은 감각산업이며 소비자 지향적이다. 소비자의 생활양식과 욕구는 다양하고 개성화하는 경향을 나타내므로 이에 대응하여 소비자 지향적 사고와 발상이 필요하다. 소비자와 지속적인 관계를 잘 유지해 나가는 업체만 성공할 수 있다.

다섯째, 패션 산업은 위험부담이 크므로 중소기업의 존재가치가 높다. 패션 상품은 생성부터 절정을 거쳐 폐지에 이르기까지 수요를 예측하기 어렵고 계절, 날씨, 사회경제적 요인 등의 영향을 받아 수요가 변동한다. 이와 같은 수요 변화와 소비자 욕구에 빠르게 대처할 수 있는 중소기업의 비율이 높다. 또 우리나라의 패션 시장은 규모가 작기 때문에 중소기업의 비중이 높을수록 패션의 획일화를 피할 수 있다.

소품종 대량생산	→	다품종 소량생산	→	변품종 변량생산
· 가격경쟁력이 높다		· 다양한 상품공급		· 빠르고 유연하게 상품공급 · 소량생산이 가능 · 소량염색이 가능

그림 11-2 생산 시스템의 변화

여섯째, 패션 산업은 관련 산업 사이의 유기적 협력관계가 중요하다. 우기성복 산업의 경우 원사, 옷감, 염색, 부자재 등 섬유산업, 재봉틀, 편직기, CAD/CAM 등 전자산업 등과의 연계관계가 중요하다. 최근 패션 주기가 짧아지고 소비자 요구가 다양하므로 관련 정보산업과의 정보교관과 생산 및 유통단계를 단축시켜야 한다. 우리나라 패션 산업은 생산, 판매, 유통의 분업을 통하여 수익최적화를 달성하기 위하여 국내외 하청업체를 활용하는 비중을 높이고 있다.

2. 패션 산업의 발달

과학기술의 발달에 따라 합성섬유가 등장하여 풍부한 의류재료를 이용한 기성복산업이 발달하게 되었다. 컴퓨터 산업의 발달은 기성복의 생산에도 영향을 주고 있다.

1) 기성복 산업

(1) 기성복 산업의 성장

기성복(Ready - To - Wear ; RTW)이란 불특정 대다수를 위하여 이미 대량생산된 의복으로 주문복(order made)의 반대 개념이다.

기성복은 17세기 초 런던에서 처음으로 판매되었으며, 군인이나 노동사들이 착용하는 값싼 저질의 옷에서부터 출발하였다. 19세기 후반 산업혁명을 거치면서 기성복이 대량생산되었다. 그 배경에는 첫째, 섬유산업이 발달되어 적절한 가격선에서 의류재료가 대량생산되었다. 둘째, 재봉틀이 발명되어 빠르게 대량생산할 수 있게 되었다. 셋째, 산업화에 따라 중산층의 비중이 커졌으며, 이들은 의상실에서 만들어진 주문복보다 시간과 비용을 절감할 수 있는 기성복을 원하였다.

특히 미국의 남북전쟁이나 우리나라의 6 · 25전쟁은 군복을 많이 필요로 하므로 기성복산업이 성장하는 계기가 되었다. 군인의 신체 사이즈를 재서 군복을 만드는 과정에서 사이즈 체계를 확립하였고, 기성복은 주문복보다 생산공정이 단순하므로 가격도 적정선에서 결정되었다.

과학기술의 발달에 따라 재단기, 프레스기, 재봉틀 등의 성능 개선, 백화점, 전문점, 통신판매산업 등 유통업의 발달은 기성복의 대량생산에 따른 대량소비를 가능하게 하였다.

(2) 기성복의 사이즈

기성복 사이즈 표준화는 남성복에서 먼저 이루어졌다. 사이즈 체계는 가장 간단하게 대(L), 중(M), 소(S)로 구분되기도 하고, 여기에 특대(XL)를 추가하기도 한다. 미국에서는 사이즈가 좀 더 세분화되어 체형이 미성숙한 사람들을 위한 프티트 사이즈(petites-size) 사이즈와 뚱뚱한 사람들을 위한 하프 사이즈(half-size)가 있다.

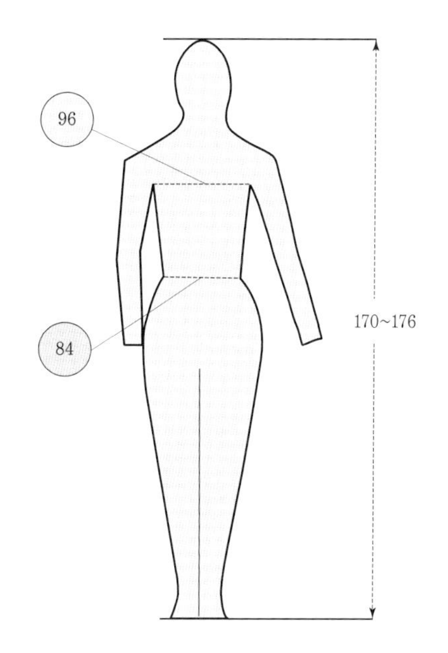

그림 11-3 그림에 의한 기성복의 사이즈 표시

2) 정보화와 패션 산업

컴퓨터는 패션 산업에 도입되어 디자인(Computer Aid Design ; CAD)과 생산(Computer Aid Manufacturing ; CAM)에 이용되고 있다. 패션 업체에서는 컴퓨터를 활용하여 소비자 욕구에 즉각 대응할 수 있어 만족도를 높일 수 있고 상품의 재고관리에도 이용하여 자사의 경쟁력을 키워 나간다.

(1) 신속대응 시스템

외국에서 생산되어 미국으로 유입되는 패션 상품에 대응하여 미국산 상품의 경쟁력을 높이기 위하여 '미국 기술의 자부심(Crafted with pride in

U.S.A.)' 캠페인의 하나로 신속대응 시스템(Quick response system ; QR)이 1980년대에 도입되었다.

신속대응 시스템은 상품의 생산과 유통시간을 줄이고 품질을 높이기 위하여 패션 산업체 사이의 상호신뢰와 유대관계를 기초로 동반자의식을 갖고 컴퓨터를 활용하는 통합적 사업전략이다. 즉 작업현장에 컴퓨터를 활용하여 섬유나 부자재 또는 원자재 공급업자로부터 의류생산업자에 이르는 공정의 주기를 단축시킬 수 있다. 과거에는 섬유로부터 의류가 생산되는 데 걸리는 공정기간이 66주였다. 이 가운데 실질적 가공시간은 17%인 11주였고, 그 나머지 83%인 55주 동안은 재고상태로 있었다. 여기에 신속대응 시스템을 적용시키면 70~80%의 시간을 절약할 수 있다.

신속대응 시스템의 이점은 다음과 같다. 첫째, 생산의 각 단계 사이의 시간낭비가 전혀 없는 적시(just-in-time)[1] 개념을 도입하여 꼭 필요한 양의 원재료를 꼭 필요한 시기에 공급하여 재고를 줄일 수 있다. 둘째, 소매상에서 주문서를 낸 후부터 완성된 상품을 받게 되는 데 걸리는 리드 타임(lead time)이 단축되므로 유행을 놓칠 염려가 적다. 셋째, 배달시간이 단축되므로 소매상에서는 판매고를 늘리고 소매가를 낮출 수 있다.

1) 적시란 개념은 일본의 자동차 부품회사인 토요다사에서 처음 도입한 개념으로 필요한 부품을 필요한 시기에 필요한 양만큼 제공한다는 의미이다.

(2) 바 코드 시스템

바 코드 시스템(Bar code system)은 컴퓨터를 이용하여 쌍방간 의사를 교환

그림 11-4 1980년대 미국 국민의 애국심을 나타내는 엠블럼

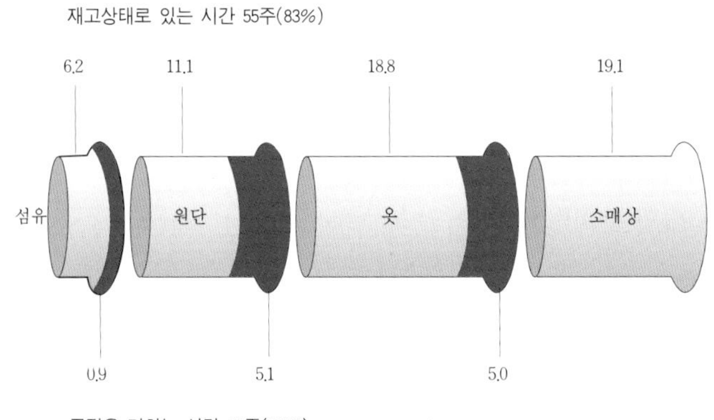

그림 11-5 섬유로부터 의류에 이르는 경로에 신속대응 시스템 적용

① 현재 상품을 7범주로 나누어 있으며 상품의 범주를 표시하는 체계 특성을 표시한다.
② Uniform Code Council, Inc.에서 배정한 제조업체를 나타내며 5자리 숫자이다.
③ 제조업체에서 배정하는 5자리 숫자이며 사이즈, 스타일, 색 등 제조업체의 상품마다 서로 다르다.
④ 점검용

그림 11-6 바 코드

할 수 있는 방법 즉 전자데이터교환법(Electric Data Interchange ; EDI)을 상품에 적용한 예이다. 바 코드는 상품의 지문과 같은 것으로 만국상품 코드(Universal Product Code ; UPC)의 하나이다. 12자리 수로 된 만국상품 코드에서 제공한 정보는 다음과 같다.

첫 번째 숫자는 상품의 범주를 나타낸다. 의류에는 0, 4, 7 등으로 표시한다. 두 번째부터 여섯 번째 숫자는 제조업체를 나타낸다. 일곱 번째부터 열한 번째 숫자는 제조업체에서 배정하며, 특정 크기, 스타일, 색상 등에 해당하는 상품을 나타낸다. 열두 번째 숫자는 상품을 점검하는 데 사용된다.

바 코드는 제조업체와 소매상에 다음과 같은 도움을 준다. 첫째, 재고관리단위를 통일시켜 주므로 업체 전체에서 일관성 있는 상품재고관리가 가능하다. 둘째, 소비자가 구매시점(point of purchase)에서 신속하게 상품가격을 계산할 수 있게 해준다. 셋째, 유통업체에서 상품목록 정리, 판매시점(point of sales)의 판매고와 가격 인하 계산이 용이해지며, 반입 또는 반납한 상품과 주문 상품에 관한 정보를 빨리 알 수 있다. 넷째, 재고관리가 쉽다. 다섯째, 패션 상품의 경우 판매 경향을 추적하여 유행 경향을 쉽게 파악하여 주문에 대응할 수 있게 해준다. 여섯째, 선적하는 상자의 겉면에 바 코드를 적용하면 상품관리를 효율적으로 할 수 있다.

(3) 흡수 · 합병

개인 소유의 소규모 회사들은 구조를 재구성하고 조합하여 효율성을 증대시킬 수 있다. 우리나라에서는 1990년대 들어 패션 업체 사이의 흡수 · 합병

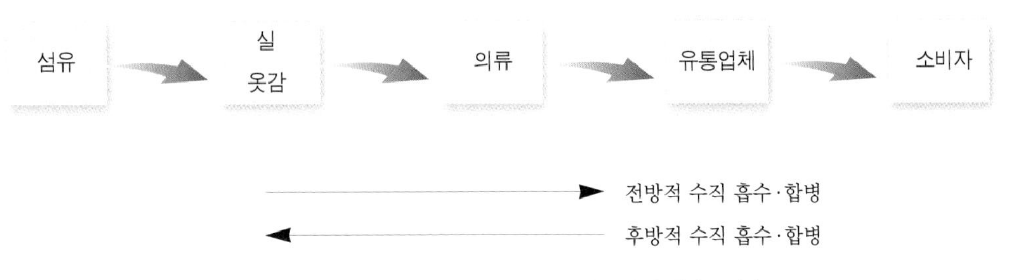

그림 11-7 전방적 수직 흡수 · 합병과 후방적 수직 흡수 · 합병

(Merge & Acquisition ; M & A)이 많이 이루어졌으며, 업체간 흡수 · 합병은 수직 또는 수평 방향으로 확장된다.

■ 수평 흡수 · 합병

수평 흡수 · 합병이란 한 업체가 동일하거나 비슷한 상품을 생산하여 판매하는 업체를 흡수하여 키워 나가는 것이다. 보통 패션 상품과 비패션 상품을 포함하는 다양한 상품이나 서비스를 제공하는 업체를 흡수 · 합병한다. 예를 들면, 구두 전문회사인 (주)금강과 (주)에스콰이어에서는 의류상품을 생산하였고, 시계 전문회사인 로만손에서는 2000년대 들어 가방, 목걸이, 반지 같은 패션 주얼리 등의 생산을 통하여 패션 상품생산을 확대하였다.

■ 수직 흡수 · 합병

수직 흡수 · 합병이란 한 업체에서 원재료의 생산, 상품의 제조, 판매에 이르는 전 공정을 맡아 나가는 것을 말한다. 수직 흡수 · 합병을 통하여 시간과 비용을 절약하고 공정의 여러 단계를 맡을 때 시너지 효과를 창출할 수 있다. 패션 업체는 수직 흡수 · 합병을 통하여 섬유 및 부자재의 생산, 제직, 염색, 가공, 의류의 생산 및 판매 등으로 확대해 나갈 수 있다. 예를 들면, 베네통사는 남성, 여성, 아동용 니트 웨어를 생산, 염색 그리고 판매까지 담당하는 통합된 업체이다.

수직 흡수 · 합병 시에는 업스트림 업체에서 다운스트림 업체를 흡수 · 합병하는 전방적 수직 흡수 · 합병의 방법과 다운스트림 업체에서 업스트림 업체를 흡수 · 합병하는 후방적 수직 흡수 · 합병의 방법이 있다.

3. 세계의 패션 산업

패션 산업의 세계적 중심지로 프랑스의 파리, 미국의 뉴욕, 이탈리아의 밀라노, 일본의 동경, 영국의 런던 등을 들 수 있다. 패션 선진국의 위치에 있는 프랑스와 늦게 패션 산업을 출범시켰으나 패션 선진국의 대열에 돌입하여 벤치 마킹의 대상이 되는 이탈리아의 패션 산업의 특성을 분석하여 우리나라 패션 산업을 발전시킬 수 있는 계기로 삼아야겠다.

1) 프랑스

(1) 현 황

프랑스 패션 산업은 18세기 루이 14세 때부터 시작되었다고 본다. 프랑스의 재상 콜베르는 '프랑스의 패션 산업은 페루의 금광과도 같다' 고 주장하며, 패션 산업을 국가 차원에서 보호 육성할 것을 제안하였다. 프랑스 궁정을 중심으로 한 귀족문화는 패션 산업의 발전에 원동력이 되었다. 즉 귀족들의 감각과 비평은 패션의 수준을 향상시키는 데 크게 기여하였다.

프랑스 패션은 오트 쿠튀르(haute couture)를 중심으로 한 고급 주문복이 주류를 이루었으나, 1960년대 들어 패션의 경향이 캐주얼화되고 젊은층 중심으로 옮겨 갔을 때 파리는 패션의 중심지로서의 역할이 흔들리기도 하였다. 그러나 고급 기성복(prêt-à-porter)이 등장하여 파리는 전통적 패션 중심지로서의 위치를 지켜 나가고 있다.

(2) 특 성

프랑스 패션이 세계적으로 인정받게 된 사회적 특성은 다음과 같다.

첫째, 파리에는 풍부한 자원과 창조적 분위기가 있으며, 국가의 후원이 있다. 즉 디자이너는 자신의 독창적 작품에 대하여 특별법으로 보호받을 수 있어 창의적 디자인 활동을 보장받는다. 또 프랑스 정부에서는 기성복 수출을 장려하기 위하여 국영 방송을 통하여 전세계로 오트 쿠튀르 쇼를 방영하며 컬렉션에 재정적 지원을 아끼지 않는다.

둘째, 섬유업체, 옷감생산업체, 부자재 생산업체, 디자인회사, 봉제회사, 신발과 모자, 모피, 트리밍 등 관련 업체 그리고 유통업체들 사이에 유기적 협력관계를 맺고 있다. 만약 어느 디자이너가 특수 옷감이나 부자재를 원할 경우 수량의 옷감도 기꺼이 제직에 응해 준다. 또 구두업자나 액세서리업자는 의복에 잘 맞는 디자인으로 생산해 주고, 단추나 트리밍을 생산해 주는 부자재 업체에서도 디자이너의 주문에 따라 특별 제작을 해준다.

셋째, 사회적으로 장인정신을 높게 평가한다.

2) 이탈리아

이탈리아의 패션 산업은 패션 선진국 가운데 유일하게 사양산업이 아닌 국가 중추산업으로 자리잡고 있다.

(1) 현 황

이탈리아는 10만 개 이상의 봉제회사가 등록되어 있다. 이들 봉제회사는 과거에 프랑스 패션 업체의 하청공장으로 알려졌으나 그동안 기술을 축적하여 1980년대 이후 패션 종주국인 프랑스를 위협할 정도로 발전하였다. 1997년 이탈리아의 패션 산업은 전 제조업의 19%를 차지하였고, 의류 수출액은 섬유산업 수출액의 56%를 차지하여 국가 전략적 핵심산업이 되었다.

(2) 특 성

이탈리아 패션 산업은 전 공정에서 세계적 경쟁력을 갖고 있으므로 최종 상품인 의류의 국제 경쟁력이 아주 높다. 이것은 차별화된 고급 상품생산과 소비자 기호에 즉각 반응한 결과이다. 국제 경쟁력이 높은 상품을 생산하기 위하여 다양한 고급 옷감을 확보하고, 최신 패션 경향을 파악하여야 한다. 이러한 조건은 의류와 옷감생산업자 사이의 분업과 산업지구의 네트워크를 통하여 충족된다. 산업지구에는 상품기획과 마케팅 업무를 담당하는 기획전문가, 상품을 주문받아 생산히는 기입 사이에 분업이 잘 이루어져 있다. 이 둘 사이의 개방적 거래구조는 기획전문가가 차별화 전략을 실천할 수 있게 해주며, 주문생산에 응하는 기업에서는 오랜 전통과 안정적 경영환경에서 비롯되는 높은 기술력을 바탕으로 고품질의 의류를 생산할 수 있다.

이탈리아 패션 산업의 특성은 다음과 같다.

첫째, 이탈리아 패션 산업은 해외에서도 경쟁력이 높고, 국가 경제에서 중추적 역할을 한다. 이탈리아 패션 산업의 규모는 중국에 이어 두 번째로 높고, 무역수지 흑자규모도 크다.

둘째, 섬유 및 의류생산의 모든 공정에서 세계적 경쟁력을 갖고 있다. 특히 수출과 무역수지 흑자규모가 다운스트림으로 내려 갈수록 커지고, 업스트림의 국제경쟁력이 의류부문의 경쟁력으로 연결되기 때문에 부가가치가 높은 의류 상품은 세계 고급 기성복 시장에서 높은 경쟁력을 갖는다.

셋째, 의류용 소재는 지역 특산물로 생산되므로 물적 기반이 튼튼하다. 예를 들면, 비엘라와 플라토를 중심으로 모직물, 코모[2]를 중심으로 견직물, 카루피를 중심으로 니트를 생산하고 있다. 또 밀라노는 고급 기성복, 플로렌스는 값싼 기성복, 남성복, 아동복 시장이다. 이탈리아 패션 산업은 스포츠 웨어, 니트 웨어, 가죽제품을 중심으로 이루어졌으며, 구치 구두, 팬디 모피, 미소니 니트, 베네통 스웨터 등이 대표적 수출상품이다.

넷째, 종업원 수가 10명 미만의 소규모 패션 업체들이 네트워크 체제를 형성하고 있다. 중 · 소기업은 독자적 자금력과 마케팅력이 부족하나 네트워크로 연결된 중 · 소기업군은 공통 문제점을 함께 극복하면서 중 · 소기업 특유의 유연성을 최대로 발휘할 수 있다.

2) 코모는 유럽에서 생산되는 견제품의 90%를 생산하는 세계 최대의 견생산지이다. 뛰어난 색채감각과 독창적인 무늬를 자랑하며, 다품종 소량생산체제로 계절마다 새로운 상품을 개발하는 유연생산체제를 도입하고 있다.

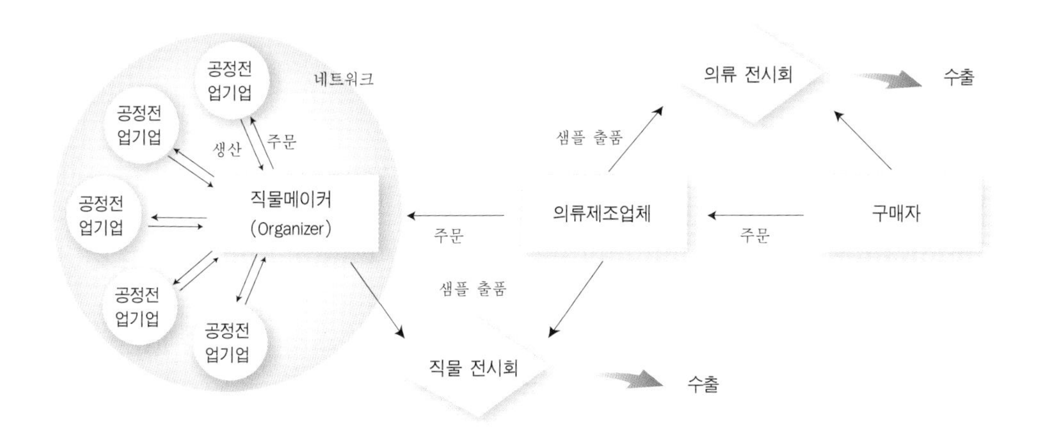

그림 11-8 이탈리아 패션 산업의 구조적 특성

1990년대 후반 세계 시장 확대를 위하여 이탈리아의 패션 업체에서는 해외시장 공략과 신규시장 개척을 위한 제2라인 개발 전략을 수립하였다. 특히 통상부의 재정적 지원을 얻어 'Moda made in Italy' 프로그램을 도입하여 해외시장 개척을 위하여 노력하고 있다.

3) 한 국

우리나라의 패션 산업은 1990년대 중반까지 양적 팽창을 거듭하여 1996년에 15조 8천억 원 규모로 성장하였다. 그러나 인력난, 해외 경기침체에 따른 수출 감소와 국내 경기침체, 해외 생산증가 등으로 인하여 1999년에는 11조 6천억 원으로 축소하였으나 앞으로 완만한 성장추세를 보일 것으로 전망된다. 우리나라의 의류수출은 세계 5위로 세계 주요 의류수출국이다.

의류제조업은 8.8%를 차지하며, 제일모직이나 코오롱과 같은 대기업이 차지하는 비율이 전체 산업의 8%이고, 대부분 의류 제조업체는 자본금 3억원 이하, 종업원 50인 이하의 중소기업이 주류를 이룬다. 그러나 종업원 임금이 너무 높아 중국이나 동남아 지역으로 생산시설을 옮기고 있으며, 경쟁력이 약한 중소기업은 폐업하고 있는 실정이다.

(1) 현 황

우리나라의 패션 산업은 경제개발 5개년 계획이 수립되어 산업화가 시작되었던 1960년대부터 양장점과 재래시장을 중심으로 시작되었다. 그동안 착용되었던 민속복인 한복은 예복화하고, 서양복이 활동복으로 자리잡았다. 1970년대부터 1980년대 초에 고급 기성복이 생산되기 시작한 도입기, 1980년대 후반부터 1990년대 중반까지를 성장기, 1990년대 후반부터 성숙기로 구분된다. 도입기에는 미국으로부터 하청받아 주문자 상표생산(Original Equipment Manufactureing ; OEM)을 통하여 기술을 축적하였다. 대기업에서 패션 산업에 참여하면서 기성복이 고급화되고 품질이 향상되는 계기가 되었나. 성장기에는 외국 패션 업체와 기술제휴를 하거나 해외 유명상표를 도입하였고, 1987년에는 세계 3위 섬유수출국으로 부상하였다. 또 1988년 서울 올림픽을 계기로 외국과 기술제휴 인정 및 해외 유명상표 상품수입을 개방하였으며, 패션 상품의 고부가가치화와 다품종 소량생산체제를 확립하여 성숙기에 접어들었다. 1996년 유통시장 개방에 따라 직수입 의류와 라이센스 도입으로 양적 성장을 하였으나 외환위기를 겪으면서 소비가 위축되었고, 많은 중소 패션 업체가 도산하여 부실기업이 정리되는 등 강도 높은 구조조정을 거치면서 패션 산업은 위축되었다. 차차 경기회복과 더불어 재도약의 가능성을 보이고 있다.

(2) 특 성

2000년 기준 패션 상품별 시장점유율을 살펴보면 캐주얼 웨어가 22.8%, 여성복이 21.1%, 남성복이 15.3%, 유·아동복이 9.4%, 언더웨어가 4.8% 순이다.

캐주얼 웨어는 1980년대 교복자율화정책 실시 이후 주니어복을 중심으로 성장하였다. 또 캐주얼 웨어 시장의 성장 배경에는 토요일이 휴무일로 지정된 직장이 늘어남에 따라 소비자의 라이프 스타일 변화, 합리적인 중저가 스포츠 캐주얼 웨어에 대한 요구 증대, 소비자의 실용적이고 편안한 라이프 스타일 추구 성향, 레저 문화의 정착에 따른 레저 웨어 요구도 증가 등이 있다.

여성복은 유행에 민감하고 세분화된 감성적 수요를 기반으로 하기 때문에 다품종 소량생산에 의존한다. 여성복 시장은 '88 서울 올림픽을 전후하여 급성장하였고, 유통시장의 다변화, 해외 유명상표 도입, 시장 세분화에 의한 다양한 브랜드의 등장 등은 다양한 소비자 기호도를 반영한다.

남성복은 1990년대 초반까지 삼성물산, LG 패션, 제일모직 등 대기업을 중심으로 비즈니스 수트가 대량생산되었다. 수트 시장은 유행에 덜 민감하고 스타일 수가 적고 고객의 상표충성도가 높아 소품종 대량생산이 가능하였으나, 최근 남성들의 라이프 스타일의 변화에 따라 캐주얼 의류 기호도가 높아졌다.

유·아동복은 매출규모가 작기 때문에 중소기업을 중심으로 하며, 상당 비율이 남대문 시장에서 생산·판매를 주도하였다. 그러나 소득 수준이 높아지고 양육하는 자녀수가 적어짐에 따라 유·아동복 시

그림 11-9 우리나라의 패션 산업배치도

장은 고급화 · 세분화하고 있다.

언더웨어는 전라북도를 중심으로 생산되고 있으며, 백양, 쌍방울, 태창 등 3대 기업에서 흰색 언더웨어를 독과점 생산해 왔다. 그러나 1980년대 중반 상품이 고급화 · 다양화되어 백양의 BYC, 쌍방울의 트라이(TRY), 태창의 빅맨(BIG MAN), 좋은 사람들의 제임스딘(James Dean)에 이르는 패션 언더웨어 시장이 형성되었다. 패션 언더웨어는 백화점이나 전문점으로 진출하였으며 인터넷 판매까지 비중을 넓혀 나가고 있다.

우리나라도 경인 지역의 봉제업, 대구의 합성섬유와 염색, 부산지역의 모직물, 진주의 견직물, 대전의 가죽, 전라북도의 언더웨어를 중심으로 한 니트 산업 등과 같이 특산품화시켜 나가고 있다.

4. 패션 소매상

패션 소매상이란 패션 상품이나 서비스를 최종 소비자에게 직접 판매하는 단체나 개인을 말한다. 패션 소매상은 소비자에게 다양한 상품을 제공할 뿐 아니라 수선, 배달, 착용방법 등과 같은 서비스도 제공한다. 우리나라 패션 유통의 특성은 도매상이 취약하고 제조업자의 유통지배력이 강하다는 점이다. 거의 직판 체제로 백화점이나 대리점에 위탁판매해 왔으나 점차 선진국형 제조소매업 체제(SPA)[3]로 전환해 나가고 있다.

패션 소매상은 매장 소유 여부에 따라 점포형 패션 소매상과 무점포형 패션 소매상으로 구분된다.

3) SPA(specialty store retailer of private label apparel)란 최고의 품질, 적절한 운영 마진, 저렴한 가격의 상품을 공급하기 위하여 아웃소싱과 유통력을 중요시하는 제조업과 유통업이 통합된 새로운 유통형태이다.

1) 점포형 패션 소매상

통신기술이 발달하고 소비자의 생활양식이 변화되었어도 패션 상품은 구매 시 직접 입어 보거나 만져 보는 것이 중요하므로 점포형 소매상 이용도가 높다. 점포형 패션 소매상은 소비자 의사결정에 사용되는 상품의 유형, 상품 구색, 가격, 서비스의 질, 입지 등의 구성요소 결합방법에 따라 백화점, 패션 전문점, 대리점, 할인점, 양판점, 재래시장 등으로 분류된다.

(1) 백화점

그림 11-10 현대백화점

백화점이란 한 건물 안에 일상생활에 필요한 다양한 상품을 갖추고 소비자에게 일괄 판매하는 대규모 소매 점포이다. 백화점은 다양한 상품구색, 쾌적한 쇼핑 공간, 편리한 입지조건 등을 특징으로 하며, 합리적인 집중관리가 이루어진다.

세계 최초로 1852년 프랑스 파리에 봉 마르쉐(Bon Marche)백화점이 개점하였다. 우리나라에는 최초로 종로에 신신백화점과 화신백화점이 개점하였고, 1960년대 들어 미도파백화점과 신세계백화점이 직영체제에 돌입하면서 유통의 근대화가 이루어졌다. 또 1970년대 들어 대규모의 롯데백화점이 개점하면서부터 백화점이 대형화하기 시작하였으며, 이어 현대백화점과 함께 지방에 분점을 개점하였다. 그러나 외환위기 이후 소비자 의식이 높아져 합리적인 가격의 상품을 원하기 때문에 패션 전문점이나 할인매장 등이 더 성장하고 있다. 이에 대응하여 백화점에서는 '사원 1고객 섬기기', '24시간 고객불편센터'를 운영하고, 매장 직원들을 대상으로 '서비스 암행평가제'를 실시하고 있다. 일부 백화점에서는 값싸고 품질 좋은 중간상 상표(private brand)를 기획하여 다른 매장과 차별적 우위를 확보하고 있다.

(2) 패션 전문점

특정 소비자 집단을 대상으로 하며 취급하는 상품계열의 수는 한정되어 있으나, 각 상품계열 안에서는 상품구색이 다양하다. 패션 전문점은 사입형 패션 전문점, 제조업자 소매업, 복합 패션 전문점으로 구분된다.

사입형 패션 전문점에서는 생산과 유통이 분리된 개념의 형태로, 표적 고객집단을 좁게 선정하고 이들의 욕구에 맞는 패션 상품과 액세서리를 함께 사입하여 판매한다. 표적고객의 욕구와 취향에 맞는 패션 상품을 사입해야 하므로 바이어의 심미안과 상품구색 구비능력이 중요하다. 1980년대에 등장했던 빌리지, 포스트카드, 키스테이션 등이 이에 속한다.

그림 11-11 미국의 갭 매장

제조업자 소매업은 제조업체에서 사입하여 판매하는 기능뿐 아니라 직접 디자인을 기획하여 생산하는 제조기능까지 갖추고 있다. 제조소매업에서는 한 제조업체가 취급하는 모든 패션 상품을 전시판매함으로써 제조업체가 원하는 이미지를 연출하며, 미국의 갭(GAP)과 리미티드(Limited), 일본의 유니크로(UNIQRO) 우리나라의 지오다노(GIORDANO), 아이겐 포스트(Eigen post), 소베이직(So Basic) 등이 여기에 속한다.

복합 패션 전문점에서는 컨셉이 비슷한 경쟁 상표의 상품을 함께 입점시키는 토탈형 복합 패션 전문점으로 젊은층을 표적 고객으로 하는 에프샵(F-sharp), 유투존(UTOO ZONE) 등이 있다.

그림 11-12 프랜차이즈 형태의 대리점인 베네통

(3) 대리점

대리점은 패션 업체에 가입비를 내고 일정 지역에서 특정 패션 상품 제조업체의 상호와 상표를 사용하는 형태의 매장이다.

우리나라 패션 소매상 중 급성장하고 있는 대리점은 대부분 패션 업체와 대리점 사이의 계약에 의하여 수직적으로 통합된 '프랜차이즈(Franchise)' 형태이다. 우리나라의 대리점은 패션 상품의 재고에 대하여 전체 또는 일부 반품이 허용되고, 이 재고에 대한 부담을 패션 상품의 가격에 반영시키는 위탁판매 위주로 왜곡 운영되고 있다. 그러나 이탈리아의 베네통(Beneton)과 미국의 에스프리(Esprit)는 프랜차이즈 형태의 대리점으로 성공한 예이다.

(4) 패션 할인점

소비자들이 다소의 불편을 감수하고 저렴한 상품을 구매하고자 하는 욕구에서 패션 할인점이 등장하게 되었다. 패션 할인점은 유통과정의 단축, 관리의 합리화, 제한된 서비스 등으로 원가를 절감하여 정상 상품을 할인판매하는 가격파괴 할인점, 유명 패션 업체에서 잉여 상품이나 비정상 상품을 할인하여 판매하는 상설할인점, 패션 업체와 패션 상품 소매업체의 직매점 형태의 아웃렛 매장, 그리고 전문할인점 등으로 구분된다.

가격파괴 할인점은 박리다매를 원칙으로 유명 상표의 패션 상품을 땅값이 싼 지역에서 셀프 서비스를 통하여 낮은 가격으로 판매한다. 예를 들면, 까르푸, E-마트, 월마트 등이 있다. 유행을 거의 타지 않는 드레스 셔츠, 속옷, 스타킹, 양말과 같은 기본 의류를 정상 가격보다 20~30% 할인된 가격으로 판매한다.

상설할인점에서는 디자이너 브랜드나 내셔널 브랜드의 패션 업체에서 잉여품이나 불량품을 헐값으로 사들여 저렴하게 판매한다. 상설할인점에서 취급하는 상품은 비교적 유행지향적 상품이다.

그림 11-13 구로공단의 아웃렛 매장

유명상표의 패션 업체나 디자이너 부티크, 백화점, 전문점에서 잉여 상품이나 비정상품을 처분하기 위하여 직영 형태로 운영하는 곳이 아웃렛 매장이다. 이랜드의 '아웃렛 2001'에서는 이랜드의 재고 상품을 60~80% 할인된 가격에 판매한다. 서울의 구로공단과 문정동에 유명 패션 업체나 디자이너가 직영하는 아웃렛 매장이 모여 있다.

카테고리 킬러(Category killer)라 하는 전문할인점에서는 한 가지 또는 한정된 패션 상품군을 깊게 취급하며, 할인점보다 훨씬 싸게 판매한다. 예를 들면, 각종 양말만 판매하는 인따르시아(Intarsia) 매장이 있다.

(5) 양판점

양판점은 백화점과 할인점의 중간 형태로 다양한 패션 상품을 대량판매하는 체인형 대형 소매점이다. 즉 매장의 형태와 상품구성은 백화점과 비슷하나 대량매입, 다점포화, 중간 상표 상품의 비율이 높기 때문에 백화점보다 가격이 저렴하다. 우리나라의 뉴코아, 해태유통의 해태마트 등에서는 대중 양판점의 도입을 시도했으나 성공하지 못하였다. 이 원인은 체인화와 중간상 상표 개발을 통하여 원가를 절감하는 데 실패했기 때문이다.

(6) 재래시장

재래시장은 우리나라 패션산업의 태동기부터 중요한 역할을 담당해 왔으나 1980년대 들어 캐주얼 웨어 시장이 부상하면서 대리점과 백화점이 주도권을 갖게 되면서 위축되었다. 그러나 외환위기를 지나면서 소비자의 가치관이 변화되었으며 부실 백화점이나 대리점의 유통력이 저하되고, 재래시장에서 건립한 가격 경쟁력이 높은 기업형 도매점인 동대문의 밀리오레와 두산타워, 남대문의 메사 등이 세력을 확장하게 되었다.

■ 동대문시장

동대문시장의 모태인 광장시장은 지금부터 약 100년 전에 설립되어 도매업을 중심으로 발전하였다.

6·25 전쟁 후 구호물자가 시장에 유입되면서 옷감과 의류를 주로 취급하는 도매상으로 전환되었다. 1970년대 석유파동을 겪으면서 저가의 합성섬유 옷감을 소재로 임금을 적게 주고 가격경쟁력 있는 기성복을 판매하기 시작하였다.

특히 국내 최대 원단 및 부자재 판매소인 동대문 종합시장이 곁에 있어 기성복 제작에 적합한 장소였다. 동평화, 제일평화, 흥인, 광희, 청평화시장 등이 집중적으로 자생하였으며, 1980년대 들면서 전국에서 도매상인들이 모여들어 기성복을 구매하였다. 또 1987년부터 대만을 상대로 해외판매도 시작하여 의류수출 기지로 자리잡기 시작하였다. 이 당시 동대문시장 기성복은 남대문시장 상품보다 수준이 낮았다.

아트플라자를 중심으로 캐주얼 웨어를 생산 판매하기 시작하였고, 1988년 올림픽을 계기로 스포츠에 대한 관심이 높아진 소비자들은 캐주얼 웨어를 선호하였다. 특히 남대문시장보다 더 싼 노임을 기반으로 가격경쟁력 있는 기성복을 대량생산하여 박리다매하였고, 전국에서 모여든 지방 상인을 대상으로 새벽에 시장을 열었다.

이어 개장한 디자이너스 클럽과 우노꼬레에서는 남대문시장 상인까지 유치하였다. 우노꼬레에서는 자체 상표를 개발하였고, 레이블이나 쇼핑백에 상가 이름을 사용하여 기업 이미지나 브랜드 이미지를 통합하였다. 이 과정에서 남대문시장은 공동화 현상을 보였고, 남대문시장과 아트플라자의 일부 상인들이 전문 디자이너를 영입하여 '시장 상품의 고급화'를 시도하여 밀리오레를 탄생시켰다. 외환위기를 계기로 경제불황일 때 구조조정이나 명예퇴직으로 인하여 내셔널 브랜드 업체에서 나온 디자이너, 동대문에서 활동하던 사입자 그리고 도매상이 주축이 되어 설립하였다. 밀리오레에서는 1일 18시간 영업하고, 밝고 깨끗한 분위기, 에스컬레이터나 탈의실 설비, 신용카드 사용 가능, 판촉행사, 이벤트 등을 통하여 '젊은 백화점' 이미지를 만들고, 청소년을 대상으로 한 소매업으로 전환하였다. 밀리오레에서는 기존의 도매업 위주에서 소매업 위주로 전환하고, 최종 소비자에게 적극적 마케팅 전략을 도입하여 재래시장 이미지를 쇄신하는 데 성공하였다. 두산타워가 들어서

그림 11-14 동대문시장에 위치한 밀리오레

면서부터 서로 경쟁하면서 패션 네트워크로 비상하는 재도약기를 맞이하기 되었다.

동대문시장은 하루 2,000여 명의 외국인이 찾는 국제 명소로 의류 수출액이 약 2조원 정도이다. 가격보다는 디자인, 짧은 리드 타임, 다품종 소량생산 등을 경쟁력으로 일본, 홍콩, 대만 등 아시아의 중저가 시장에 진출하고 있다. 그러나 앞으로 디자인에 대한 지적재산권 보호가 해결해야 할 문제이다.

■ **남대문시장**

남대문시장은 유구한 역사를 가지고 있으며, 동대문시장보다 더 먼저 국내 최대 의류도매시장으로 정평을 얻었고, '주식회사 남대문시장'으로 자리잡았다. 그러나 동대문시장이 재래시장에서 현대적 면모를 갖춘 패션 몰로 부상하는 과정에서 남대문시장 상인들이 대거 진출하였고, 자체 변신을 위한 노력을 게을리한 결과 남대문시장 공동화 현상까지 있었다. 남대문시장이 동대문시장에 뒤떨어지게 된 원인으로 적극적 마케팅 부족, 고부가가치를 창출하는 자체 브랜드 개발 노력 부족, 고객 서비스 부족 등을 들 수 있다.

아직도 남대문시장 기성복은 동대문시장 상품보다 바느질과 디자인 면에서 더 우월하다. 일부 남대문시장 상인들이 주축이 되어 굳앤굳과 메사와 같은 대형 몰을 설립하여 변신을 시도하였으며, 남대문시장에서 생산된 고급 여성복, 아동복, 중저가 액세서리 등은 평판이 좋다. 특히 윤락여성이나 젊은 여성들이 즐겨 입는 화려한 디자인의 기성복을 '남살롱' 상품이라 한다. 동대문시장과 남대문시장이 공동 브랜드 '남대문 동대문 네트워크'를 시도해 보려고 노력하고 있다.

2) 무점포형 패션 소매상

정보화시대의 다양한 매체들은 교통이나 직장생활 때문에 쇼핑의 여유가 적은 소비자에게 상품정보와 기회를 제공해 준다. 또 무점포형 패션 소매상은 소매업자에게 점포 운영비 질감을 통하여 그만큼 싼 가격에 상품을 공급할 수 있으며, 입지 조건에 관계없이 표적 고객에 접근하여 잠재 수요를 자극할 수 있다는 이점이 있어 앞으로 성장 가능성이 크다.

상품대금 지불방법에는 무통장입금 또는 계좌이체방법, 회원제 선불 또는 후

불방법, 신용카드 지불방법, 전자지갑 이용방법 등이 있다. 무점포형 패션 소매상에는 통신판매, TV 홈쇼핑, 인터넷 마케팅 등이 있다.

(1) 통신판매

통신판매는 공급업자가 광고매체를 이용하여 상품이나 서비스에 대한 광고를 하고, 고객으로부터 우편이나 전화같은 통신매체를 통하여 주문받은 상품을 통신수단을 이용하여 전달하는 판매방식이다.

통신판매는 19세기 미국을 중심으로 시작되었고, 미국의 대표적인 통신판매 업체에는 몽고메리 워드(Mongomerry Ward)와 시어즈(Sears)가 있다. 우리나라에서는 1976년부터 신세계백화점에서 자사 카드 고객을 대상으로 통신판매를 시작하였다.

(2) TV 홈쇼핑

TV 홈쇼핑은 가정에서 TV를 통하여 방영되는 상품을 전화나 팩스로 주문하여 배달받는 방법이다. 홈쇼핑 전문 채널로 39 또는 45가 등장하여 24시간 상품정보를 제공한다. TV 홈쇼핑 초기단계에는 의류 판매량이 전체 판매고의 7~8% 정도였으나, 2000년도에는 30% 이상으로 증가하였으며 꾸준히 증가추세

그림 11-15 TV 홈쇼핑 전문 채널의 홈페이지

이고, 시간과 비용을 절약할 수 있는 쇼핑방법이다.

(3) 인터넷 마케팅

인터넷 마케팅이란 인터넷을 통하여 상품과 서비스의 매매가 이루어진다. 인터넷을 통하여 고객과 상품생산업자 사이에서 의견교환이 가능하고, 컴퓨터 속의 가상 쇼핑몰을 통하여 쇼핑하므로 다양한 정보를 비교할 수 있다는 이점이 있다. 또 무한한 가상 전시공간에서 판매원의 방해를 받지 않고 쇼핑을 즐길 수 있으며, 가격도 저렴하다.

우리나라에서는 롯데 인터넷 백화점(www.lotte.com)과 데이콤의 인터파크(ww.interpark.co.kr)가 처음으로 인터넷 쇼핑몰을 개설하였다. 이어 삼성(www.samsungmall.co.kr)이나 LG패션(www.fashionlg.com)과 같은 대기업을 중심으로 인터넷 쇼핑몰이 만들어졌다. 대부분의 백화점에서는 인터넷 쇼핑몰을 같이 운영하고 있다. 예를 들면, 현대백화점의 www.e-hyundai.com, 신세계백화점의 www.cybermall.co.kr, 갤러리아백화점의 www.galeria.com 등이 있다.

제12장 패션의 직업세계

1. 패션 브랜드
2. 패션 스페셜리스트

제12장 패션의 직업세계

1. 패션 브랜드

글로벌 시대라 일컬어지는 요즘, 브랜드는 국경 없는 경제 전쟁의 무기라 표현할 만큼 그 위력은 날로 커지고 있다. 소위 슈퍼 브랜드라 하여 오랜 전통과 차별된 이미지 정책, 세계적인 판매망을 자랑하며 세계 자유무역시장에서 막강한 힘을 발휘하는 브랜드들이 화제를 모으고 있는 것이다. 20세기를 장식한 패션 브랜드는 수없이 많지만 간추려 보면 다음과 같다.

1) 구치(Gucci : 1921~, 이탈리아)

원래 이탈리아를 대표하는 고급 가죽제품 브랜드였으나 오늘날에는 패션 전반의 트렌드를 이끄는 브랜드 중 하나가 되었다. 브랜드로서 구치는 창업자 구치오 구치가 1921년 고향 피렌체에 가죽제품 전문의 상점을 열면서 시작된다.

제2차 세계대전 시 가죽이 부족하게 되자 구치는 천으로 만든 핸드백을 발표하였다. 창업자 이름의 이니셜을 딴 GG 마크를 캔버스지에 새겨 넣고 빨강과 녹색의 띠로 장식한 핸드백이 이때 선보였으며, 그 후 금속장식을 단 구두, 의복, 향수, 안경 등이 판매되었다. 그리하여 1950년대에는 구치 제품을 갖는 것이 높은 사회적인 신분을 상징하였고, 오드리 헵번, 재클린 케네디 등이 구치의 고객으로 화제를 모았다.

그림 12-1 구치의 잡지 광고, 2002

1990년대로 접어들면서 구치는 젊고 경쾌한 컬렉션을 통해 트렌드를 선도하는 브랜드로 거듭나고 있다. 특히 1994년에 톰 포드(Tom Ford)가 크리에이티브 디렉터(creative director)의 자리에 오르면서 클래식과 모던의 절묘한 조화를 꾀한 의복과 액세서리류를 선보이고 있다.

2) 도나 카란(Donna Karan : 1985~, 미국)

그림 12-2 도나 카란의 이미지 광고, 1998

여성 디자이너 도나 카란(1948~)은 1967년에 앤 클라인(Anne Klein)에 들어가 1974년에는 주임 디자이너가 되었으며, 1985년에는 독립하였다. 도나 카란이 디자인하는 의복은 대도시 여성들을 대상으로 하여 기능성과 착용감, 사치스러움과 관능적인 분위기를 겸비하고 있다. 그리고 재킷, 스커트, 팬츠, 원피스에 액세서리를 자유롭게 조화시키는 토털 패션의 제안은 뉴욕 커리어 우먼의 절대적인 지지를 받았다. 1989년에는 스포티하며 가격도 적당한 'DKNY' 브랜드를 기획, 발표하여 성공을 거두고 있다.

의복의 원점을 '자신과 가족을 위한 옷'에 두고 '의복만이 아니라 라이프 스타일을 종합적으로 디자인하는 것'을 이념으로 삼는 도나 카란은 도시 뉴욕을 이미지화한 가장 세계적이면서도 미국적인 브랜드로 평가받고 있다. 현재에는 도나 카란이란 이름 하에 진즈류, 남성복, 아동복, 속옷, 액세서리, 향수 등을 총망라한 독자적인 세계를 구축하고 있다.

3) 루이 뷔통(Louis Vuitton : 1854~, 프랑스)

그림 12-3 루이 뷔통의 잡지 광고, 2001

루이 뷔통은 19세기 중반에 발생한 여행 붐을 배경으로 발전하였다. 당시 장거리 여행이 늘어나면서 튼튼하고 편리하며 디자인도 좋은 여행용 가방이 인기를 모았는데, 지금도 유명한 LV자를 장식한 소재의 가방이 그때 발표되었다.

1988년 루이 뷔통은 브랜드 기업인 모에 에 샹동(Moët et Chandon, 1743 창업), 헤네시(Hennessy, 1765 창업), 겔랑(Guerlain, 1828 창업)과 함께 브랜드 복합체인 LVMH 그룹을 구성하고, 주식의 상호보유를 통해 크리스티앙 디오르까지 그룹 내에 소속시켜 화제를 모았다. 그에 따라 현재 LVMH 그룹은 패션, 레저, 향수, 화장품, 와인, 브랜디 등 라이프 스타일 전 분야에 걸쳐 사업을 전개하면서, 세계적인 브랜드 기업들을 그 산하에 두고 있다. 1997년부터는 미국 뉴욕 출생의 마크 제

이콥스(Mark Jacobs)를 의류 제품의 총괄 디자이너로 영입하고 프레타 포르테에 진출하였다. 현재 루이 뷔통사의 판매망은 현재 세계 약 50여 개국에 이르며, 특히 서울, 동경, 홍콩 등 아시아권에서의 매출이 절반을 넘는다.

4) 버버리(Burberry : 1856~, 영국)

버버리는 레인 코트의 대표적 브랜드이며, 겨울만 되면 거리에 범람하는 체크 머플러로도 널리 알려진 브랜드이다. 우리가 흔히 말하는 '바바리'는 상표명이 춘추용 코트로 잘못 인식되어 사용되는 말이다.

버버리는 1856년 영국 런던에서 태어난 토마스 버버리(1835~1926년)가 양복점을 개점한 데서 유래한다. 기능적이고 실용적인 의복을 만들기 위해 토마스는 농민의 작업용 상의에서 아이디어를 얻어 내구성과 방수성이 좋은 신소재 개버딘을 만들었다. 그 후 1891년 런던에 진출한 후 1901년부터 스포츠 웨어와 레인 코트를 전개하였다. 특히 에드워드(Edward) 7세가 애용하면서 그 이름이 유명하게 되었으며, 제 2차 세계대전에는 트렌치 코트(trench coat)를 개발하여 영국 육 · 해군복으로 정식 채용되었다. 1914~1918년까지 전쟁 중에 군대에서 착용된 코트는 50만 벌이 넘었는데, 전쟁 후 군인들이 그것을 입고 돌아오면서 일반 시민들의 일상복으로 침투해 갔다. 한편 타탄 체크를 변화시킨 버버리 체크는 1924년에 등장한 것으로 처음에는 주로 코트의 안감으로 사용되었으나, 1967년 우산에 사용된 이후 가방, 머플러 등 다양한 아이템으로 전개되었다.

1999년 신인 디자이너 로베르토 메니케티(Roberto Menichetti)를 크리에이티브 디렉터로 한 '버버리 프로섬 컬렉션(Burberry Prorsum Collection)'을 발표한 후, 2001년부터는 크리스토퍼 베일리(Christopher Bailey)가 담당하고 있다.

그림 12-4 버버리의 잡지 광고, 2001

5) 샤넬(Chanel : 1910~, 프랑스)

'코코 샤넬'이라 불리는 가브리엘 샤넬(1883~1971년)은 20세기 패션을 주도했던 디자이너로서 대부분 남성 디자이

그림 12-5 샤넬의 잡지 광고, 1998

그림 12-6 에르메스의 잡지 광고, 2000

너들이 주도권을 잡고 있던 패션계에서 성공한 가장 대표적인 여성 디자이너이다. 프랑스 쇼물 출생의 디자이너로 1910년 파리의 조그마한 모자점에 취직하여 저지로 옷을 만든 것이 호평을 받아 1915년 '샤넬' 디자인 숍을 창설하였다. 제1차 세계대전 후 '간결할 것, 감촉이 좋을 것, 낭비가 없을 것'이란 기본 철학으로 검정과 베이지를 기초로 한 단순한 디자인을 발표함으로써 일약 세계적인 디자이너로 부상하였다. 그리고 1921년에는 '샤넬 넘버 5(Chanel No.5)'라는 향수를 출시하여 성공함으로써 향수산업에서도 그녀의 이름을 남기게 되었다.

오늘날 '샤넬 룩(Chanel look)'으로 불리는 코사지 장식된 트위드의 카디건 수트와 체인 달린 퀼팅 핸드백 등은 2차 세계대전 이후 15년 만에 컴백하여 발표한 것으로 기능적이고 엘레강스한 현대 여성복의 진수라 할 수 있다. 1983년부터는 칼 라거펠트(Karl Lagerfeld, 1939~)가 책임 디자이너 부임하여 샤넬 디자인의 전통과 혁신성을 잘 융합한 디자인으로 화제를 모으며 샤넬 그룹을 이끌고 있다.

6) 에르메스(Hermès : 1837~, 프랑스)

고급 말안장 공방 브랜드인 에르메스가 창업한 것은 프랑스가 평화와 번영을 향유했던 제 2제정기(1850~1870년)인 1837년의 일이다. 자동차가 등장하기 이전

의 19세기에 있어 마차는 파리 상류사회에서 없어서는 안 될 도구 중 하나였다. 에르메스의 고급스러운 분위기는 당시의 이 귀족적인 생활로부터 비롯된 것이다.

이러한 에르메스가 변신한 데에는 19~20세기 자본주의로 전환한데 그 이유가 있다. 20세기는 자동차의 세기이며 미국의 세기였다. 이를 계기로 하여 에르메스는 주력 상품을 말안장에서 핸드백 등의 가죽 제품으로 전환하였으나, 제조 과정은 전통적인 수공예 기법을 그대로 고수하였다. 이는 브랜드의 본질과 관련된 문제로 20세기 대량생산에 직면한 에르메스는 오히려 19세기의 생산 시스템을 지키는 것으로 브랜드의 왕도를 걸을 수 있었다. 실제로 에르메스의 백은 모나코 왕비 그레이스 켈리(Grace Kelly) 등과 같은 세계의 상류인사들이 애용한 것으로도 유명하다. 그 후 핸드백뿐만 아니라 스카프, 향수, 시계 등을 내 놓았으며, 1998년에는 벨기에 출신의 전위적인 디자이너 마틴 마르지엘라(Martin Margiella)를 기용하여 화제를 불러일으켰다. 의복을 잘게 찢거나 중고풍 옷을 사용하는 등의 혁신적인 디자인을 특성으로 하는 이 디자이너의 기용은 21세기를 위한 에르메스의 새로운 도전으로 주목받고 있다.

7) 이브 생 로랑(Yves Saint Laurent : 1961~, 프랑스)

그림 12-7 이브 생 로랑의 잡지 광고, 2002

이브 생 로랑은 프랑스가 자랑하는 세계적인 브랜드이며, 프랑스 패션 산업 그 자체를 상징한다. 알제리 출생의 프랑스인인 이브 생 로랑은 일찍이 재능을 인정받아 디오르사에 입사하였다. 1957년 디오르의 갑작스런 죽음 후 21세란 젊은 나이에 후계자가 되었으며, 1958년에는 '트라페즈 라인(trapeze line)'을 발표하고 커다란 반응을 불러일으켰다.

그 후 1961년 독립하여 자신의 브랜드를 설립하였다. 1960년대는 기존 체제가 붕괴하고 세계 각지에서 젊은 세대가 독자적인 표현을 요구한 시대였다. 당시 젊은이들과 같은 세대였던 이브 생 로랑은 이러한 변화를 반영이라도 하듯 몬드리안 룩(Mondrian look, 1965), 시티 팬츠(city pants, 1967) 등 문제의 작품을 차례대로 발표하였다. 이어 1970년대에는 각 나라의 민속의상과 다양한 예술 분야에서 아이디어를 얻은 의상을 다수 발표하였다. 2001년 춘하 컬렉션부터는 톰 포드(Tom Ford)가 이브 생 로랑 브랜드를 맡아 항상 시대를 앞서 온 이브 생 로랑의 미학을 재해석한 작품을 선보이고 있다.

8) 이세이 미야케(Issey Miyake : 1970~, 일본)

이세이 미야케는 일본 히로시마 출생으로 하나에 모리(Hanae Mori), 겐조 다카다(Kenzo Takada)와 더불어 세계 무대에서 활약하는 일본 디자이너이다. 1965년 파리로 유학하여 기 라로시(Guy Laroche), 지방시(Givenchy) 등의 밑에서 일하였으며, 1971년에 동경, 뉴욕 등지에서 첫 번째 컬렉션을 가졌다.

패션계의 가장 혁신적인 디자이너로 평가되는 그는 기존의 개념을 초월한 발상으로 항상 새로움에 도전하는 실험정신을 선보여왔다. 특히 그는 입체적인 서양의 의복을 부정하고 의복이란 평면적인 옷감을 입체적인 신체에 입힘으로써 성립하는 조형물이라는 생각으로 작품을 만들고 있다. 또한 일본의 전통적인 소재를 재평가하여 현대의 의복으로 도입했을 뿐만 아니라 새로운 소재와 기술의 개발에도 박차를 가하였다. 1980년대 후반에 발표된 플리츠(pleats)가 그 대표적인 예로, 1993년 10월 파리 컬렉션으로 소개된 이래 '플리츠 플리즈(pleats please)' 라는 브랜드로 전개하여 상업적으로도 성공하였다.

그림 12-8 이세이 미야케의 '플리츠 플리즈' 의 카탈로그 표지, 2000

9) 장 폴 골티에(Jean Paul Gaultier : 1976~, 프랑스)

패션계의 악동으로 불리는 장 폴 골티에는 의복의 다양한 요소를 장난스럽게 리믹스(remix)시키는 디자인으로 유명하다. 시대와 장소, 문화, 성별을 자유롭게 횡단하면서 특유의 유머 감각으로 서로를 통합시킨다. 따라서 흥미가 넘치는 그의 컬렉션을 보기 위해 각국의 저널리스트와 바이어들이 밀집하는 파리에서도 가장 인기가 높은 디자이너 중의 하나이다.

골티에는 파리의 근교에서 1952년에 태어났다. 18세 때 그가 그린 데생이 피에르 카르댕(pierre Cardin)의 눈에 든 것이 계기가 되어 패션계에 입문하였다. 1976년 독립하여 컬렉션을 한 이래 그는 리믹스의 작업을 통해 패션계의 다양한 규범에 반기를 들어왔다. 특히 1980년대 중반부터는 남녀의 성별을 주제로 삼은 디자인을 선보여 화제를 모았다. 마돈나 의상이 그 대표적인 예인데, 속옷을 겉옷화한 마돈나의 무대의상은 페티시즘(fetishism)을 연상시키기도 한다. 그런가 하면 남성 모델에게 스커트를 입히거나 레이스와 화려한 자수로 장식하는 등 여성적인 요소를 도입하기도 하였다. 뿐만 아니라 골티에는 '잃어버린 아이들의 도시', '제5원소' 등과 같은 영화에서 의상을 담당하는 등 하이 패션을 대중문화와 조화시키는 작업을 하였다. 1997년 춘하 컬렉션부터는 오트 쿠튀르 세계에도 데뷔하여 활발한 활동을 계속하고 있다.

그림 12-9 마돈나의 무대의상, 1990

그림 12-10 스커트를 입은 장 폴 골티에, 1994

10) 조르지오 아르마니(Giorgio Armani : 1975~, 이탈리아)

패션의 중심은 파리라는 개념은 1980년대 이후 밀라노 패션의 눈부신 활약으로 흔들리게 되었다. 그 중심적 존재가 된 조르지오 아르마니는 패션계에 27세라는 늦은 나이로 입문하였음에도 불구하고 '패션의 제왕'이라는 수식어가 붙을 정도로 이탈리아를 대표하는 디자이너가 되었다. 특히 중간 톤의 부드러운 색채와 섬세한 감촉의 소재를 사용한 아르마니 수트는 남성뿐만 아니라 1980년대 커리어 우먼들의 지위를 상징하였다.

그림 12-11 조르지오 아르마니의 수트, 1995

아르마니는 1975년에 조르지오 아르마니 회사를 설립한 이래, 엠포리오 아르마니(Emporio Armani), 아르마니 진즈, 향수, A/X 아르마니 익스체인지(Armani Exchange) 등을 차례로 전개하여 아르마니라는 브랜드 제국은 세계에서도 가장 잘 팔리는 브랜드 중 하나가 되었다. 특히 아르마니는 미국시장에서 성공을 거두었는데, 헐리웃 영화는 아르마니의 이름을 세상에 널리는 계기가 되었다. 그 예로 영화 〈아메리칸 지골로(American gigolo, 1980)〉에서 리차드 기어(Richard Gere)가 입은 아르마니 수트의 모습은 아르마니의 이름을 널리 알렸으며, 아카데미 수상식에서는 조디 포스터(Jodie Foster)를 위시한 많은 배우들이 아르마니로부터 제공된 수트를 입고 있는 것을 볼 수 있다.

11) 지방시(Givenchy : 1952~, 프랑스)

지방시(1927~)는 전성기 파리 오트 쿠튀르의 혈통을 계승한 최후의 디자이너로서 옛 프랑스의 쿠튀르 문화를 대표한다. 프랑스 보베 출신인 지방시는 1947년 스키아파렐리(Schiaparelli) 밑에 들어가 4년간 디자이너로서 활약하였다. 1952년부터 자신의 컬렉션을 시작한 지방시는 그 이듬해부터 발렌시아가(Balenciaga)와의 교류를 통해 소재를 중시하고 심플한 재단과 봉제를 살린 엘레강트한 미의식을 습득하였다. 또한 여배우 오드리 헵번(Audrey Hepburn)은 영화 '사브리나(Sabrina)'의 의상을 의뢰한 이래 죽기 전까지 지방시의 가장 대표적인 고객이며 친구이기도 하였다.

그림 12-12 영화 〈화니 페이스〉에서의 오드리 헵번, 1957

그림 12-13 지방시 컬렉션, 2002~2003 A/W

지방시가 은퇴한 후 지방시 브랜드는 존 갈리아노(John Galliano)가 담당하였으나 1년 만에 그만두었으며, 그 후 4년간 알렉산더 맥퀸(Alexander McQueen)이 젊은 스트리트 문화로부터 영향을 받은 디자인으로 지방시 컬렉션을 이끌었다. 그리고 지금은 줄리앙 맥도널드(Julian Macdonald)가 담당하고 있어 세 명 모두 젊은 영국인 디자이너의 기용으로 화제를 모았다.

12) 크리스티앙 디오르(Christian Dior : 1946~, 프랑스)

크리스티앙 디오르(1905~1957년)는 패션의 유행을 사회의 주요사건으로 인식시킨 20세기 후반 최대의 디자이너였다. 모든 형태의 실험자로서, 전통적인 여성미의 연출자로서, 브랜드 산업의 확립자로서 현대 패션에 미친 그의 영향은 아주 크다. 그러나 그의 위대한 업적에 비하여 실제 그가 활약한 기간은 1947~1957년까지 불과 10년간이었다.

1947년 '뉴 룩(New Look)'의 성공 이후 디오르는 H라인(1954), A라인(1955), Y라인(1955) 등을 계속적으로 발표하며 세계 모드를 이끌어갔다. 또한 향수시장에 적극적으로 참여하는 등 브랜드 매니지먼트에도 탁월한 선견을 지

그림 12-14 크리스티앙 디오르의 잡지 광고, 1997

그림 12-15 프라다의 잡지 광고, 1998

니고 있었다.

갑작스런 디오르의 죽음 이후 이브 생 로랑이 주임 디자이너가 되었으며, 이브 생 로랑이 독립 후에는 마크 보앙(Marc Bohan)이 1989년까지 디오르 브랜드를 담당하였다. 그 후 이태리의 지안 프랑코 페레(Gian Franco Ferre)가 브랜드를 이끌었으며 1997년부터는 패션계의 이단아로 불리는 영국 디자이너 존 갈리아노(John Galliano)가 컬렉션을 담당하고 있다. 현재 존 갈리아노는 유희적 요소와 함께 대담함과 세련미의 절묘하게 조화시킨 작품으로 프레타포르테의 매상을 400% 상승시킴으로써 디오르 브랜드에게 제 2의 전성기를 안겨주고 있다.

13) 프라다(Prada : 1913~, 이탈리아)

프라다 브랜드는 1913년 프라다 형제가 가죽 제품과 외제 상품 등을 취급하는 상점을 밀라노에 설립한 것이 그 시초이다. 이러한 프라다에 변혁의 조짐이 보이기 시작한 것은 1978년에 초대 프라다의 손녀딸인 미우치아 프라다(Miuccia Prada)가 가업을 이어받으면서부터이다. 미우치아는 가죽이 아닌 나일론을 소재로 가볍고 캐주얼한 가방을 제작하여 큰 인기를 얻었다. 그리고 1983년부터

는 신발을 발표했으며, 1989년에는 여성복 프레타포르테를 시작하였다.

프라다 브랜드의 특징은 각 시대의 장식과 소재를 현대의 눈으로 재인식하는 방법을 통해 입기 편하고 단순한 의복을 만들어 내는 데 있다. 1993년에는 미우치아의 어린 시절의 애칭에서 유래하는 보다 젊고 컬러풀한 라인의 '뮤 뮤(Miu Miu)' 를 발표했으며, 1995년부터는 남성복을 전개하였다.

2. 패션 스페셜리스트

스페셜리스트란 분업화, 기능화된 경제사회에 알맞은 고도의 전문적 지식과 기술을 익힌 사람, 또는 오랜 기간 특정 부문에서 실무경험을 거쳐 전문적 능력을 습득한 전문가를 의미한다. 최근 우리사회는 국제화 · 정보화 시대를 맞이하여 이에 대응할 수 있는 실력 위주의 인재 등용이 무엇보다 요구되고 있다. 따라서 남다른 프로 의식으로 전문적인 지식과 기술을 익혀야만 하는 시대가 되었다.

그러면 패션의 직업 세계는 어떠한가?

첫째, 패션 분야는 수많은 기업에서 분업으로 이루어지며, 시대의 최첨단에서 활동한다는 특징을 갖고 있다. 따라서 어느 분야보다 전문적인 지식과 기술을 필요로 하는 일이 많다.

둘째, 다른 분야에 비해 비교적 역사가 짧고 서양의 영향을 직접적으로 받는다. 따라서 직업의 종류가 충분히 확립되어 있지 않으며, 직업명도 외래어가 많다. 그러나 새로운 직업이 끊임없이 생겨나고 있어 새로운 일에 도전할 수 있는 가능성이 많으며 그 만큼 젊은 사람들에게 어울리는 분야이다.

셋째, 여성만이 가지고 있는 섬세한 감성을 최대한 살릴 수 있는 분야로 여성에게 적합한 일들이 많다. 여성 취업난이 문제가 되고 있는 현재, 여성 디자이너나 스타일리스트 등이 활발하게 활동하고 있으며 앞으로도 여성에게 적합한 직업 환경이 개발될 가능성도 크다.

그 구체적 직업세계를 살펴보면 다음과 같다.

1) 패션 디자이너

패션 디자이너는 대중매체 등을 통해 일반인에게 가장 잘 알려져 있는 패션 스페셜리스트로서 의복의 디자인과 아이디어를 내는 것이 주요 업무이다. 구체적으로는 아이디어의 발상에서부터 스타일에 적합한 옷감과 부속품의 선택하고 패턴 메이커의 힘을 빌어 의복이 완성되기까지의 모든 과정을 세심하게 살피는 일을 한다. 소비자들은 항상 개성화 · 다양화되고 있기 때문에 패션 디자이너는 항상 그들의 취향을 관찰하고 염두에 두어 현장의 정보를 제품에 반영할 수 있어야 한다. 또한 전통과 예술, 스포츠, 그 외 국제적인 사건 등에 관심을 두어 자신의 아이디어 원천으로 삼아야 한다.

흔히 디자이너는 직업 환경에 따라 기업 내 디자이너, 자신의 브랜드를 가지고 있는 디자이너, 프리랜서 디자이너 등으로 분류되며, 작업 내용에 따라서도 색채 디자이너, 텍스타일 디자이너, 니트 디자이너, 액세서리 디자이너, 이너웨어 디자이너 등 다양하다. 디자이너가 되기 위해서는 기본지식은 전문 교육기관에서 배울 필요가 있다. 그러나 기술을 배웠다고 해서 디자이너의 일이 가능한 것이 아니라 독창적인 미적 감각과 창조력이 중요한 부분을 차지하기 때문에 폭넓은 경험과 학습이 필요하다.

2) 패션 머천다이저

최근 패션 산업에 있어서 마케팅의 중요성이 커짐에 따라 패션 머천다이저(fashion merchandiser)에 대한 관심도 높아지고 있다. 흔히 MD라 불리는 패션 머천다이저는 시장정보분석, 상품기획, 판매 및 판촉지원, 상품전략, 가격정책, 수량결정, 판매 및 유통전략 등의 업무를 담당하는 패션 스페셜리스트이다.

좀더 구체적으로 보면 시장 동향과 패션 정보를 조사한 다음, 시즌 상품을 종합 기획하고 기획 구성된 내용의 수량과 가격을 책정하며 디자인실과 생산 공정을 보조, 지원해 주어 유통정책과 매장 전개를 주도한다. 또한 재고 처분과 실적 분석결과를 다음 계획에 참조하여 반영시키는 총괄적인 임무도 지닌다.

특히 패션 머천다이저는 패션 디자이너와 협조하여 소비자의 만족도가 높은 상품을 개발해야 하며, 시장 변화에 재빠르게 대응할 수 있는 순발력과 업무 전체를 파악 · 조정할 수 있는 조정력과 실행력 등의 능력이 필요하다. 머천다이저

가 되기 위해서는 무엇보다 업체에 들어가 업무 전체를 파악하고 각각의 일을 착실하게 익히는 과정을 통해 실력을 다지는 것이 중요하다.

3) 패턴 디자이너

패턴 디자이너(pattern designer)란 패션 디자이너가 아이디어를 스케치한 스타일화를 보고 그것을 구체적인 의복의 형태로 하기 위해 패턴을 제작하는 스페셜리스트이다. 패터니스트, 패턴 메이커, 재단사로도 불린다. 즉 패턴 디자이너의 주요 업무란 스타일화를 기본으로 하여 패턴을 제작하고 가봉을 거쳐 샘플을 완성시키는 일이다.

의복이란 패턴 여하에 따라 착용감이 결정되기 때문에 소비자 만족도와 밀접하게 관련되는 기술 전문직이다. 따라서 최근에는 패턴 메이커에 대한 평가가 높고 우수한 패턴 디자이너를 자사에 유치하려는 경향이 치열하며, 독립하여 프리랜서로 일하는 패턴 디자이너도 많다. 패턴 디자이너가 되기 위해서는 우선 기술적인 일과 결부되기 때문에 전문 교육기관에서 기초를 확실히 다지는 것이 필요하다.

4) 패션 코디네이터

패션 코디네이터(fashion coordinater)는 패션 디렉터(fashion director)라고도 한다. 그 구체적인 일은 나라와 장소에 따라 다양하나 주로 색상, 소재, 실루엣 등에 관한 다음 시즌의 패션을 예측하고 그 정보를 머천다이저, 디자이너, 바이어에게 조언하는 일 외에 교육, 쇼의 기획 등에 관여함으로써 자사의 패션 정책을 각 부문에 전달하고 통일을 도모하는 일을 한다.

최근 패션이 생활 전반으로까지 확대되고 패션 트렌드 및 시장 정보의 흐름이 빨라지면서 패션 코디네이터의 업무 영역은 날로 넓어지고 있다. 특히 이미지 메이킹의 중요도가 커지면서 대중매체를 통한 정치인이나 연예인의 이미지뿐만 아니라 일반인들 사이에서도 TPO에 맞는 옷차림은 중요한 요소로 인식되고 있다. 따라서 우리나라에서는 패션 코디네이터라 하면 주로 패션 광고나 방송에서 사회인사나 연예인, 모델들의 의상, 헤어스타일, 메이크업, 액세서리의 토털 패션을 계획하고 연출하는 자를 가리킬 정도가 되었다. 패션 코디네이터가 되기 위해서는 패션의 기본을 공부한 후 코디네이터의 보조로 실습하면서 감성을 연마함과 동시에 다양한 인간관계를 갖는 것이 중요하다.

5) 디스플레이 디자이너

디스플레이(display)란 일반적으로 '전시하다, 진열한다' 등의 의미로, 판매 촉진을 위해 상품을 공간 조형이나 입체 구성에 의하여 진열 · 전시하는 것을 말한다. 디스플레이 디자이너는 쇼윈도나 매장 내부의 상품 진열을 담당하거나 전시회 및 쇼 룸의 상품을 일정한 테마와 목적에 따라 효과적으로 진열하는 업무를 총괄하는 패션 스페셜리스트이다. 매출 향상과 직결되는 업무인 만큼 디스플레이 디자이너의 위상도 점차 높아지고 있다. 일반적으로 디스플레이 디자이너는 디스플레이에 관한 작업지시서를 기간별로 작성하여 정기적으로 매장에 지급하는 동시에 매장 체크를 통해 판매직원을 현장교육하는 등 매출 향상을 위한 작업들을 지속적으로 실행한다. 현재 선진국에서의 디스플레이 디자이너는 단순한 진열의 의미에서 벗어나 마케팅, 광고, 기획 등을 포함한 종합적인 의미로 이해되고 있어 VMD 매니저로 불리기도 한다.

6) 샵 마스터

샵 마스터(shop master)란 고객에게 상품과 패션에 대한 정보를 제공하는 패션 스페셜리스트로서 코디네이터 및 스타일리스트의 역할까지 담당하므로 패션 어드바이저 또는 패션 컨설턴트 등 그 호칭은 다양하다. 이들 대다수는 패션 전문교육을 받은 사람으로서 고객 개개인에게 그들에게 적합한 스타일을 어드바이스해 줄 수 있는 코디네이터로서의 능력은 물론 매장의 분위기 연출을 위한 디스플레이 능력까지 지니고 있다. 실제 상품을 판매하는 프로로서 판매 실적이 좋은 사람은 높은 평가를 받아 경우에 따라서는 사장보다 높은 수입을 올리기도 한다. 패션을 좋아하거나 사람들과 말하는 것을 좋아하는 사람들에게 적격이지만 성의를 갖고 고객을 접하는 것이 무엇보다 중요하다.

7) 패션 컨설턴트

패션 컨설턴트(fashion consultant)는 패션 산업에 대한 여러 가지 자문을 담당하는 스페셜리스트로서 패션 경향을 예측하고 마케팅 전략에 대한 조언을 하는 사람, 또는 이러한 사람들의 집단이나 기업을 총칭한다. 따라서 패션 컨설턴트는 주로 컨설팅을 의뢰한 브랜드나 그 경쟁 브랜드에 대해 철저히 분석하고, 브랜드 컨셉트 및 해당 시즌의 스타일, 컬러 등을 조사하는 일을 담당한다. 우리나라의 패션 업체나 소매업의 경우 외국의 패션 컨설턴트로부터 자문을 받고 있었으나 1990년대 이후 국내에도 시장조사, 소비자 조사, 상품기획, 상권분석 등의 컨설팅을 주로 하는 연구소나 기획회사가 점차적으로 늘고 있는 추세이다.

8) 패션 저널리스트

패션은 어떤 의미에서는 정보의 일종이며 그 패션이라는 정보를 취급하는 것이 저널리스트이다. 패션 일간지, 전문지, 잡지 등 패션 정보를 취급하는 매체는 전문적인 것에서부터 일반적인 것에 이르기까지 다양하나 패션 저널리스트가 되기 위해서는 정확한 시대감각과 전문적 지식, 뚜렷한 주관적 판단이 무엇보다 필요하다. 세부적으로는 패션 에디터(fashion editor), 패션 칼럼니스트(fashion columnist), 패션 라이터(fashion writer), 평론가 등 다양하며 패션 오피니언 리더(fashion opinion leader)로서 독자의 패션 마인드와 소비행동에 큰 영향력을 미치는 패션 스페셜리스트이다.

9) 패션 모델

패션 모델은 어패럴 업체나 패션 디자이너의 의상을 패션쇼나 각종 이벤트에서 직접 입고 연출하는 스페셜리스트로서, 상품이나 작품에 생명감을 불어넣어 관객과 소비자에게 디자인 이미지를 전달하는 역할을 지닌다. 최근에는 슈퍼모델이라 하여 패션쇼 장뿐만 아니라 각종 방송 프로그램 등에 출연하면서 연예인 못지 않은 인기를 누리는 모델들이 늘고 있다. 그런가 하면 인기 연예인들이 패션 모델로 활동하는 경우도 있어 패션 모델과 연예인과의 구분이 모호해 지고 있는 추세이다. 따라서 국내외 인기 패션 모델들은 모델 업무 외에 다이어트나 코디네이트 등과 같이 패션에 관련된 여러 가지 일을 하는 경우가 많아 패션 리더의 존재가 되기도 한다. 패션 모델이 되기 위해서는 외모, 체형, 신장, 프로포션 등의 중요한 조건이 되나 최근에는 독특한 개성이 중시되기도 한다.

10) 기 타

최근 패션에 대한 사회적 관심이 증대됨에 따라 각종 인쇄매체에 시각적 전달수단 중에서도 특히 사진을 통해 전달하는 스페셜리스트로 패션 포토그래퍼(fashion photographer)가 있다. 그리고 케이블 TV와 유선 방송, 인터넷 방송의 발달로 패션을 전문적으로 다루는 방송사가 늘어남에 따라 방송 관련 패션 리포터도 패션 영역 전반에 관한 보도를 맡는 패션 스페셜리스트로 평가되고 있다. 또한 최근 패션쇼가 전문화 · 일반화되면서 디자이너나 기업체 등의 위탁을 받아 쇼를 기획 구성하고 모델의 수배, 음악 구성, 무대장치 등을 지휘하는 쇼디렉터(show director) 역시 패션 스페셜리스트라 할 수 있다.

그 외에도 각종 매체를 통해 패션 정보를 보다 생동감있게 전달하는 FJ, 즉 패션 자키가 있으며, 패션 일러스트레이터(fashion illustrator), 아트 디렉터(art director), 애드버타이징 마케터(advertising marketer) 등의 스페셜리스트가 있다.

부 록

1. 물세탁 방법
2. 산소 또는 염소 표백의 가부
3. 다림질 방법
4. 건조 방법
5. 드라이 클리닝
6. 짜는 방법

섬유의 세탁방법 등에 관한 표시 기호

1. 물세탁 방법

기호	기호의 뜻
95℃	• 물의 온도 95℃를 표준으로 세탁할 수 있다. • 삶을 수 있다. • 세탁기에 의하여 세탁할 수 있다(손세탁 가능). • 세제의 종류에 제한을 받지 않는다.
60℃	• 물의 온도 60℃를 표준으로 세탁기에 의하여 세탁할 수 있다(손세탁 가능). • 세제의 종류에 제한을 받지 않는다.
40℃	• 물의 온도 40℃를 표준으로 하여 세탁기에 의하여 세탁할 수 있다(손세탁 가능). • 세제의 종류에 제한을 받지 않는다.
약 40℃	• 물의 온도 40℃를 표준으로 하여 세탁기에서 약하게 세탁 또는 손세탁도 할 수 있다. • 세제의 종류는 중성 세제를 사용한다.
약 30℃ 중성	• 물의 온도 30℃를 표준으로 하여 세탁기에서 약하게 세탁 또는 손세탁도 할 수 있다. • 세제의 종류는 중성 세제를 사용한다.
손세탁 30℃ 중성	• 물의 온도 30℃를 표준으로 약하게 손세탁 할 수 있다(세탁기 사용 불가). • 세제의 종류는 중성 세제를 사용한다.
	• 물세탁은 되지 않는다.

2. 산소 또는 염소 표백의 가부

기호	기호의 뜻	기호	기호의 뜻
염소 표백	염소계 표백제로 표백할 수 있다.	산소 표백	산소계 표백제로 표백할 수 없다.
염소 표백	염소계 표백제로 표백할 수 없다.	염소·산소 표백	염소·산소계 표백제로 표백할 수 있다.
산소 표백	산소계 표백제로 표백할 수 있다.	염소·산소 표백	염소·산소계 표백제로 표백할 수 없다.

3. 다림질 방법

기호	기호의 뜻
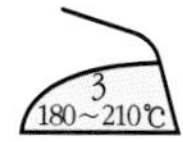	다리미의 온도 180~210℃로 다리미질을 할 수 있다.
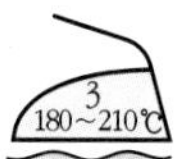	다리미질은 헝겊을 덮고 온도 180~210℃로 다리미질할 수 있다.
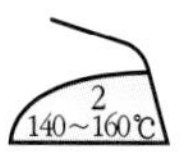	다리미의 온도 140~160℃로 다리미질할 수 있다.
	다리미질은 헝겊을 덮고 온도 140~160℃로 다리미질할 수 있다.
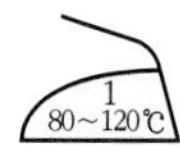	다리미의 온도 80~120℃로 다리미질할 수 있다.
	다리미질은 헝겊을 덮고 온도 80~120℃로 다리미질할 수 있다.
	다리미질할 수 없다.

4. 건조 방법

기호	기호의 뜻
	햇빛에서 옷걸이에 걸어서 건조시킬 것
	옷걸이에 걸고 그늘에서 건조시킬 것
	햇빛에서 뉘어서 건조시킬 것
	그늘에 뉘어서 건조시킬 것
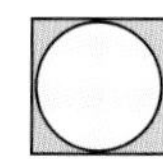	세탁 후 건조할 때 기계 건조 가능
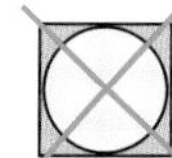	세탁 후 건조할 때 기계 건조 불가능

5. 드라이 클리닝

기호	기호의 뜻
	• 드라이 클리닝할 수 있다. • 용제의 종류는 퍼크로로 에틸렌 또는 석유계를 사용한다.
	• 드라이 클리닝할 수 있다. • 용제의 종류는 석유계에 한다.
	• 드라이 클리닝할 수 없다.

6. 짜는 방법

기호	기호의 뜻
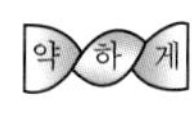	손으로 짜는 경우에는 약하게 짜고, 원심 탈수기의 경우에는 단시간에 짜도록 한다.
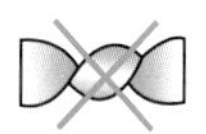	짜면 안 된다.

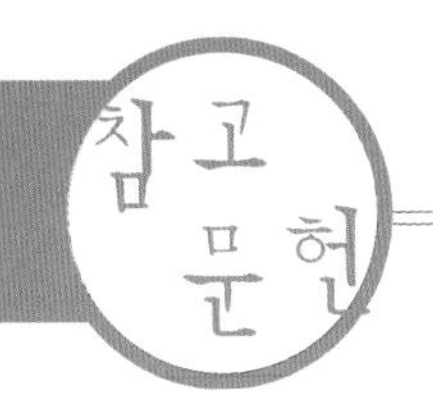

국내서적

가재창, 컬러트레닝, 정은도서, 1993
가재창, 패션디자인발상트레닝, 정은도서, 1993
강혜원, 의상사회심리학, 교문사, 1999
고은주, 패션정보산업, 경춘사, 2001
권오정, 텍스타일 디자인의 이론과 실체, 미진사, 1997
그레이스 쿤즈, 전양진 외 역, 머천다이징 이론, 원리, 그리고 실제, 창지사, 2002
김광규, 창조적인 아이디어 발상법, (주)디자인신문사 출판국, 1992
김성련, 세제와 세탁의 과학, 교문사, 1987
김성련, 피복재료학(제3개정판), 교문사, 2002
김양희 · 신용남, 재래시장에서 패션네트워크로, 삼성경제연구소, 2000
김영자, 실무를 위한 패션디자인, 경춘사, 2003
김희섭 · 이경손, 패션코디네이트, 석영문화사, 1994
나카무라 우사기, 너희가 명품을 아느냐, 사과나무, 2002
남중희 · 디디에 그룸바크 저, 우종길 역, 패션의 역사, 도서출판 창, 1994
딕 헵디지 저, 이동연 역, 하위문화, 현실문화연구, 1998
류동일 외, 산업섬유 신소재, 전남대학교 출판부, 1999
리즈 틸버리스 저, 서수경 역, 패션 천재들, 씨엔씨미디어, 1999
박충환 · 오세조, 시장지향적 마케팅관리, 박영사, 1997
박혜선, 패션마케팅과 머천다이징, 학문사, 2002
송경헌 외, 의류재료학, 형설출판사, 2003
수잔 M. 와트킨스, 최혜선 역, 의복과 환경, 이화여자대학교 출판부, 1999
신상옥 외, 현대패션과 의생활, 교문사, 1999
신한종합연구소, 트렌드 21, 신한종합연구소, 1994
심부자, 피복인간공학, 교문사, 1996
안광호 · 채서일 · 조재운, 유통관리, 학현사, 1996
엘렌 다이아몬드, 박혜선 외 역, 패션리테일링, 창지사, 1997
유송옥, 복식 의장학, 수학사, 1997
유태순 외, 패션코디네이션의 이해, 학지사, 1999
유혜자 외, 미리 보는 섬유의 세계, 형설출판사, 2001
이경손 · 김희섭, 의생활과 패션코디네이션, 교문사, 1998
이경희 외, 패션디자인발상, 교문사, 2001
이상곤 · 이우관 · 곽만순, 동대문시장-성공의 경제학, 이수투데이, 2002

이순원 외, 피복환경학, 한국방송대학교 출판부, 1998
이순원, 의복체형학, 교학연구사, 2002
이은영, 복식의장학, 교문사, 1997
이은영, 패션마케팅, 교문사, 1997
이인자 외, 현대사회와 패션, 건국대학교 출판부, 2002
이전숙 외, 섬유제품의 성능유지와 관리, 형설출판사, 2000
2002-03 패션브랜드사전, 텍스헤럴드, 2002
이혜자 외, 21세기를 위한 의류소재의 이론과 실제(개정판), 형설출판사, 2002
이호정, 복식 디자인, 교학연구사, 1993
임숙자 · 신혜봉 · 김혜정 · 이현미, 패션마케팅과 소비자행동, 교문사, 2001
임종원 · 김재일 · 홍성태 · 이유재, 소비자행동론, 경문사, 1997
잉그리트 로세크 저, 이재원 역, 여성들은 다시 가슴을 높이기 시작했다, 한길아트, 2002
저니건 M. H. · 이스털링 C. R., 임숙자 외 역, 패션머천다이징과 마케팅, 교문사, 1997
정규철, 온열환경과 그 대책, 가톨릭산업의학연구소, 1997
정승일, 남 · 동대문시장, 경춘사, 2000
정홍숙 · 정삼호 · 홍병숙, 현대인과 의상, 교문사, 1998
제니퍼 크레이크 저, 정인희 외 역, 패션의 얼굴, 푸른솔, 2001
조규화, 복식미학, 수학사, 2001
조미애, 이것이 명품이다, 시지락, 2002
질 리포베츠카 저, 이득재 역, 패션의 제국, 문예출판사, 1999
커트 행크스 · 래리 벨리스튼 저, 박영순 역, 발상과 표현기법, 디자인 하우스, 1996
타이콘 패션연구소 편저, 남자옷이야기 1, 시공사, 1997
타이콘 패션연구소 편저, 남자옷이야기 2, 시공사, 1997
테리 어긴즈 저, 박문성 역, 패션 디자이너의 세계, 씨엔씨미디어, 2001
파울 프리샤우어 저, 이윤기 역, 세계풍속사(하), 까치, 1992
패션큰사전 편찬위원회, 패션큰사전, 교문사, 1999
패티 브라운 · 제닛 라이스, 김용숙 역, 기성복 분석, 경춘사, 2000
현대인과 패션편찬위원회, 현대인과 패션, 경북대학교 출판부, 2002
홍병숙, 패션상품과 소비자, 수학사, 1998

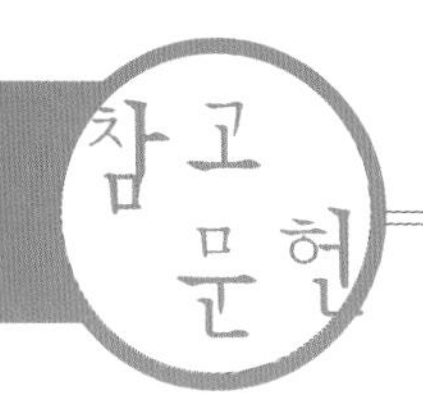

외국서적

高村是州, スタイリングブック, (株)グラフィック社, 1995
菅原正博 外, ファッションスタイリング, チャネラー, 1995
菅原正博 外, ファッションバイヤー&コーディネート入門, チャネラー, 1987
菅原正博, オケージョンスタイリング, チャネラー, 1995
南 靜, パリ・モードの200年Ⅰ・Ⅱ, 文化出版局, 1990
大井義雄, 川崎秀昭, カラーコーディネート入門, 日本色研事業株式會社, 1996
文化服裝學院企劃委員會編, 服飾圖鑑, 文化出版局, 1990
文化服裝學院編, デザイン, 文化出版局, 1995
飯塚弘子 外, 服裝デザイン論, 文化出版局, 1989
本山光子, *Fashion Styling Planning*, ファッション教育社, 2000
深井晃子, ファッションブランド・ベスト101, Shinshokan, 2001
日本 人間工學會衣服部會, 新編 被服と 人體, 日本出版サービス, 1981
林泉, ファッション・コーディネートの世界, 文化出版局, 1998

Alan Bowness, *Modern European Art*, Thames & Hudson, 1995
Amy de la Haye and Cathie Dingwall, *Surfers Soulies Skinheads & Skaters*, The Overlook Press, 1996
Andrew Tucker, *The London Fashion Book*, Thames & Hudson, 1998
Anne Stegerreyer, *Who's who in Fashion*, Fairchild Publications, 1988
Annette Tapert and Diana Edkins, *The Power of Style*, Crown Publishing Group, 1996
B. J. Collier and P. G. Tortora, *Understanding Textiles(6th ed.)*, Prentice Hall, 2001
Bevlin Marjorie Elliott, 디자인의 발견, 디자인 하우스, 1994
Boohdanowicz, J. & Clamp, L., *Fashion marketing,* Routledge, 1994
Brown, P. & Rice, J., *Ready-to-wear apparel analysis,* Prentice Hall, Inc., 2001
Camild Nickerson and Neville Wakefield, *Fashion*, Scalo edition, 1998
Caroline Rennolds Milbank, *New York Fashion*, Abrams, 1996
Cathy Newman, *Fashion*, Natural Geographic Society, 2001
Chimura Noriyuki 저, 박기완 역, 패션 코디네이트, 유신문화사, 1995
Christa Worthington, *Accessories*, Alfred A. Knopf, Inc., 1996

Christopher Breward, *The Culture of Fashion*, Manchester, 1995
Christos M. Joachimides and Norman Rosenthal, *The Age of Modernism Art in the 20th Century*, Verlag Gerd Hatje, 1997
Claire Wilcox, *Radical Fashion*, V&A Publications, 2001
Clare Lomas, *20th Century Fashion-the 80s~90s*, Gareth Stevens Publishing, 2000
Colin McDowell, *Fashion Today*, Phaidon Press Limited, 2000
Colin McDowell, *The Man of Fashion*, Thames & Hudson, 1998
David AnFam, *Abstract Expressionism*, Thames & Hudson, 1994
David Muggleton, *Inside Subculture-The Postmodern Meaning of Style,* Berg(Oxford International Publishers), 2000
Desire Smith, *Vintage Style-1920~1960*, Schiffer Book, 1997
Diamond, J. & Litt, S., *Retailing in the new millenium,* Fairchild, 2003
Dickerson, K. G., *Inside the fashion business*, Prentice Hall, Inc., 2003
Dickerson, K. G., *Textiles and apparel in the global economy*, Prentice Hall, Inc., 1999
Donna Fujii 저 · 염경숙 역, 패션 코디네이트와 이미지 칼라 진단, (주)그래픽, 1995
Dylan Jones, *Haircults,* Thames & Hudson, 1990
Edward Lucie Smith, *Art & Civilization,* Laurence King, 1992
Edward Lucie Smith, *Art Today*, Phaidon, 1989
Farid Chenoune, *A History of Men's Fashion*, Flammarion, 1993
Farid Chenoune, *Mémoire De la Mode Jean Paul Gaultier*, Korinsha Press, 1996
Fashion Show, Gap Japan, 1990~2003
Francois Baudot, *Poiret,* Thames & Hudson, 1997
Francois Boucher, *A History of Costume in the West,* Thames & Hudson, 1997
Frank Whitford, *Bauhaus*, Thames & Hudson, 1995
François Baudot, *Fashion -The Twentieth Century-*, Universe, 1999
François Baudot, *Mémoire De la Mode CHANEL,* Korinsha Press, 1996
Frings, G. S., *Fashion from concept to consumer,* Prentice Hall, Inc., 2002
Georgina O'Hara Callan, *Dictionary of Fashion & Fashion Designer,* Thames

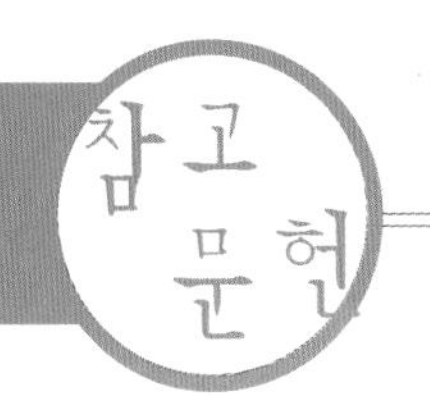

& Hudson, 1998

Georgina O'hara, *The Encyclopaedia of Fashion,* Thames & Hudson, 1993

Gianluca Bauzano監修, *Roberto Capucci,* イタリア貿易振興會, 2002

Hayward Gallery, *Addressing the Century: 100 years of Art & Fashion,* Hayward Gallery Publishing, 1998

High fashion, 文化出版局, 1990~2003

Hugh Honour, John Fleming, *A World History of Art*, Laurence King Publishing, 1995

James Laver, *Costume & Fashion,* Thames & Hudson, 1995

Jean-Louis Ferrier, *Art of our century,* Prentice Hall Editions, 1989

Joan Nune, *Fashion in Costume 1200~2000,* New Amsterdam Books, 2000

John Peacock, *Men's Fashion,* Thames & Hudson, 1996

John Peacock, *The Chronicle of Western Costume,* Thames & Hudson, 1991

Kate Mulvey & Melissa Richards, *Decades of Beauty,* Checkmark Books, 1998

Kate Mulvey & Melrssa Richards, *Decades of Beauty;(The Changing Image of Woman)1890s~1990s,* Checkmark Books, 1998

Making Things Issey Miyake, Scalo, 1999

Marguerite Duras, *Yves Saint Laurent,* Schirmer /Mosel, 1992

Maria Costantino, *Fashion Files,* Batsford, 1997

Marie France Pochna, *Mémoire De la Mode Dior,* Korinsha Press, 1996

Mark Holborn, *Issey Miyake,* Taschen, 1995

Martin Pesch · Markus Weisbeck, *Techno Style,* Edition OLMS ZURICH, 1998

Mode et Mode, Mode et Mode社, 1990~2003

Naomi Tarrant, *The Development of Costume,* Routledge, 1994

Nigel Cawthorne, *The New Look -The Dior Revolution-,* Reed International Books, 1996

Phaidon Press Limited, *The Art Book,* Phaidon, 1996

Phaidon Press Limited, *The Fashion Book,* Phaidon, 1998

Prince Claus Fund, *The Art of African Fashion,* Africa World Press, 1998

Préface de Marguerite Duras, *Yves Saint Laurent,* Schirmer/Mosel, 1992

Richard Martin, *Fashion and Surrealism,* Thames & Hudson, 1996

Robert Hughs, *The shock of the New,* Thames & Hudson, 1996

S. J. Kadolph et. al., *Textiles(8th ed.)*, Macmillan Publishing Co., 1998
Sandy Schreier, *Hollywood Dressed & Undressed,* Rizzol; N Y. 1998
Sarah E. Braddock and Marie O'mahony, *Techno Textiles,* Thames & Hudson, 1999
Sarane Alexandrian, *Surrealist Art,* Thames & Hudson, 1995
Solomon, M. R. & Rabolt, N. J., *Consumer behavior,* Prentice Hall, Inc., 2004
Sproles, G. B. & Burns, L. D., *Changing appearances,* Fairchild Pub., 1994
Ted Polhemus, *Street Style,* Thames & Hudson, 1994
Ted Polhemus, *Style Surfing,* Thames & Hudson, 1996
Valerie Mendes & Amy de la Haye, *20th century Fashion,* Thames & Hudson, 1999
Valerie Steel, *Women of Fashion -Twentieth Century Designers-,* Rizzoli, 1991
Valerie Steele, *Fetish,* Oxford University Press, 1997
Valerie Steele, *Fifty years of Fashion, New look to Now,* Yale University Press, 2000
Valerie Steele, *Paris Fashion,* Berg, 1998

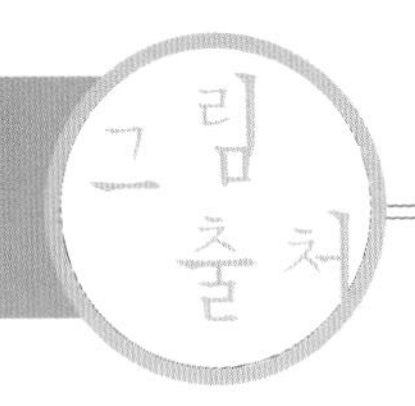

제1장 패션의 본질

그림 1-3 Vogue Korea, 1999. 11
그림 1-4 이은영, 복식의장학, 교문사, 1997
그림 1-5 Elle Korea, 2003. 3
그림 1-6~1-8 이은영, 복식의장학, 교문사, 1997
그림 1-9 Ted Polhemus, *Street Style*, Thames and Hudson, 1994 ; Fashionbiz, 2002, 4
그림 1-11 Vogue Korea, 2003. 5
그림 1-12 김영자, 복식미학의 이해, 경춘사, 1998
그림 1-14 Vogue Korea, 2003. 5 ; Fashionbiz, 2003. 3
그림 1-15, 1-16 Feldman, E., *Fashion of a Decade : The 1980S,* Batsford Ltd., 1992
그림 1-17 파르베, 2002. 5
그림 1-18 캐주얼 브랜드 닉스 광고 사진
그림 1-19 Fahion Gio, 2002. 12
그림 1-20 파르베, 2002. 5
그림 1-21~1-22 스포츠서울, 2002, 6, 28
그림 1-23 Collection 2002-2003 Paris & Millano
그림 1-23 The Style, 2001. 7
그림 1-24 정흥숙, 서양복식문화사, 교문사, 1999
그림 1-25 Vogue Korea, 1999. 12
그림 1-26 Feldman, E., *Fashion of a Decade : The 1990s,* Batsford Ltd., 1992
그림 1-27 정흥숙, 서양복식문화사, 교문사, 1999
그림 1-28 Kate Mulvey · Melrissa Richards, *Decades of Beauty 1890s-1990s,* Checkmark Books, 1998
그림 1-29 Fashionbiz, 2002. 4
그림 1-31 Vogue Korea, 2003. 5 ; Vogue Korea, 1998. 12

제2장 패션과 환경

그림 2-2 정규철, 온열환경과 그 대책, 가톨릭산업의학연구소, 1977

제3장 인체와 의복

그림 3-4, 3-5 日本 人間工學會衣服部會, 新編 被服と 人體, 日本出版サービス, 1981

제4장 패션과 개성

그림 4-1 Fashionbiz 2000. 6
그림 4-2 Fashion View, 2000. 10
그림 4-3 Fashionbiz 2003. 1
그림 4-4 Fashionbiz 2001. 4

그림 4-5 Fashionbiz 2001. 10
그림 4-6 Fashionbiz 2000. 10
그림 4-7, 4-8 Fashionbiz 2000. 6
그림 4-9 Fashionbiz 2000. 12
그림 4-10 Fashionbiz 2001. 4

제5장 20세기 이후 패션의 역사

그림 5-1 Kate Mulvey & Melrssa Richards, *Decades of Beauty; 1890s~1990s,* Checkmark Books, 1998
그림 5-2 Jean-Louis Ferrier, *Art of our century,* Prentice Hall Editions, 1989
그림 5-3 Robert Hughes, *The Shock of the New,* Thames & Hudson, 1993
그림 5-4~5-6 Edward Lucie Smith, *Art & Civilization,* Laurence King, 1992
그림 5-7 Jean-Louis Ferrier, *Art of our century,* Prentice Hall Editions, 1989
그림 5-8 Hebert Read, *A Concise History of Modern Painting,* Thames & Hudson, 1995
그림 5-9 Jean-Louis Ferrier, *Art of our century,* Prentice Hall Editions, 1989
그림 5-10 Valerie Mendes & Amy de la Haye, *20th century Fashion,* Thames & Hudson, 1999
그림 5-11 Georgina O'hara, *The Encyclopaedia of Fashion,* Thames & Hudson, 1993
그림 5-12 Phaidon Press Limited, *The Fashion Book*, Phaidon, 1998
그림 5-13~5-16 Francois Baudot, *Poiret,* Thames & Hudson, 1997
그림 5-17, 5-18 Kate Mulvey & Melrssa Richards, *Decades of Beauty; 1890s~1990s,* Checkmark Books, 1998
그림 5-19 Robert Hughs, *The Shock of the New,* Thames & Hudson, 1996
그림 5-20 Jean-Louis Ferrier, *Art of our century,* Prentice Hall Editions, Phaidon
그림 5-21 잉그리트 로셰크, 이재원 역, 여성들은 다시 가슴을 높이기 시작했다, 한길아트, 2002
그림 5-22, 5-23 Valerie Mendes & Amy de la Haye, *20th century Fashion,* Thames & Hudson, 1999
그림 5-24 Georgina O'hara, *The Encyclopaedia of Fashion,* Thames & Hudson, 1993
그림 5-25 James Laver, *Costume & Fashion,* Thames & Hudson, 1995
그림 5-26 Valerie Mendes & Amy de la Haye, *20th century Fashion,* Thames & Hudson, 1999
그림 5-27, 5-28 Kate Mulvey & Melrssa Richards, *Decades of Beauty; 1890s~1990s,* Checkmark Books, 1998
그림 5-29~5-32 Valerie Mendes & Amy de la Haye, *20th century Fashion,* Thames & Hudson, 1999
그림 5-33~5-35 Jean-Louis Ferrier, *Art of our century,* Prentice Hall Editions, 1989
그림 5-36 Hugh Honour, John Fleming, *A World History of Art,* Laurence King, 1995
그림 5-37 잉그리트 로셰크, 이재원 역, 여성들은 다시 가슴을 높이기 시작했다, 한길아트, 2002
그림 5-38 Phaidon Press Limited, *The Fashion Book,* Phaidon, 1998

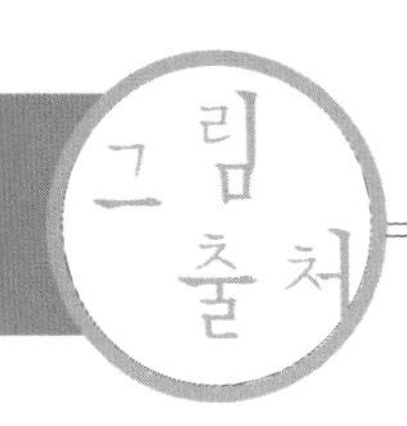

그림 5-39 Georgina O'Hara Callan, *Dictionary of Fashion & Fashion Designer,* Thames & Hudson, 1998

그림 5-40, 5-41 Valerie Mendes & Amy de la Haye, *20th century Fashion,* Thames & Hudson, 1999

그림 5-42 John Russell, *The Meaning of Modern Art,* Thames & Hudson, 1981

그림 5-43 Edward Lucie Smith, *Movement in Art since 1945, Thames & Hudson,* 1995

그림 5-44 Valerie Mendes & Amy de la Haye, *20th century Fashion,* Thames & Hudson, 1999

그림 5-45 Kate Mulvey & Melrssa Richards, *Decades of Beauty; 1890s~1990s,* Checkmark Books, 1998

그림 5-46 Valerie Mendes & Amy de la Haye, *20th century Fashion,* Thames & Hudson, 1999

그림 5-47 Valerie Steele, *Fifty years of Fashion, New look to Now,* Yale University Press, 2000

그림 5-48 Valerie Mendes & Amy de la Haye, *20th century Fashion,* Thames & Hudson, 1999

그림 5-49, 5-50 Jean-Louis Ferrier, *Art of our century,* Prentice Hall Editions

그림 5-51 Marie France Pochna, *Dior,* Thames & Hudson, 1996

그림 5-52 Valerie Mendes & Amy de la Haye, *20th century Fashion,* Thames & Hudson, 1999

그림 5-53 Marie France Pochna, *Dior,* Thames & Hudson, 1996

그림 5-54 南 靜, パリモードの100年Ⅱ, 文化出版局, 1990

그림 5-55 잉그리트 로셰크, 이재원 역, 여성들은 다시 가슴을 높이기 시작했다, 한길아트, 2002

그림 5-56 Sandy Schreier, *Hollywood Dressed & Undressed,* Rizzol; N Y., 1998

그림 5-57~5-60 Kate Mulvey & Melrssa Richards, *Decades of Beauty; 1890s~1990s,* Checkmark Books, 1998

그림 5-61 Amy de la Haye and Cathie Dingwall, *Surfers Soulies Skinhea ds & Skaters,* The Overlook Press, 1996

그림 5-62 Farid Chenoune, *A History of Men's Fashion,* Flammarion, 1993

그림 5-63 Phaidon Press Limited, *The Fashion Book,* Phaidon, 1998

그림 5-64 잉그리트 로셰크, 이재원 역, 여성들은 다시 가슴을 높이기 시작했다, 한길아트, 2002

그림 5-65 Valerie Mendes & Amy de la Haye, *20th century Fashion,* Thames & Hudson, 1999

그림 5-66 Valerie Steele, Fifty years of Fashion, *New look to Now,* Yale University Press, 2000

그림 5-67 Edward Lucie Smith, *Art Today,* Phaidon, 1989

그림 5-68 高階秀爾, 西洋美術史, 美術出版社, 1991

그림 5-69 Phaidon Press Limited, *The Fashion Book,* Phaidon, 1998

그림 5-70 Edward Lucie Smith, *Art & Civilization,* Laurence King, 1992

그림 5-71 Edward Lucie Smith, *Art Today*, Phaidon, 1989
그림 5-72 Farid Chenoune, *A History of Men's Fashion*, Flammarion, 1993
그림 5-73 Valerie Mendes & Amy de la Haye, *20th century Fashion*, Thames & Hudson, 1999
그림 5-74 Phaidon Press Limited, *The Fashion Book*, Phaidon, 1998
그림 5-75 Valerie Mendes & Amy de la Haye, *20th century Fashion*, Thames & Hudson, 1999
그림 5-76 Phaidon Press Limited, *The Fashion Book*, Phaidon, 1998
그림 5-77 Valerie Steele, *Fifty years of Fashion, New look to Now*, Yale University Press, 2000
그림 5-78 Valerie Mendes & Amy de la Haye, *20th century Fashion*, Thames & Hudson, 1999
그림 5-79 Dylan Jones, *Haircults*, Thames & Hudson, 1990
그림 5-80 Phaidon Press Limited, *The Fashion Book*, Phaidon, 1998
그림 5-81, 5-82 Valerie Steele, *Fifty years of Fashion, New look to Now*, Yale University Press, 2000
그림 5-83 Valerie Mendes & Amy de la Haye, *20th century Fashion*, Thames & Hudson, 1999
그림 5-84 Valerie Steele, *Fifty years of Fashion, New look to Now*, Yale University Press, 2000
그림 5-85 Valerie Mendes & Amy de la Haye, *20th century Fashion*, Thames & Hudson, 1999
그림 5-86 Kate Mulvey & Melrssa Richards, *Decades of Beauty; 1890s~1990s*, Checkmark Books, 1998
그림 5-87 Valerie Steele, *Fifty years of Fashion, New look to Now*, Yale University Press, 2000
그림 5-88 Edward Lucie Smith, *Art & Civilization*, Laurence King, 1992
그림 5-89, 5-90 南 静, パリモードの100年Ⅱ, 文化出版局, 1990
그림 5-91 Dylan Jones, *Haircults*, Thames & Hudson, 1990
그림 5-92 Kate Mulvey & Melrssa Richards, *Decades of Beauty; 1890s~1990s*, Checkmark Books, 1998
그림 5-93 Phaidon Press Limited, *The Fashion Book*, Phaidon, 1998
그림 5-94 James Laver, *Costume & Fashion*, Thames & Hudson, 1995
그림 5-95 Valerie Mendes & Amy de la Haye, *20th century Fashion*, Thames & Hudson, 1999
그림 5-96 Georgina O'hara, *The Encyclopaedia of Fashion*, Thames & Hudson, 1993
그림 5-97 Clare Lomas, *20th Century Fashion-the 80s~90s*, Gareth Stevens Publishing, 2000
그림 5-98 Phaidon Press Limited, *The Fashion Book*, Phaidon, 1998
그림 5-99 Valerie Mendes & Amy de la Haye, *20th century Fashion*, Thames & Hudson,

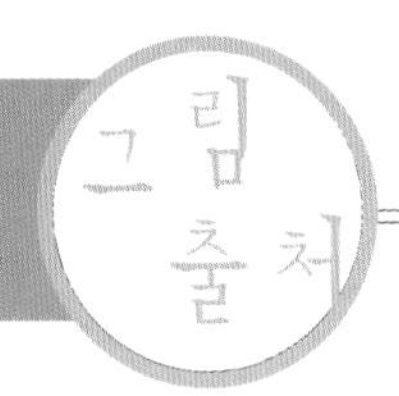

1999
그림 5-100 Amy de la Haye and Cathie Dingwall, *Surfers Soulies Skinhea ds & Skaters,* The Overlook Press, 1996
그림 5-101 Valerie Steele, *Fetish,* Oxford University Press, 1997
그림 5-102 Clare Lomas, *20th Century Fashion-the 80s~90s,* Gareth Stevens Publishing, 2000
그림 5-103 Farid Chenoune, *A History of Men's Fashion,* Flammarion, 1993
그림 5-104 Clare Lomas, *20th Century Fashion-the 80s~90s,* Gareth Stevens Publishing, 2000
그림 5-105 Amy de la Haye and Cathie Dingwall, *Surfers Soulies Skinhea ds & Skaters,* The Overlook Press, 1996
그림 5-106~5-109 Martin Pesch · Markus Weisbeck, *Techno Style,* Edition OLMS ZURICH, 1998
그림 5-110, 5-111 Fashionbiz 2001. 5
그림 5-112 James Laver, *Costume & Fashion,* Thames & Hudson, 1995
그림 5-113 John Galliano, 2002 S/S
그림 5-114 Gaultier Paris, 2001 S/S

제6장 현대인의 대중 패션

그림 6-1 Sandy Schreier, *Hollywood Dressed & Undressed,* Rizzol; bN Y. 1998
그림 6-2 Edward Lucie Smith, *Art & Civilization,* Laurence King, 1992
그림 6-3 Sandy Schreier, *Hollywood Dressed & Undressed,* Rizzol; N Y. 1998
그림 6-4 잉그리트 로셰크, 이재원 역, 여성들은 다시 가슴을 높이기 시작했다, 한길아트, 2002
그림 6-5~6-10 Sandy Schreier, *Hollywood Dressed & Undressed,* Rizzol; N Y. 1998
그림 6-11 Dylan Jones, *Haircults*, Thames & Hudson, 1990
그림 6-12, 6-13 Phaidon Press Limited, *The Fashion Book*, Phaidon, 1998
그림 6-14 Clare Lomas, *20th Century Fashion-the 80s~90s*, Gareth Stevens Publishing, 2000
그림 6-15, 6-16 Dylan Jones, *Haircults,* Thames & Hudson, 1990
그림 6-17 Valerie Steele, *Fifty years of Fashion, New look to Now*, Yale University Press, 2000
그림 6-18, 6-19 Dylan Jones, *Haircults,* Thames & Hudson, 1990
그림 6-20 Valerie Steele, *Fifty years of Fashion, New look to Now,* Yale University Press, 2000
그림 6-21 Amy de la Haye and Cathie Dingwall, *Surfers Soulies Skinhea ds & Skaters,* The Overlook Press, 1996
그림 6-22 Clare Lomas, *20th Century Fashion-the 80s~90s,* Gareth Stevens Publishing, 2000
그림 6-23 James Laver, *Costume & Fashion,* Thames & Hudson, 1995

그림 6-24 Clare Lomas, *20th Century Fashion-the 80s~90s*, Gareth Stevens Publishing, 2000
그림 6-25 Stella Cadents, 2002 S/S
그림 6-26 Christian Dior, 2001 A/W
그림 6-27 Moschino Cheap & Chic, 2002 S/S
그림 6-28 J C de Castelbajac, 2003 A/W
그림 6-29 Fashionbiz, 2002. 7
그림 6-30 Fashionbiz, 2001. 5

제7장 패션 디자인

그림 7-1 문화공보부 문화재관리국, 文化財大觀 1권, 한국문화재보급협회, 1977
그림 7-2 동아출판사 백과사전부, 동아대백과사전 7권, 동아출판사, 1990
그림 7-3 Klotz Heinrich etc., *New York Architecture(1970~1990)*, Rizzoli International Publications, 1989
그림 7-5 Fashion Marketing, (주) 패션 마케팅, 2002. 1
그림 7-6 Gianluca Bauzano監修, *Roberto Capucci*, イタリア貿易振興會, 2002
그림 7-7 권오정, 텍스타일 디자인의 이론과 실체, 미진사, 1997
그림 7-8 Christa Worthington, *Accessories*, Alfred A. Knopf, Inc., 1996
그림 7-9 Oggi, Shogakukan, 1996. 10
그림 7-10 High Fashion, 文化出版局, 1998. 6
그림 7-11 High Fashion, 文化出版局, 2001. 6
그림 7-12 Eric Bergere, 1999 S/S(Fashion Show, Gap Japan, 1998. 12)
그림 7-13 Marguerite Duras, *Yves Saint Laurent*, Schirmer /Mosel, 1992
그림 7-14 Kate Mulvey & Melissa Richards, *Decades of Beauty*, Checkmark Books, 1998
그림 7-15 Christian Dior(1947) (Ningle Cawthorne, *The New Look - The Dior Revolution-*, Reed International Books, 1996) ; André Courréges(1965)(南 靜, パリ・モードの200年Ⅱ, 文化出版局, 1990) ; Charles Frederick Worth(1920)(南 靜, パリ・モードの200年Ⅰ, 文化出版局, 1990)
그림 7-16~7-18 전북대학교 의류학전공 4학년 구영아 그림
그림 7-19, 7-20 大井義雄, 川崎秀昭, カラーコーディネート入門, 日本色研事業株式會社, 1996
그림 7-21 Maria Jose Navarro, 1997-1998 A/W(Fashion show, Gap Japan, 1997. 4)
그림 7-22 Michael Kors, 2001-2002 A/W(Fashion show, Gap Japan, 2001. 5)
그림 7-23 Paul Smith Women, 2001 S/S(Fashion show, Gap Japan, 2000. 12) ; Jean Colonna, 1997-1998 A/W(Fasion Show, Gap Japan, 1997. 4)
그림 7-24 Kenzo, 2001 S/S(Fashion Show, Gap Japan, 2000. 12) ; Junya Watanabe Comme des Garçons, 2003 S/S(Fahion Show, Gap Japan, 2002. 12)
그림 7-25 Pierre Balmain, 2002-2003 A/W(Mode et Mode, Mode et Mode社, 2002. 10) ; Dries Van Noten, 1997-1998 A/W(Fashion show, Gap Japan, 1997. 4)

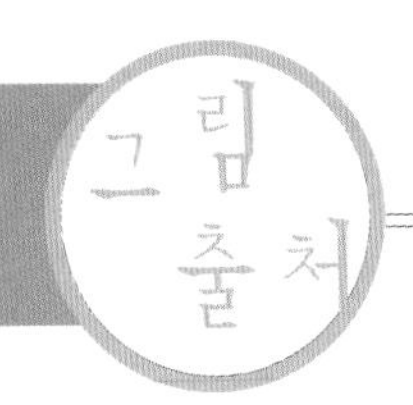

제8장 패션 소재와 관리

그림 8-6 김성련, 피복재료학(3개정판), 교문사, 2002
그림 8-11 S. J. Kadolph et. al., *Textiles(8th ed.)*, Macmillan Publishing Co., 1998 ; B. J. Collier and P. G. Tortora, *Understanding Textiles(6th ed.)*, Prentice Hall, 2001 ; 남중희 · 신봉섭, 실크과학, 서울대학교 출판부, 2000
그림 8-12 김성련, 피복재료학(3개정판), 교문사, 2002
그림 8-17 S. J. Kadolph et. al., *Textiles(8th ed.)*, Macmillan Publishing Co., 1998
그림 8-21 김성련, 피복재료학(3개정판), 교문사, 2002
그림 8-35 이훈종 편, 국학도감, 일조각, 1979

제9장 패션 코디네이트

그림 9-2~9-13 전북대학교 의류학전공 4학년 구영아 그림
그림 9-14 高村是州, スタイリングブック, (株)グラフィック社, 1995
그림 9-15~9-19 전북대학교 의류학전공 4학년 구영아 그림
그림 9-20 Maria José Navarro, 1999 S/S (Fashion Show, Gap Japan, 1998. 12) ; Salvatore Ferragamo, 1997-1998 A/W(Fashion Show, Gap Japan, 1997. 4)
그림 9-21 Chanel, 2002 S/S(Mode et Mode, Mode et Mode社, 2001. 4)
그림 9-22 Carven, 2002 S/S(Mode et Mode, Mode et Mod社, 2001. 4) ; Donna Karan, 2003 S/S(Fashion Show, Gap Japan, 2002. 11)
그림 9-23 Dries Van Noten, 2002 S/S(Fashion Show, Gap Japan, 2001. 12) ; Dolce & Gabbana, 1997-1998 A/W(Fashion Show, Gap Japan, 1997. 4)
그림 9-24 Ann Demeulemeester, 2002-2003 A/W(Mode et Mode, Mode et Mode社, 2002. 6) ; Moschino, 2003 S/S(Fashion Show, Gap Japan, 2002. 11)
그림 9-25 Bottega Veneta, 2001-2002 A/W(Fashion Show, Gap Japan, 2001. 5) ; Castelbajac, 1997-1998 A/W(Fashion Show, Gap Japan, 1997. 4)
그림 9-26 Castelbajac, 2001-2002 A/W(Fashion Show, Gap Japan, 2001. 5) ; Alberto Biani, 1997-1998 A/W(Fashion Show, Gap Japan, 1997. 4)
그림 9-27 Extè, 2001 S/S(Fashion Show, Gap Japan, 2000. 12) ; Fashion show ; Fendi, 2001-2002 A/W(Fashion Show, Gap Japan, 2001. 5)
그림 9-28~9-33 전북대학교 의류학전공 4학년 강시온 그림
그림 9-34~9-42 전북대학교 의류학전공 4학년 구영아 그림
표 9-1 전북대학교 의류학전공 4학년 구영아 그림

제10장 패션 상품과 시장

그림 10-1 이호정, 리테일 마케팅, 섬유저널, 1999
그림 10-2, 10-3 이은영, 패션 마케팅, 교문사, 1997
그림 10-4 여성중앙, 2002. 8 ; 베아테 슈미트 외, 황현숙 역, 패션의 클래식, 예경, 2001 ; firstview.com

그림 10-5 firstview.com
그림 10-6 파르베, 2002. 6
그림 10-7 박충환 · 오세조, 시장 지향적 마케팅 관리, 박영사, 1997
그림 10-8, 10-9 Fashionbiz, 2002. 7~8
그림 10-10 Fashion Gio, 2002. 8
그림 10-12 이호정, 패션 마케팅, 교학연구사, 1993
그림 10-13 Fashion Gio, 2002. 6

제11장 패션 산업과 패션 소매상

그림 11-1 임숙자 외, 패션 마케팅과 소비자 행동, 교문사, 2001
그림 11-8 이탈리아 섬유산업조사연구, 한국섬유개발연구원, 1999
그림 11-10 Fashion Gio, 2002. 7
그림 11-11 Gini Stephens Frings, *Fashion: from concept to consumer,* Prentice Hall, 1999
그림 11-13 Fashion Gio, 2002. 9
그림 11-14 김양희 · 신용남, 재래시장에서 패션네트워크로, 삼성경제연구소, 2000
그림 11-15 www.cjmall.com

제12장 패션의 직업세계

그림 12-1 High Fashion, 文化出版局, 2002. 12
그림 12-2 Valerie Steel, *Women of Fashion,* Rizzoli International Publications, Inc., 1991
그림 12-3 High Fashion, 文化出版局, 2001. 12
그림 12-4 High Fashion, 文化出版局, 2001. 10
그림 12-5 Vogue(USA), 1998. 4
그림 12-6 High Fashion, 文化出版局, 2002. 12
그림 12-7 High Fashion, 文化出版局, 2002. 10
그림 12-9, 12-10 Farid Chenoune, *Mémoire De la Mode Jean Paul Gaultier*, Korinsha, 1996
그림 12-11 High Fashion, 文化出版局, 2000. 10
그림 12-12 Regine And Peter W. Engelmeier, *Fashion in Film,* Prestel, 1997
그림 12-13 Givenchy, 2002-2003 A/W(Mode et Mode, Mode et Mode社, 2002. 10)
그림 12-14 Vogue(USA), 1997. 11
그림 12-15 Gerda Buxbaum, *Icons of fashion,* Prestel, 1998

앞표지 J C de Castelbajac, 2003 A/W
뒷표지 Gerda Buxbaum, *Icons of fashion,* Prestel, 1998

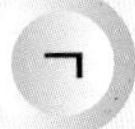

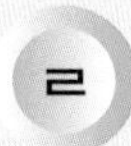

찾아보기

저자소개

이전숙
이화여자대학교 가정대학 의류직물학과 학사, 석사, 박사
현재 전북대학교 생활과학대학 의류학과 교수

김용숙
서울대학교 가정대학 의류학과 학사, 석사
Univ. of Alabama 의류학 전공 석사
중앙대학교 대학원 의류학 전공 박사
현재 전북대학교 생활과학대학 의류학과 교수

이효진
서울대학교 가정대학 의류학과 학사, 석사
중앙대학교 대학원 가정학과 박사
현재 전북대학교 생활과학대학 의류학과 교수

염혜정
이화여자대학교 가정대학 의류직물학과 학사, 석사
일본 문화여자대학 대학원 피복학 박사
현재 전북대학교 생활과학대학 의류학과 부교수

현대인의 패션

2003년 8월 30일 초판 발행
2016년 2월 15일 5쇄 발행

지은이 이전숙 외 ■ 펴낸이 류 제 동 ■ 펴낸곳 **교문사**
편집부장 모은영 ■ 제작 김선형 ■ 영업 이진석 · 정용섭 · 진경민

인쇄 동화인쇄 ■ 제본 한진제본

주소 (10881)경기도 파주시 문발로 116
전화 031-955-6111(代) ■ 팩스 031-955-0955
등록 1960. 10. 28. 제406-2006-000035호

홈페이지 www.gyomoon.com ■ 이메일 genie@gyomoon.com
ISBN 978-89-363-0660-X (93590)

*잘못된 책은 바꿔 드립니다.
값 20,000원